兽医临床快速诊疗系列丛书

U0344032

董 彝 主编

实用猪病临床
诊断经验集

中国农业出版社

主 编 简 介

　　董彝，1920 年 10 月出生，江苏省溧阳市人。1940 年毕业于陆军兽医学校（现中国人民解放军军需大学），曾任军队兽医。1951 年分配到安徽省阜阳地区工作，曾任地区农业技术推广所畜牧兽医组组长、地区家畜检疫站副站长、地区畜牧兽医学会秘书长，1952 年被评为一级技术员，1983 年被评为高级兽医师。平时刻苦钻研，吸取他人的经验，每治一畜必随时总结。自 2000 年以来，在总结 60 多年兽医临床经验和参阅大量国内外资料的基础上，编写了《兽医临床类症鉴别丛书》，并由中国农业出版社相继出版。

内 容 简 介

　　本书根据临床实践的诊疗经验及文献记载的各种猪病的临床症状分类集中编写，将各病的病理变化按照脏器罗列在一起，以便疾病的类症鉴别，并介绍了最新猪病的实验室诊断方法。除此之外，还按病名、病原、流行特点、主要临床症状、主要病理变化和防治分类，再根据主要表现如消化异常、呼吸异常、神经异常、繁殖障碍、排尿异常、水疱、高温等症状细分，系列编制了类症鉴别简表，以有助于临床兽医对猪病的分析鉴定。

编写人员

主编　董　彝

编者　董　彝　刘成文

　　诗曰：兽医战线九十翁，连出七本兽医经。通俗易懂很实用，回报社会献终身。

　　董彝，今年 90 有余，身体健壮，精力充沛。走如风，坐如钟，站如松。手劲大，握人痛。在阜阳兽医战线上，可称元老。60 多年的兽医生涯，积累了大量的第一手资料，为成千上万的农民、专业户、养殖场作出了很大贡献，创造了可观的经济效益和社会价值。

　　退休后是阜阳老年专家协会会员。著书立说，一连出版 7 本关于畜禽疾病预防、治疗、临床诊断的专著，约 200 万字。他真是可歌可敬的老专家，为阜阳兽医事业建立了功勋。

　　通过我与他的相处、交往、谈心可知，这些专著凝聚了他一生的心血、不懈的追求和至高精神境界。他不为名、不为利，只为国家和人民。

　　他一生坎坷，生活磨难，面对现实，努力拼搏；

　　他经验丰富，深入实际，亲临现场，开方治病；

　　他悟性很高，灵活性好，钻研性强，应变能力快；

　　他工作认真，团结同志，尊重领导，待人和气；

　　他不怕吃苦，为人正直，深入农家，了解民需；

　　他传授技术，望闻问切，精益求精，尽心尽力。

　　他是我们学习的榜样，是兽医工作者的良师和农民的益友。

魏建功

2014 年 1 月 6 日

　　兽医对猪病的防治，是养猪业健康发展的重要保证。近年，随着改革开放的进展，养猪业由农户散养为主，转变为中小型规模养殖为主。新兴中小型养猪场的建立犹如雨后春笋，各猪场四处采购猪源，有隔省采购于千里之外者，这种大规模的猪只流动，难免造成护理失措，有些新建场缺乏养猪知识和经验，这助长了疫病的发生。另外，新病、疑难杂症、混合感染的出现，使乡镇兽医在技术上已适应不了形势的需要。

　　阜阳周边市、县、乡镇兽医前来面询或电话咨询，总是问"现遇到高体温猪病，用过一些抗生素不见疗效，该怎么办？"面对病猪现有症状，虽经再三询问，也难以对答周全，因为畜主不太注意检查症状。并且，在猪病临床诊断方面，也不如大家畜，没有一本《兽医临床诊断学》可作参考。

　　为了使乡镇兽医在临床诊断猪病时重视出现的各种临床症状，避免仅凭体温即用药的草率诊疗方法，本书从临床经验出发，在问诊方面作了广泛的提示。对病猪所表现的临床症状，通过视诊，分别列举消化、呼吸、循环、神经、泌尿、生殖等系统所表现的各种临床症状，分节、分类予以介绍，同时将各系统各病的近似或类似的症状归纳在一起，较容易就其差异进行比较，便于提高基层兽医对疾病的判断能力。此外，在每条症状之后列有病名，若将同一病名的症状集中起来就是该病的全部临床症状，参照本书同一病名的"类症鉴别"项下的其他病，进行比对，就可以得出比较正确的诊断。

　　剖检发现各脏器的病理变化，乃是对疾病判断有力的佐证。本书将各病各脏器的病理变化按脏器分类，有利于比较。并在每条病理变化之后注释病名，将同一病名其他脏器的病理变化集中起来就是某一疾病的全部病理变化，有助于对疾病的综合分析。

　　实验室诊断是确诊猪病的重要环节。本书将细菌性疾病、病毒性疾病、寄生虫病、中毒病的实验室诊断依次分别列于第三章，有便于查找应用。

　　同时，依各病特点，按系统将病名、病原、流行特点、主要临床症状、主要病理变化作为类症鉴别项分列于简表（包含百多个病），以供临床分析病情。

　　编写本书的初衷，是想通过文献所载结合临床实践经验，引导乡镇兽医对猪病临床症状加以重视，进一步提高诊疗水平，以求在保证养猪业健康发展方面作出更大贡献。虽是一个良好意愿，但由于自己的水平有限，疏漏、不妥之处在所难免，敬请专家同行们不吝指正。

　　在本书编写过程中，承蒙原阜阳专员公署副专员魏建功的鼓励和支持。并得到徐燊高级兽医师、孙仲仪高级兽医师、丁怀兆研究员、杨瑞新高级畜牧师、郝梅珍兽医师的帮助，在此表示衷心的感谢！

董　彝

2014 年 1 月 6 日

目录

序

前言

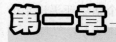

猪病的临床诊断

　　猪圈养时除经常接触饲养员外，很少接触外界人，对外来生人易生惊恐躲避，很难观察到应有的病象，因此，乡镇兽医需耐心在圈内来回静观，使猪放松戒心，才能在猪多次惊扰活动中看出其异常状态，同时观察到猪圈的粪便形态（包括猪肛周、尾根净脏情况）及排尿状况，也可观察到精神和行动有否异常，而后挑出病猪测体温，听诊心跳、呼吸，检查眼结膜、皮肤，挤捏尿鞘，结合问诊了解发病时间、发病缘由及是否治疗、使用哪些药物、效果如何，必要时还应检查饲料，而后进行综合分析，方能作出初步诊断，有些病还得通过实验室诊断才能作出正确诊断。

　　与大家畜临床诊断相比，很多诊断方法在猪身上难以使用，猪也不能安静地接受检查，因此，在猪病诊断过程中更需要细致的问诊和观察、检查。

第一节　问　诊

　　由于猪群住一圈，不像大家畜可以拴于一处任你周身触摸和听诊，因此，在猪病诊断过程中必须详细询问发病时间、猪病发展情况、防疫措施、喂饲情况等与病有关的各种情况，以便对疾病作出分析判断。

　　1. 发现病猪已有多长时间？如何发现的？如果是喂食时才发现，有可能发病时间还得提前；如果初期症状就比较严重，可能病是急性或最急性。

　　2. 发病猪有多少？是一个圈发生还是几个圈同时发生？如果仅一个圈个别猪生病，可能是普通病；如果几个圈的猪同时发病，应考虑传染病或中毒病。

　　3. 现有猪是自喂母猪繁殖的还是引进的？自喂母猪只要按照免疫程序进行免疫，发生传染病的可能性很小，甚至不可能发生。如由外地或市场引进的猪，发生传染病的可能性就很大。

　　4. 用哪些饲料喂猪？最近有没有变更饲料？如果因为变更饲料才出现病

情，应立即停止饲喂，并将饲料样品送有关部门化验。有一个猪场新买进某公司的一批混合饲料，喂几天后即发现不少病猪（体温 40℃ 以上，气喘、不吃），判断与饲料有关，立即停止喂用，后经化验该饲料含铜量高达 800 毫克/千克，停止喂该饲料后不再出现病猪。另一个家畜改良站从某饲料厂买进一种添加剂，厂方告知与饲料的配比为 1∶100，而饲养员则以 1∶10 比例用铁锹混合引起种猪发生中毒。

5. 当阴雨天、空气湿度大的时候发生猪病，应该询问饲料是否霉变，并应亲自查看饲料。20 世纪 60 年代某县农场发现病猪体温升高至 40℃ 以上，兽医注射抗生素无效，已有病猪死亡，剖检仅见胃肠有炎症，没有猪瘟病变，且所用猪瘟弱毒疫苗可靠，经检查粉质饲料表面有很多绿豆、黄豆大小的结块，手指一触即散，证明霉饲料中毒，该饲料停喂后即不再发病。

6. 最近饲喂哪些饲料？每顿喂多少？如果曾喂从沟塘里打捞的水草，可考虑是否是寄生虫病或中毒（如水浮莲中毒）。如曾用麦秸或稻壳打成的细糠喂猪，很容易引起便秘。用腐败饲料喂猪同样能引起发病。有一畜主所喂母猪产仔 12 头，仅半月死亡 2 头，发病 2 头，病死小猪都比较健壮，而较弱小的仔猪反而未病。经再三详细询问才知，畜主在喂母猪的饲料中加喂腐败发臭的豆渣，这种腐败发臭的豆渣中含有的有毒物质虽未使母猪致病，但进入奶中后被健壮仔猪抢吮而致病致死，停喂腐败豆渣后保全了其余仔猪。

7. 对刚断奶不久的猪群，询问是外购猪还是自产猪，圈养多少天，如猪群并圈，则很容易引起互相咬斗而发生应激症，而外购猪更应考虑免疫是否有问题。

8. 每天供应的饮水是否清洁、及时？如水井距猪圈太近，易被渗入地下的粪尿污染，不宜饮用。每天应及时供应清洁饮水，以免猪渴极饮污水。某小型猪场的猪曾腹泻，经治疗痊愈，1 个月后又腹泻，作者应邀前去检查，发现猪圈地面损坏、凹凸不平，凹处裂缝的积水中见有猪粪渣，猪饮此脏水致病。改善环境及管理后猪不再腹泻。

9. 猪群是否进行过预防注射，使用过哪些疫苗？是谁进行注射的？各种疫苗注射日期？有的养猪户不按照免疫程序进行，在仔猪 17 日龄注射猪瘟弱毒疫苗，甚至还有比这注射更早的，这显然是不正确的，不能保证免疫效果。有的注射疫苗是阉割员在阉割时代为注射，有的是饲料销售单位代注射，有的自购疫苗自行注射。曾发生多起用猪肺疫、猪丹毒二联苗，或猪瘟、猪丹毒、猪肺疫三联苗，进行猪瘟首免后仍发生猪瘟。某饲养户对自家母猪所产仔猪用猪三联苗首免，断奶后全部发病，使用抗生素无效。前来咨询作者，建议检查公猪尿鞘，如有白色恶臭分泌物，改用抗猪瘟血清治疗，从而获得痊愈。也有猪场发生类似情况。有一猪场从某地猪场引进两批杂交育肥仔猪均安然无事，待第三批引进后却出现高温病猪，经抗生素治疗无效，后经剖检发现猪瘟病变，用兔化猪瘟弱毒疫苗紧急免疫注射后发病才终止。

10. 如母猪发病，应问清是在产前还是产后，距分娩有多长时间？分娩前，有可能因缺钙而产生瘫痪，产后也易因缺钙而发生瘫痪，多在分娩后20～40天，而且母猪产后1～2天内容易发生产后便秘和膀胱弛缓，产后3～5天母猪易因子宫发炎而出现高温症状。

11. 应询问一下猪发病后是否请兽医诊断过，有何见解，用过哪些药，用量多少？多长时间用一次药，第一次用药后效果如何？是否用过退烧药（如安乃近或复方氨基比林等）？对体温高的病，如用了安乃近，当天即可降温，甚至可以吃食，但第二天又会再次上升，说明光用降温药对治本病不起作用，甚至是有害的（安乃近有使白细胞、血小板减少和造血机能障碍，抵抗力降低和致死的副作用）。曾见一头体重15千克的病猪，体温达41℃，被地方兽医用160万国际单位青霉素、30%安乃近20毫升治疗后，当天下午体温降至36℃，晚上却死亡。

第二节　视诊（精神状态）

健康猪鼻镜湿润，在圈内充满活力，争食、饮水或闲时嬉戏都表现强健活泼，互不相让。当饲养员进圈打扫卫生时，均显现翘首观望，尾巴不断摆动，随着饲养员的移动而向一隅避让，甚至由前面迅速奔向猪群之后。当猪只发病时，鼻镜干燥，如不是最急性或最严重时，病象都是由轻转重，而年龄或体型较大的猪比年龄小或身体较小的猪抗病力强，因此，表现的症状较轻。一般最初表现为精神委顿，站立时头抬不高，活力不强，有些呆滞，走路行动缓慢，在猪群中被咬拱时不予理会，仅稍退让。即使卧倒，眼常半闭，对身边的骚扰反应不强烈或不反应，卧时有时钻草窝，仔猪喜欢扎堆。

当疾病进一步发展时，精神沉郁，不愿运动或很少走动；站立时头下垂，鼻盘着地（俗称"五条腿"）；驱赶走路时举步艰难，走几步即卧倒；卧时不理会周边事物，嗜睡，唤叫或驱赶时才勉强缓慢站起。严重时昏迷，即使唤叫驱赶也不起立，甚至无反应。各病的精神表现如下。

一、精神委顿

精神委顿
- ——（最急性）链球菌病
- ——（亚急性）弓形虫病
- ——"类感冒"
- ——小猪黑斑病甘薯中毒
- ——（急性）传染性脑脊髓炎
- ——（慢性）传染性脑脊髓炎
- ——气肿疽
- ——水疱性疹
- ——流行性感冒
- ——钴缺乏症
- ——霉菌性肺炎
- ——胃溃疡
- ——（慢性型）非洲猪瘟
- ——闹羊花中毒
- ——放线菌病
- ——肉毒梭菌毒素中毒
- ——日射病和热射病

精神委顿，钻草窝 —— 胃卡他

行动呆滞 —— 猪痘

精神委顿，喜扎堆躺卧或单独钻入草窝 —— （2～3日龄猪）猪丹毒

活力不强，颤抖，眼睑半开半闭 —— （初生仔猪）猪丹毒

精神委顿，喜卧 —— （急性期）弓形虫病

喜卧，钻草窝
- ——流行性感冒
- ——大叶性肺炎

怕冷喜卧 —— （急性化脓性肺炎）棒状杆菌感染

怕冷，常挤在一起 —— 附红细胞体病

病猪常扎堆	（脑膜炎型） 血细胞凝集性脑脊髓炎
离群独处或挤作一团	（哺乳仔猪） 猪繁殖与呼吸综合征
新生仔猪体况良好，吮奶 24 小时后，精神委顿，散卧尖叫	仔猪溶血病
委顿，站立困难，行动无力	（急性型）非洲猪瘟
拱背懒动，卧于一隅	（5～10 日龄猪）葡萄球菌病
卧地	（重症）大棘头虫病
倦怠，低头呆立	感光过敏
疲惫无力，行动僵硬	心性急死病
头低垂或摇摆	（成年猪）尼帕病毒病
懒于走动	胃积食
常离群低头站立，拱背	（慢性）霉玉米中毒
犬坐，犬卧姿势	（胸膜肺炎型）猪肺疫 （咽喉型）猪肺疫
低头耷耳，眼半闭，喜睡	感冒

| 不愿活动，脱水严重 | —— 轮状病毒病 |

| 卧时痛苦状，或发出呻吟声 | —— 产后膀胱弛缓 |

| 反应迟钝 | —— （2月龄猪）硒中毒 |

二、沉郁（轻度）

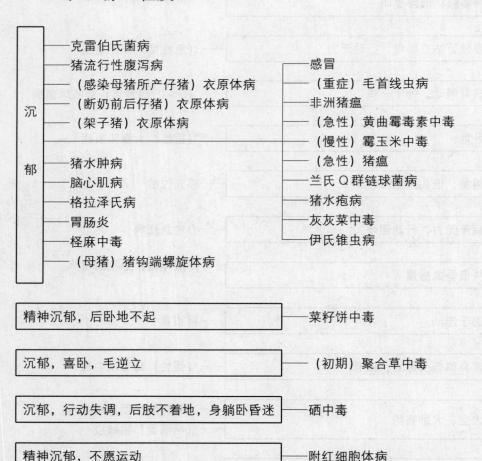

沉
郁
—— 克雷伯氏菌病
—— 猪流行性腹泻病
—— （感染母猪所产仔猪）衣原体病
—— （断奶前后仔猪）衣原体病
—— （架子猪）衣原体病
—— 猪水肿病
—— 脑心肌病
—— 格拉泽氏病
—— 胃肠炎
—— 桎麻中毒
—— （母猪）猪钩端螺旋体病

—— 感冒
—— （重症）毛首线虫病
—— 非洲猪瘟
—— （急性）黄曲霉毒素中毒
—— （慢性）霉玉米中毒
—— （急性）猪瘟
—— 兰氏Q群链球菌病
—— 猪水疱病
—— 灰灰菜中毒
—— 伊氏锥虫病

| 精神沉郁，后卧地不起 | —— 菜籽饼中毒 |

| 沉郁，喜卧，毛逆立 | —— （初期）聚合草中毒 |

| 沉郁，行动失调，后肢不着地，身躺卧昏迷 | —— 硒中毒 |

| 精神沉郁，不愿运动 | —— 附红细胞体病 |

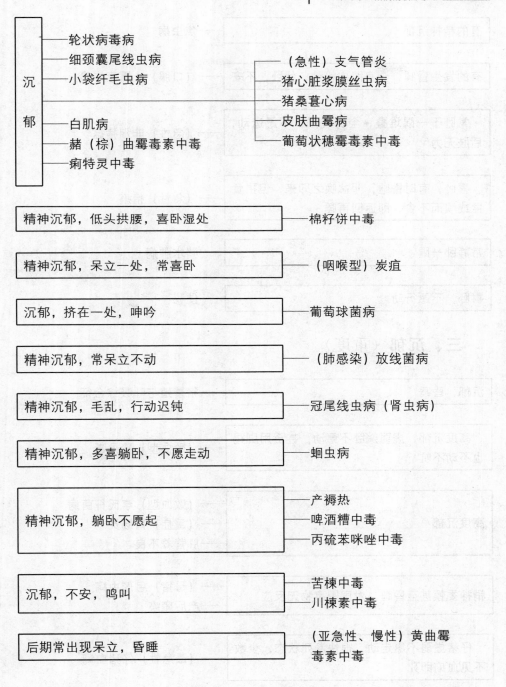

沉郁	——轮状病毒病
	——细颈囊尾线虫病
	——小袋纤毛虫病
	——（急性）支气管炎
	——猪心脏浆膜丝虫病
	——猪桑葚心病
	——皮肤曲霉病
	——葡萄状穗霉毒素中毒
	——白肌病
	——赭（棕）曲霉毒素中毒
	——痢特灵中毒

精神沉郁，低头拱腰，喜卧湿处	——棉籽饼中毒

精神沉郁，呆立一处，常喜卧	——（咽喉型）炭疽

沉郁，挤在一处，呻吟	——葡萄球菌病

精神沉郁，常呆立不动	——（肺感染）放线菌病

精神沉郁，毛乱，行动迟钝	——冠尾线虫病（肾虫病）

精神沉郁，多喜躺卧，不愿走动	——蛔虫病

精神沉郁，躺卧不愿起	——产褥热
	——啤酒糟中毒
	——丙硫苯咪唑中毒

沉郁，不安，鸣叫	——苦楝中毒
	——川楝素中毒

后期常出现呆立，昏睡	—（亚急性、慢性）黄曲霉毒素中毒

有的精神沉郁	焦虫病

有的发生昏睡，全身肌肉松弛，伏卧，不安 —— （口服）土霉素中毒

常卧于一隅堆叠，全身衰竭，不愿运动，后肢无力 —— （急性）非洲猪瘟

喜卧，有时昏睡，叩盆唤之即来，但拱食盆或嗅而不食，即返回再睡 —— （急性）猪瘟

常静卧一隅 —— 猪水肿病

喜卧，不愿行动 —— 便秘

三、沉郁（重度）

沉郁，昏睡 —— 猪繁殖与呼吸综合征

高度沉郁，虚弱躺卧不愿动，甚至用脚踢也不动不吭 —— （败血型）猪丹毒

高度沉郁
—— （败血型）李氏杆菌病
—— （重症）胃肠炎
—— 肝营养不良

精神委顿甚至昏睡，对周围事物无反应
—— （母猪）弓形虫病
—— 产后瘫痪

仔猪虚弱不愿走动，很快濒死状态，少数不见血痢即死 —— （最急性）仔猪血痢

初生健壮，第 2～4 天闭目昏睡 ——（初生仔猪）伪狂犬病

昏睡，死前昏迷 ——（脑脊髓炎型）猪血细胞凝集性脑脊髓炎

抑制期，沉郁，嗜睡，肌肉松弛 ——有机氟化物中毒

长时间躺卧 ——（慢性）沙门氏菌病（副伤寒）

精神沉郁，以后卧地不起，继而昏睡 ——硒—维生素 E 缺乏症

沉郁，昏迷 ——（重症）马铃薯中毒

低头嗜睡，对周围事物无反应或钻草窝 ——（轻症）马铃薯中毒

突然倒地，惊厥，昏迷状态 ——（重症）硝酸盐和亚硝酸盐中毒

很快知觉消失，昏迷倒地，头歪向一侧，往往发出尖叫 ——（轻症）氢氰酸中毒

精神沉郁，甚至昏迷 ——青霉毒素中毒

精神沉郁，鼻抵地，昏睡 ——（慢性）铜中毒

昏睡 ——（重症）蓖麻中毒

衰弱，昏睡 ——（亚急性）狗屎豆中毒

第三节　视诊（病猪皮肤观察）

在正常健康情况下，白猪的皮肤呈白色略透有微红，平滑光洁，被毛理顺。当受到内科病、传染病、中毒病、寄生虫病等的影响，在病程中可能出现皮肤苍白、黄染，有小出血点、红、紫斑块，或出现皮疹、结节、水疱，皮肤本身也可能因感染真菌、寄生虫而出现脱毛、瘙痒。

一、皮肤变色

病猪由于毒素的刺激，心肺功能受到损害，以及窒息和患败血症等，致使微循环衰竭，皮肤呈现微红、红、紫红、紫（绀）、蓝紫等颜色，多显现于鼻、眼周、耳（耳壳、耳边缘、耳尖、耳根）、颈、胸、腹、股内侧、臀、肛周、尾根等处，有的仅 1～2 处或 4～5 处，有的几乎全身，因不同的病、不同的病程和疾病的轻重而有所差异。也有的病猪由于患营养不良、出血或贫血性疾病而出现皮肤苍白。当红细胞遭到破坏或肝脏受到损害时则可能出现黄疸、黄染。

1. 皮肤发红

白毛猪皮肤病初粉红色，病程延长渐变紫红色或苍白，颌下、胸下、四肢内侧发绀	硒—维生素 E 缺乏症
颈部皮肤发红	（4 月龄）伪狂犬病
皮肤污红色	（慢性）沙门氏菌病
皮肤发红	兰氏 Q 群链球菌病
初期皮肤发红	痢特灵中毒
皮肤潮红（俗称大红袍）	猪丹毒
仔猪生下几小时至 2 天，表现皮肤发红	先天性缺硒

皮肤发红，从头嘴（先从口角、下颌出现芝麻大小红点，其周围有扩散性晕圈）、鼻、耳、眼圈开始，到后颈部直到全身，红色无明显界限，指压不褪色 ——— 红皮病

2. 皮肤紫红

全身皮肤紫红色 ——— 柽麻中毒

腹下紫红 ——— （最急性）链球菌病

部分吻突、尾尖、四肢末端呈紫红色 ——— （初生仔猪）猪丹毒

两腿之间的皮肤出现大小不规则的紫红斑点，多见于股内侧，有时甚至遍及全身，呼吸困难时发绀 ——— 桑葚心病

有的皮肤发生紫红斑，发痒，干燥 ——— （慢性）霉玉米中毒

两腿之间皮肤出现大小不规则的紫红斑点。有的斑点多时遍及全身。有的皮肤苍白 ——— 猪白肌病

头颈、下腹部皮肤有蓝紫色斑 ——— （败血型）炭疽

后腿、腹部皮肤上形成圆形不规则、呈红色到紫色的病变，中央呈黑色，病变常融成大斑块。病变扩散至咽喉部、耳及体侧。轻者自愈，重则跛行 ——— 猪圆环病毒2型感染（皮炎与肾病综合征）

3. 皮肤出血斑点

皮肤充血、出血 ——— （最急性）非洲猪瘟

四肢末梢和腹下皮肤有小出血点，而后逐渐扩散到全身呈出血斑，经 15 天左右出血斑消退或出现坏死结痂 —— （慢性）链球菌病

皮肤发绀，有出血性瘀斑，肢体远端充血，导致蹄、尾坏死和关节肿胀 —— （2～4 周龄）猪放线菌病

皮肤瘀血，有小出血点 —— （胸膜肺炎型）猪肺疫

皮肤呈蜡样色，部分胸腹、四肢内侧有大小不等的出血点 —— （2～3 日龄）猪丹毒

常见皮肤潮红，毛孔处有针尖大小的细微红斑，尤以耳部皮肤明显 —— （育肥猪）附红细胞体病

4. 皮肤紫斑

皮肤出现蓝紫色斑块 —— （急性）霉玉米毒素中毒

有的皮肤出现紫斑 —— （慢性）猪瘟

皮肤出现紫斑块 —— （大母猪）狗屎豆中毒

体表充血、紫斑、发绀 —— 恶性高热综合征

5. 皮肤发紫（绀）

鼻端发绀 —— 肉毒梭菌毒素中毒

后期皮肤发绀 —— 维生素 B_1 缺乏症

皮肤瘀血性炎症，发绀 —— （感染母猪所产仔猪）衣原体病

皮肤、黏膜发绀和出血 ——— （最急性）猪瘟

皮肤发紫（发绀）
- 亚麻籽饼中毒
- 苦楝中毒
- 川楝素中毒
  - 丙硫苯咪唑中毒
  - （肺感染）放线菌病
  - 赤霉菌毒素（T_2）中毒
  - 日射病及热射病
  - （重症）蓖麻中毒
- 猪桑葚心病
- 猪心性急死病

腹部皮肤发绀 ——— 食盐中毒

6. 耳、颈、腹、四肢发绀

耳尖发紫 ——— （20日龄至断奶仔猪）伪狂犬病

耳边缘发绀 ——— （慢性）铜中毒

极少数双耳发蓝 ——— 种公猪繁殖与呼吸综合征

极少数双耳背面边缘深青紫色斑块 ——— 保育期猪繁殖与呼吸综合征

少数双耳背边缘及尾皮肤出现一过性深青紫色斑块 ——— 育成猪繁殖与呼吸综合征

半数耳尖和边缘发绀 ——— （人工接种）猪繁殖与呼吸综合征

少数耳部、腹下、阴部发蓝，母猪、后备母猪1%～2%四肢末端、耳尖和边缘发绀 ——— 加拿大猪繁殖与呼吸综合征

皮肤发紫，两耳及颈部较重 ——— 灰灰菜中毒

两耳皮肤发红带紫 —— 克雷伯氏菌病

耳根、嘴及皮肤发绀（紫红） —— 棉籽饼中毒

幼猪大量发生时，耳尖、臀部发紫 —— 细颈囊尾蚴病

耳、腹部皮肤发绀 —— （败血型）李氏杆菌病

耳、鼻、四肢呈紫色 —— （小猪）黑斑病甘薯中毒

耳、胸、腹下皮肤发绀 —— 肝营养不良

耳根、腹侧、四肢内侧出现红斑 —— （最急性咽喉型）猪肺疫

耳根、鼻盘、腹底部发绀（白猪可见） —— 红肠病（大猪魏氏梭菌病）

全身皮肤发红，指压褪色，以耳下、鼻镜、腹下严重，腹下、腹股沟、四肢先发红，后出现不规则紫斑，边缘界限不明显，指压不褪色，后变青紫色，界限不明显，耳发绀，边缘向上卷起 —— 猪附红细胞体病

耳、鼻端、唇、下颌、腹下、阴户、四肢皮肤出现紫绀或出血点 —— （急性）猪瘟

耳、颈、腹部有紫色出血斑，或轻度瘀血，或四肢下部发绀 —— （温和型）猪瘟

皮肤有明显出血点，耳、腹下、四肢、会阴有陈旧性出血点 —— （亚急性）猪瘟

一般临死前耳尖、腹部和四肢出现紫红色斑 —— 霉菌性肺炎

双耳发绀，后躯、腹部、四肢皮肤充血、出血，呈紫红色斑 —— 棒状杆菌感染

耳、鼻、四肢皮肤呈蓝紫色，死前不见症状，尸体末端发绀 —— （最急性）接触性传染性胸膜肺炎

耳郭、耳根、下腹、股内侧、下肢可见紫红色斑，或间有小出血点，与健康皮肤界限分明，有的耳郭上形成痂皮，甚至发生坏死 —— （急性）弓形虫病

耳根、胸前、腹下皮肤有紫红色斑点 —— （败血型）沙门氏菌病

皮肤充血并发绀，耳、肢端、腹部广泛不规则瘀血、血肿和坏死斑 —— （急性）非洲猪瘟

皮肤苍白，少数双耳、腹侧、外阴一过性青紫色或蓝紫色 —— （妊娠期）猪繁殖与呼吸综合征

少数耳尖、腹下、四肢下端皮肤广泛充血，呈紫红或出血性紫斑 —— （急性）链球菌病

耳尖、鼻端、腹下、四肢末端皮肤发紫 —— （8～10日龄仔猪）弓形虫病

全身皮肤蓝紫或乌黑色，进一步发展为皮肤苍白 —— 硝酸盐及亚硝酸盐中毒

腹下、四肢内侧皮肤出现蓝紫斑块 —— （咽喉型）炭疽

有的后腿呈紫色，腹部有粟粒大紫色斑点，有的全身发紫 —— （初生猪）伪狂犬病

7. 皮肤苍白、花白，黄染、黄疸

皮肤苍白贫血 —— （急性）胃溃疡

仔猪出生 8～9 天即现贫血，皮肤黏膜苍白，严重时苍白如白瓷，光照耳郭灰白色，几乎看不到血管 —— 仔猪缺铁性贫血

轻度中毒，恢复后数小时内皮肤苍白贫血 —— 硝酸盐及亚硝酸盐中毒

皮肤凉而苍白 —— 仔猪低血糖症

皮肤苍白 —— （急、慢性）猪增生性肠炎

皮肤苍白有黄染现象 —— （母猪）钩端螺旋体病

皮肤苍白、黄疸（小于 5 日龄仔猪），4 周龄猪偶有黄疸，耳郭边缘发绀，由浅至暗红色是特征症状。有的整个耳郭、尾及四肢末端发绀，病久耳郭发生坏死 —— （仔猪）附红细胞体病

白毛猪皮肤发白黄染。有的耳、嘴、腹部、四肢内侧有红斑或紫色斑点，指压不褪色，发痒 —— （亚急性）黄曲霉毒素中毒

皮肤、可视黏膜苍白、黄染 —— 仔猪溶血病
—— 猪巴贝斯虫病

皮肤黄染 —— （中期）聚合草中毒

耐过的遗留有黄疸症状 ────── （慢性）狗屎豆中毒

二、皮肤出现皮炎、结节、丘疹、疱疹肿块、脱毛、坏死、瘙痒

　　猪的皮肤较厚，被毛也较其他家畜为稀，而且经常打扫猪圈卫生，所以猪一般不易发生皮肤疾病。但常因一些传染病、寄生虫病和一些元素缺乏或中毒而导致皮肤病变。

　　有些病毒病易导致鼻、口腔黏膜发生水疱，同时蹄部也出现水疱，但发生的部位和时间各有差异。还有一些病（如腐蹄病、硒中毒、渗出性皮炎、坏死性皮炎）在病情严重时发生蹄壳脱落。锌缺乏、维生素 B_7 缺乏也会出现蹄裂，但不发生水疱。也有一些病表现为体表出现水疱，如猪痘，体表先发生红色丘疹，表面平整、中央凹陷（特征），而后转为水疱，溃破后流浆液或脓液。葡萄球菌病会在体表出现脓疱。

　　有些猪病在病程中会发生皮炎，出现结节、皮疹、丘疹，当丘疹破溃时有液体渗出，与周围坏死组织、皮屑结合成痂皮。这一情况大多发生于细菌性疾病、寄生虫病和维生素缺乏症。有的结节或水疱破溃后形成溃疡和结痂、坏死。有的是由于感染环境杆菌而发生坏死，皮肤变硬变黑而后四缘翘起，很难脱落。锥虫病可导致耳、尾坏死。慢性温和性猪瘟可出现干耳干尾。

　　当有真菌寄生于皮肤时，会导致皮肤脱毛或发生小结节，并不断扩张，有的还引起瘙痒，多发生于耳根、颈下、腹下、股内侧、尾根。若为疥螨病，在皮肤病健交界处刮取皮屑镜检可见螨虫。如有猪虱寄生可在耳根、颈下、腋下、股内侧、尾根、肛周，能见到爬动的虫体。钩端螺旋体病、慢性铜中毒、白猪荞麦中毒等也可引起瘙痒。

　　有的病猪皮肤会出现疹块肿胀，发病部位高于周围正常皮肤，多呈红色。黑猪疹块部被毛高于四周，用手抚摸可感知高于周围正常皮肤。这是疹块型猪丹毒所具有的症状。此外，马铃薯中毒、放线菌病、猪桑葚心病、蔷薇疹病也有类似的疹块。

　　猪体表发生肿胀，有的有热痛，有的按压有捻发音，还有的有脓肿，先硬实后变柔软甚至有波动。20 世纪 70 年代曾见一小母猪去势后皮肤切口部有一个直径 7～8 厘米、按压硬实的圆形肿胀，切开取净粪便清洗，方知因去势时缝合腹壁涉及肠管，致肠管破口粘连腹壁，干粪积存所致肿胀。

1. 皮炎、皮疹、丘疹

皮肤粗糙，背部有湿疹样皮炎，偶有局部皮炎	——	维生素 B_{12} 缺乏症

皮肤感染后，皮肤增厚，被毛脱落，表面有灰色沉积物	——	猪念珠菌病

眼、鼻周围痂状皮炎，斑块状脱毛，毛色减退成灰色，严重者皮肤溃疡	——	维生素 B_3（泛酸）缺乏症

皮肤皮屑增多性皮炎，呈污秽黄色	——	维生素 B_5（烟酸）缺乏症

不论大小，病初均出现皮肤炎症，有血疹和小结节	——	冠尾线虫病（肾虫病）

皮疹	——	（败血型）李氏杆菌病

皮肤感染时发生湿疹	——	仔猪类圆线虫病

颈部痒，皮肤有红疹	——	青霉毒素中毒

有的出现痂样湿疹	——	（慢性）猪肺疫

腹下皮肤出现湿疹	——	（轻症）马铃薯中毒

皮肤反应迟钝，瘙痒，继而眼周围和胸腹部皮肤充血、潮湿、脱屑，皮肤覆盖有大量血清样的黏性分泌物，呈油脂样痂皮，有恶臭。痂皮：黑猪为灰色，白猪为橙黄色，棕猪为红棕或锈色，痂皮裂口流出分泌物	——	渗出性皮炎

皮肤（特别是腹部）出现弥漫性痂样湿疹，揭开干涸的浆液性覆盖物，有绿豆大的浅表溃疡 —— （结肠类型）沙门氏菌病

在胸壁、腹下、股内侧皮肤先后发生红斑，轻度肿胀，后出现粟粒至豌豆大丘疹，由丘疹成水疱，如有感染，则成脓疱，破裂后露出鲜红溃疡面并结痂，痂落成糠鳞屑，病程中奇痒 —— 湿疹

5～6 月龄较多发生，皮肤出现红色斑点和丘疹，小的菜籽大，大的直径 1 厘米，多发生在胸腹侧。腹下、耳后、背部少见。丘疹中心有针尖大至菜籽大的化脓灶，疹破结痂，痂脱即愈。少数有痒感 —— 白葡萄球菌病

初在眼周、耳、面颊、鼻、背、肛周和下腹皮肤出现红斑，继而成微黄色水疱并迅速破裂，渗透浆液或黏液与皮屑、污物混合，干燥后形成棕褐色或黑褐色硬痂皮，横纹皲裂，有臭味，触之黏，有油腻感（俗称猪油皮病）。强剥痂皮露出红色创面，上有血浆或脓性分泌物。皮肤病变发展迅速，从发现一小片后，在 24～48 小时可蔓延至全身。继而蹄球部角质脱，并出现口腔溃疡。重者 24 小时死亡，大多 10 天左右，能耐过 —— （5～6 周龄猪）葡萄球菌病

皮肤粗糙，皮屑增多。有的表现溢脂性皮炎，周身分泌出褐色渗出液 —— （仔猪）维生素 A 缺乏症

2. 脱毛、瘙痒

> 头、颈、肩皮肤有掌大或相连成较大面积的病变。背、腹、四肢也能受害，有中度瘙痒，几乎不脱毛。病灶中度潮红，有小水疱，几天后在痂块产生灰棕色至微黑色连片的皮屑性覆盖物，经 4～8 周后自愈，通常都是一种浅表毛癣真菌局限于角质层中

—— 皮肤真菌病

> 从耳尖、尾部、四肢关节向耳根、腹部、背、臀部、股内侧延伸，皮肤表面生小红点，经 2～3 天后破溃出现出血斑点，结痂，轻则点状，重则连片，逐渐遍及全身，轻度瘙痒，皮肤皱褶粗糙。
> 一蹄或数蹄无光泽，蹄壳有纵形、横形、斜行裂缝，蹄底、蹄叉易出现裂口，跛行。蹄裂新创出血，旧创流分泌物，四肢关节附近增生厚痂，周围被毛现黄油腻屑、网状干裂

—— 锌缺乏症

> 先皮肤发红，发痒落皮屑，7～8 天开始脱毛，1 月后长新毛，臀、肩部敏感，触摸时嘶叫

—— 硒中毒

> 全身皮肤落屑，脱毛，蹄壳松动

—— （2 月龄猪）硒中毒

> 鬃毛尖分裂（特征）

—— （成年猪）维生素 A 缺乏症

> 被毛粗糙，弹性差，且大量脱落，毛色由深变浅，黑色变棕色或灰色

—— 铜缺乏症

全身或局部脱毛，出现红色丘疹，鳞屑，皮炎，溃疡，在鼻端、耳后、下腹、大腿内侧，初有黄豆至指头大的红色丘疹，丘疹破溃后结成黑色痂皮 ——— 维生素 B_2 缺乏症

头、颈、背侧皮肤干燥，被覆皮屑，仅有痒感，掉毛，并见皮下脓肿。蹄部病变不明显 ——— （仔猪）锌缺乏症

部分全身发痒，乱蹭 ——— 附红细胞体病

皮肤发痒，有丘疹 ——— （慢性）铜中毒

耳尖、耳根、眼睛、口角、颈、胸、腹下、尾根皮肤初出现红斑，而后出现肿胀结节，奇痒。肿胀破溃后形成直径 1 厘米烂斑，有浆性渗出液。继而毛囊脓疱增多，形成痱状脓肿，破裂后脓液形成灰黄色痂皮，毛易拔出，疱液干涸形成皮屑 ——— （仔猪）皮癣菌病

皮肤发痒，先在头部（眼窝、颊部、耳部），而后蔓延至颈、肩、背、躯干两侧和四肢。最初皮肤的皮屑和被毛脱落，而后潮红、浆液浸润，甚至出血，并出现丘疹、水疱、渗出液、血液，结成痂皮，如化脓则形成脓灶。痂皮因擦痒一再脱落、再结，皮肤增厚 ——— 猪疥螨病

日光照射的皮肤呈桃红色，后在头、耳、颈、背、肘后、臀侧、尾根发生红斑疹块（玫瑰色），疹块与健康部位界限分明，边缘不整。疹块上有黄豆大水疱，疱破流黄色液体，皮肤增温，肿胀发痒。因擦痒使皮肤由暗红变黑，指压不褪色。疹块变成干痂，痂下流出黄色液体。症状白天重，夜间轻 —— （白猪）荞麦中毒

皮肤干燥，有时用力擦痒而出血，1～2天内全身皮肤泛黄 —— （急性黄疸性）钩端螺旋体病

有的皮肤发红，擦痒，有的轻度泛黄 —— （亚急性、慢性）钩端螺旋体病

下颌、颈下、体躯下侧部、腋、股内侧、皮肤有皱褶处、耳部后方可见到灰白色的虱子在爬动，有痒感，不安于采食，如痒处皮肤损伤，则皮肤发炎、结痂 —— 猪虱病

先脱毛，瘙痒，擦痒形成皮损，致加速扩展，头、躯干、四肢上部可见指甲大至1元硬币大的圆形或不规则形状的灰白色鳞屑斑，厚积成糠麸状或石棉状，并有多数毛囊小脓疱，擦伤后有少量渗出液或脓液 —— 皮癣菌病

耳尖、眼周、口周、颈、胸、腹下、肢内侧、肛周、尾根、蹄冠、腕跗关节、背部皮肤出现红斑，后成肿胀结节，表现奇痒，摩擦后破溃，形成直径1厘米左右的红色烂斑，渗出浆液，不化脓，结灰黑色痂皮。

在耳尖、耳根、颈、胸腹下及肛周有弥漫性结节，溃烂，互相融合成灰黑色痂壳，并现龟裂，背腹侧有散在性结节，因不脱毛不易被发觉，但抚摸可触知，因触摸能减轻痒感而不避让 —— 皮肤曲霉病

3. 黏膜皮肤水疱、蹄部水疱、蹄裂

主趾和附趾的蹄冠上皮早期苍白，皮肤与角质交界处先见到水疱，36～48 小时后水疱明显突出，1 个或几个黄豆大，继而融合扩大，疱内充满透明液，很快破裂（有时维持数天）形成溃疡，真皮呈鲜红色，常绕蹄冠皮肤裂开。

少数病例鼻端有水疱，唇内、齿龈多数为小疱，舌面水疱罕见。

母猪乳头也可见水疱 ——猪水疱病

舌、口、唇黏膜，蹄冠、蹄间、蹄踵、乳头出现直径 5～30 毫米的水疱，内含黄色透明液（鼻盘）的水疱较大而脆，出现数小时即破，水疱皮脱落后露出红色烂斑。有的联合成烂斑面。新的损害常随破裂水疱液流动方向而发生。因蹄受损害，跛行。

有时腕后、趾前、乳头也出现水疱 ——水疱性疹

口（主要是舌）、鼻端先发生水疱，水疱很易破裂，随后表皮脱落留下糜烂和溃疡。

随之，蹄冠和趾间发生水疱，不久破裂而形成痂块，蹄冠水疱病灶扩大则可使蹄壳脱落 ——水疱性口炎

舌、唇、齿龈、咽、鼻镜发生水疱，疱液初深黄透明，后为粉红色浑浊、疱破溃疡，哺乳母猪常见乳头有水疱。

同时蹄冠、蹄间、蹄叉、蹄踵出现红肿，不久形成米粒至蚕豆大的水疱，水疱破裂成溃疡。跛行，严重时蹄壳脱落 ——猪口蹄疫

主要发生下腹部和肢内侧，痘开始为深红色硬结节（丘疹），表面平整，中央凹陷如脐状。有时蔓延至背和腹侧。2～3 天后丘疹转为水疱，疱液清亮。有时不见水疱即成脓疱，不久结成棕黄痂皮，脱落后留下白色斑块而自愈 —— 猪痘

鼻镜、耳根、腹部、四肢下部出现黄色水疱，重者波及全身，10～15 小时破溃，水疱液棕黄如香油，附着于体表形成较大的溃疡面。有的耳下部皮肤脱落，与水疱、皮屑、污垢结合成痂 —— 葡萄球菌病

常发生于鼻梁、颜面、颈侧、下腹、膝襞等处，痛、痒轻或无痒，病变部有砂粒样白色或黄色小脓疱、结节，有时能融成一个大脓疱，四周有发炎带。有的呈鳞屑型，皮肤增厚不洁，凹凸不平，覆盖皮屑。也有形成皱襞，发生皲裂 —— 蠕形螨病

鼻盘、舌上、蹄冠、蹄踵形成水疱和糜烂，甚至蹄壳脱落，跛行 —— 渗出性表皮炎（猪油皮病）

蹄冠、蹄缘交界处出现贫血苍白线，后发绀，最后蹄壳脱落。有的仅松动而不脱落 —— 硒中毒

蹄侧壁与蹄底相连处有坏死窦隙，继而蹄冠部发黑，如继续发展则引起表面溃疡的坏死和肉芽组织的形成。严重时引起蹄关节炎、腱鞘炎、跛行 —— 腐蹄病

蹄冠、蹄枕肿胀热痛，蹄冠、蹄叉间有裂缝，有少量分泌物。甚至蹄壳脱落。

在耳、尾则为干性坏死，甚至脱落 —— （坏死性皮炎）坏死杆菌病

耳、颈、肩、尾皮肤发炎，蹄壳、蹄底出现裂缝 —— 维生素 B_7（生物素）缺乏症

4. 皮肤块疹

病后 2～3 天，胸、腹、背、肩、四肢上部皮肤发红，呈方形、圆形、菱形的疹块凸出于皮肤表面，初潮红、充血，并比健康猪皮温高，指压褪色。黑猪不显色，但手指在皮肤上滑行，可感疹块的存在。被毛高出于周围 —— （疹块型）猪丹毒

有的皮肤发生类猪丹毒疹块 —— 棉籽饼中毒

耳、会阴皮肤发生猪丹毒疹块 —— 猪桑葚心病

皮肤出现圆形、菱形红斑 —— （成年猪）猪放线菌病

皮肤发生核桃大凸出扁平的红色疹块，中央凹陷，色也较淡，无瘙痒。还可能发生大水疱 —— （重症）马铃薯中毒

一般在腹部、腹股沟有小而隆起的红斑，蚕豆大或 5 分硬币大，红斑边缘明显。有时也发生在头和背部。淡紫色的风疹块向四周扩张发展时，中心部分恢复正常外观，只少数有痒感。严重时病变融合成大片，大多数 3～5 周可自愈 —— 蔷薇糠疹

5. 皮肤坏死

多发于颈、背、体侧，也有在耳根、四肢、乳房，初局部发痒，并有少量干痂的结节，质硬微肿，无热无痛。痂下组织逐渐坏死，形成囊状坏死灶，少则 4～5 处，多则 10 多处。个别大面积皮肤干性坏死，犹如盔甲覆身，痂下流出恶臭、灰黄或棕色液体，坏死灶创口小，创底凹凸不平，边缘不整 —— （坏死性皮炎）坏死杆菌病

膝、蹄冠、肘、跗及蹄皮肤坏死。
有的蹄底、眼周、脸部、耳后有蚕豆至红枣大的肿胀，前期较硬有痛感，逐渐变软波动，穿刺流出淡灰色、稀薄、恶臭脓液，也有被摩擦破溃，流出黄色或灰白色混有血液的脓液。
有的皮肤黏湿如油脂状，出现瘙痒 —— （5～6 日龄猪）葡萄球菌病

鼻面表皮脱落，横沟有坏死灶、小皱裂，唇肿胀，内侧缘有坏死灶，无毛或少毛皮肤有出血点，有的有溃疡 —— 葡萄状穗霉毒素中毒

皮肤可见坏死、溃疡、斑块和小结节，尾、关节、鼻、唇可见坏死性溃疡脱落 —— （慢性型）非洲猪瘟

耳、尾有不同的坏死、溃疡，部分背脊脱毛 —— 伊氏锥虫病

自愈后，部分表现干耳、干尾 —— （温和型）猪瘟

6. 皮肤肿胀

猪体各部位常有脓肿 —— （较大猪）李氏杆菌病

颈部、肩部皮下脓肿（表在性感染） —— 棒状杆菌感染

在阴门上下方偏左有一个小孩头大的无热无疼的肿胀，触诊有波动，按压阴门有尿液排出，提起后腿肿胀可减小或消失 —— 会阴疝

初暴发时个别猪有不同部位的脓肿 —— （急性）接触性传染性胸膜肺炎

局部肿胀热痛明显，并迅速扩张，如在四肢，则全肢常肿胀，但与上部组织界限分明，触诊疼痛，重度跛行。如已化脓，热痛更甚，肿胀变为波动，切开流脓，也有自溃流脓的 —— （皮下）蜂窝织炎

局部皮肤红肿，有热痛，界限明显，初硬，逐渐软化，无热有波动，针刺有脓，有的自溃。脓肿如在四肢深部，体表轻度肿胀，有压痛，跛行 —— （急性）脓肿

在耳郭（肿瘤大的可达 3～9 千克）、乳房、扁桃体发生肿胀，质硬如软骨，表面凹凸不平，破溃后表面覆有污黑色痂皮。切面整齐灰白如纤维瘤，并有不少散在的黄豆至拇指大、柔软、灰白色胶冻样颗粒及黄白色、小米粒大的颗粒 —— 放线菌病

在头、耳根、肩胛部、腹侧、背部、四肢局部皮肤出现直径5～10厘米先肿胀后形成灰红色痂，被毛失去光泽，易折断，表面覆盖浅灰痂皮。病期长达2周 —— 小孢子霉菌病

皮肤紫红色，皮肤薄得更明显，脐部有炎性肿胀，溃烂后流出黄色液体，恶臭，与污物、皮屑形成黄褐色痂皮，揭去痂皮露出红色烂斑 —— （仔猪4天发病）葡萄球菌病

臀、胸、腹部多肉处发生炎性水肿，初坚硬有热痛，经几小时后肿部中心变冷，按压有捻发音而痛感消失，患肢跛行 —— 气肿疽

创伤周围发生弥漫性炎性水肿，并向四周扩大，按压凹陷，有捻发音 —— （创伤性）恶性水肿

消化道感染，病原流至某些肌肉，局部发生炎性水肿 —— （胃型、快疫型）恶性水肿

全身分布1～10个或10～20个豌豆至鸡蛋大的脓肿，初红肿硬结，继而化脓，可挤出干酪样脓液，经1～2个月脓干自愈 —— （母猪）葡萄球菌病

背部单侧或双侧肿胀，有的背呈香蕉状，肿胀部无疼痛反应 —— 应激性肌病

耳后、背部、腹侧皮肤发红肿胀，触有热痛，频频摇动双耳并向墙上擦痒，唇、头皮肤出现疹块，而后形成小水疱，疱破流黄色黏液，结痂或皮肤坏死 —— 灰灰菜中毒

颈、背部无色素皮肤初充血肿胀，出现红斑性疹块（水肿），有痛感、痒感（擦痒），症状表现白天重，夜间轻，严重时疹块变成脓疱，破溃后流黄色液体，结痂，耳郭变厚，龟裂，有的痂下化脓，皮肤坏死 —— 感光过敏

第四节 视诊（体况）

　　一般，健康猪不论大小，体躯各部比较匀称丰满，被毛光泽，四肢健壮，采食良好，每日能不间断地均衡增重，虽然这个增重与品种、饲料营养、饲养管理等因素有关，但在正常情况下每天均可增重，同圈猪群每头猪均能同步增长。当有寄生虫寄生特别是寄生虫较多时，如病程较长，机体不能正常吸收所需的营养，导致生长缓慢。有些传染病对胃肠损害较大，影响胃肠的消化吸收，以及疾病本身对机体的损耗，特别是转为慢性时。维生素和矿物元素缺乏也能使其营养失衡而导致生长缓慢，出现这一现象时明显可见猪的年龄与体重不相称。作者曾见一畜主购买一头猪，体重约 10 千克，经 5 个月饲养后体重仅 25 千克，即饲养 5 个月仅增重 15 千克，平均每月增重 3 千克。生长最缓慢的即成为僵猪，所谓僵猪是在其病后几乎维持原样不再增长，是生长缓慢中最严重的现象。

　　有些病对机体有严重损害，致使机体在病程中在营养方面入不敷出，有的迅速消瘦，有的渐进性消瘦，多见于一些慢性或重症疾病。因不能得到充足的营养，病猪的皮下脂肪和肌肉中的蛋白质被机体过度消耗，致使体态不再丰满，脊椎骨的棘突、肋骨显露，脊突两侧和腰角无肉，皮肤粗糙不光滑。甚至有的还显贫血和黄疸。

　　当耳根、四肢发凉时，表明病猪正处于衰竭之中，多发生于中毒的后期。

1. 生长缓慢

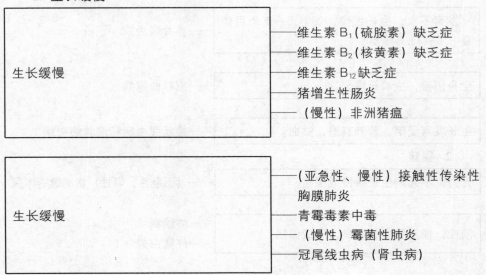

生长缓慢
——维生素 B₁（硫胺素）缺乏症
——维生素 B₂（核黄素）缺乏症
——维生素 B₁₂ 缺乏症
——猪增生性肠炎
——（慢性）非洲猪瘟

生长缓慢
——（亚急性、慢性）接触性传染性胸膜肺炎
——青霉毒素中毒
——（慢性）霉菌性肺炎
——冠尾线虫病（肾虫病）

生长缓慢或停滞，皮肤干燥，被毛无光，虚弱无力 —— 维生素 B_1 缺乏症

生长缓慢，毛无光泽，皮肤变薄，干燥 —— 维生素 B_2 缺乏症

稍消瘦，生长缓慢 —— （慢性）胃溃疡

生长发育受阻
—— 红色猪圆线虫病
—— 伪裸头绦虫病
—— 小肠结肠耶尔森氏菌病

消瘦，生长缓慢（2～5 月龄仅 12.5 千克，有的 4 月龄仅 4 千克），日龄大时还显贫血 —— 仔猪先天性膈疝

轻度感染，影响发育。重度感染，行动迟缓，生长缓慢 —— 后圆线虫病（肺丝虫病）

发育不良，生长缓慢，饲养 5～6 个月体重 6.5～17.5 千克 —— 姜片吸虫病

全身消瘦，生长缓慢 —— 皮肤曲霉病

生长发育受阻，营养衰退，贫血 —— 蛔状线虫病和泡首线虫病

2. 僵猪

无力，不死则生长缓慢成僵猪 —— （恶急性、慢性）钩端螺旋体病

消瘦，恢复后生长不良，形成僵猪
—— 疥螨病
—— 仔猪白痢

| 生长缓慢，10%发展为僵猪 | —— 猪增生性肠炎 |

3. 高度或迅速消瘦

| 高度消瘦，发育障碍 | —— 食道口线虫病 |

| 极度消瘦 | —— （慢性型）沙门氏菌病（副伤寒） |

| 严重消瘦，卧地不起，衰竭 | —— （后期）聚合草中毒 |

| 生后 12 小时，突然有 1～2 头体弱死亡，以后仔猪迅速消瘦，皮肤发皱、脱水，昏迷死亡 | —— 仔猪黄痢 |

| 身体极度衰弱，拱腰吊腹，行走摇摆 | —— （重症）毛首线虫病 |

4. 消瘦

消瘦
- —— （中期）聚合草中毒
- —— （皮炎）坏死杆菌病
- —— （急性）黄曲霉毒素中毒
  - —— （种公猪）繁殖与呼吸障碍综合征
  - —— （呕吐—消耗型）血细胞凝集性脑脊髓炎
  - —— 假丝酵母菌病和藻菌病
  - —— 仔猪皮癣菌病
  - —— 仔猪缺铁性贫血
  - —— （寄生于肝）棘头虫病（包虫病）
- —— （慢性）气喘病
- —— 阿米巴病
- —— 旋毛虫病

消瘦
- —— 伪裸头绦虫病
- —— 猪念珠菌病（下消化道）
- —— 小肠结肠耶尔森氏菌病

| 幼畜易疲劳，消瘦，发育不良 | —— 猪虱病 |

| 营养障碍 | —— 颚口线虫病 |

消瘦，疲惫 ——— 湿疹

消瘦很快 ——— （结肠炎型）沙门氏菌病

消瘦，毛粗乱，皮肤弹性降低 ——— 放线菌病

消瘦，发育不良，性成熟晚 ——— 锌缺乏症

消瘦，进行性营养不良 ——— （慢性）猪肺疫

消瘦，虚弱，厌走动，喜伏卧 ——— （慢性）猪丹毒

衰弱 ——— （重症）大棘头虫病

有 11 月龄母猪在分娩后 48 小时发病，表现肌无力，肌肉震颤，随后虚弱、呼吸困难和发绀 ——— 白肌病

瘦弱 ——— 产前瘫痪

有的全身衰弱、僵硬 ——— （败血型）李氏杆菌病

体重减轻 ——— （架子猪）传染性胃肠炎
——— （后备猪和泌乳猪）维生素 B_2 缺乏症

5. 逐渐消瘦

逐渐消瘦 ——— 球虫病
——— 仔猪坏死性口炎
——— （急性）猪痢疾

吃料不长膘，逐渐消瘦 —— （慢性）子宫内膜炎

渐进性消瘦 —— 猪增生性肠炎

后期消瘦，拱腰 —— （5～10 日龄）葡萄球菌病

如长期不能治愈，则逐渐消瘦、衰弱 —— （慢性）支气管炎

如不及时治愈则转为慢性，持续咳嗽和消化不良，消瘦 —— 流行性感冒

影响生长，逐渐消瘦 —— （轻症）毛首线虫病
—— （慢性）仔猪红痢

体态消瘦，毛粗，重时反应迟钝，极度衰竭死亡 —— 焦虫病

消瘦，脱水 —— （亚急性）仔猪红痢

消瘦，脱水及衰竭，年龄大的症状轻，年龄小的症状重 —— 流行性腹泻

消瘦，体重下降，肌肉明显萎缩 —— 断乳仔猪多系统功能衰竭综合征

全身无力，极度虚弱 —— （重症）胃肠炎

6. 消瘦、贫血

消瘦贫血，发育不良 —— 蛔虫病
—— 毛首线虫病
—— 硒中毒

贫血、生长缓慢	—— （重症）大棘头虫病 —— 铜缺乏症
毛粗乱，倦怠、衰弱、生长缓慢，低色素性贫血	—— 猪黄脂病
衰弱，生长缓慢，皮肤苍白，可视黏膜贫血，消化不良	—— 钴缺乏症
消瘦，贫血，生长缓慢，呈恶液质状态	—— （亚急性、慢性）猪痢疾
消瘦，贫血	—— （慢性）猪瘟 —— 冠尾线虫病 —— 伊氏锥虫病
贫血，体重减轻	—— （轻症）住肉孢子虫病
衰弱，贫血，遇有创伤，常出血不止	—— 维生素 K 缺乏症
消瘦、贫血	—— 红色猪圆线虫病
消瘦，贫血，乏力，轻度黄疸	—— 华支睾吸虫病
渐进性贫血	—— （亚急性）胃溃疡
消瘦，寄生多时贫血	—— 仔猪类圆线虫病（杆虫病）
营养不良，生长受阻，贫血，头下垂，大腮，耳后宽，前肩和臀部大，腰细	—— 囊尾蚴病（囊虫病）

消瘦，黄疸	——细颈囊尾蚴病
进行性消瘦或生长缓慢，贫血，黄疸	——猪圆环病毒2型感染（断奶猪多系统功能衰竭综合征）
发育不良、黄疸	——肝营养不良

7. 耳根，四肢发凉

四肢、耳根和全身发凉，畏寒明显	——母猪精液过敏
耳、四肢寒冷	——产褥热
耳根、四肢末梢发凉	——硝酸盐和亚硝酸盐中毒
耳尖、四肢发凉	——苦楝中毒 ——（重症）胃肠炎
耳尖、四肢发凉，畏寒战栗，喜钻草窝，重时卧地不起	——流行性感冒
身体发凉	——（轻症）马铃薯中毒
耳尖发凉	——（口服）土霉素中毒
严重时，体表、四肢发凉	——灰灰菜中毒
全身发冷发抖，天热时常挤在一起	——（亚急性）狗屎豆中毒
全身震颤，末梢部位发冷	——硒—维生素E缺乏症

第五节　视诊（活动状态）

　　正常健康的猪在圈内活动时，除精神状态良好外，在活动时，步态稳健，四肢各关节伸屈自如，蹄起落有序。有些患传染病猪除出现全身其他症状外，关节因受侵害而发炎。有的猪因某种元素（锰、铜、钙、磷等）缺乏或某种元素（无机氟化物）中毒而发生关节变性、活动障碍。也有寄生虫（旋毛虫）寄生于肌肉，妨碍肌肉运动，导致四肢在活动时各个关节的伸屈、迈步和蹄落地表现强拘或跛行。有些病可致蹄部发生水疱、溃疡或裂缝，甚至发生蹄壳脱落。

　　有的病猪在病程中由于体质衰弱，也表现运动强拘，甚至不愿走动而瘫卧。

　　不论行动强拘、跛行或瘫卧，必须从前肢肩部、后肢髋部自上而下至蹄部触摸、按捏，以发现有无热疼之处。

　　当患有风湿病时，虽在运动之初出现运动强拘或跛行，但在持续运动中症状逐渐减轻或消失，如休息后再走又显强拘或跛行，继续行走又减轻或消失，这是该病的一种特殊现象。

1. 运动中四肢强拘

行动迟缓，强迫驱赶，步样强拘，跛行。数米之外即可听到关节发出的"嘎嘎"之声，并发出痛苦哀叫。严重时卧地不愿起，勉强促其站立，肌肉颤抖，头下垂，四肢集于腹下，运动几步又倒卧不起。 　　跖骨、掌骨、下颌骨对称性增厚

——（慢性）无机氟化物中毒

运动僵硬

——流行性腹泻

共济失调，急转弯时易摔倒，关节肿大僵硬，触之敏感，跛行，不愿走动

——（4～6 月龄猪）铜缺乏症

腿弯曲强直，步态强拘，行走困难

——维生素 B_2 缺乏症

行动强拘如破伤风	——渗出性皮炎

步态强拘，有的拖地而走	——（慢性）霉玉米中毒

肌肉僵硬疼痛或麻痹，运动障碍，四肢伸张，卧地不动	——（肌肉型）旋毛虫病

骨骼变形（脊柱和四肢长骨弯曲，关节肿大）四肢强拘，步态紧张疼痛，行动不稳，站立困难，姿态特殊	——（小猪）钙磷缺乏症

头部肿大，骨骼变粗，肋骨与肋软骨结合处，变粗如珠，关节肿大，步行强拘。妊娠猪行动中急转弯时易发生腰椎骨折	——（母猪）钙磷缺乏症

部分关节肿大，运动乏力，后肢交叉，腰运转不灵	——焦虫病

腿弯曲强直，步态强硬，跛行，不愿行走	——维生素 B_2（核黄素）缺乏症

后肢踏步动作或成正步走，高抬腿鹅步	——维生素 B_3（泛酸）缺乏症

前肢成弓形，跗关节增大，管骨缩短，行走蹒跚，共济失调，站立困难	——（断奶仔猪）锰缺乏症

四肢发育不良，关节不能固定，跗关节过度屈曲，呈蹲坐姿势。前肢呈不同类型弯曲，重时不能负重，卧地不起	——（仔猪）铜缺乏症

2. 跛行

跛行	猪黄脂病
发病的患肢有跛行	气肿疽
个别有跛行	（慢性）链球菌病
犬坐或跛行	猪应激性肌病
四肢僵硬，有的两后肢下部有炎症，跛行	伊氏锥虫病
关节肿胀，跛行，斜卧	猪多发性浆膜炎与关节炎
腿关节软性肿胀，无痛	（慢性型）非洲猪瘟
病程长的关节炎，步态不稳，行为反常，应激性高	（感染母猪所产仔猪）衣原体病
关节肿胀发硬，逐渐变软，形成脓疱，跛行，严重时卧地不起	（脓肿在关节）棒状杆菌感染
关节肿胀	（慢性）猪肺疫
发病1天左右出现多发性关节炎，跛行，爬行或不能站立，还出现共济失调	（急性）链球菌病
出现前肢高踏，四肢不协调，部分关节肿大，关节炎	（脑膜炎型）链球菌病

关节肿大，跛行	——	日本乙型脑炎

关节炎多发于后肢，肿胀疼痛，运动不灵活	——	布鲁氏菌病

部分关节肿胀，站立有疼痛表现	——	（亚急性、慢性）黄曲霉毒素中毒

肌肉，关节疼痛	——	流行性感冒

初暴发时，个别发生关节炎	——	（急性）接触性传染性胸膜肺炎

部分关节肿大	——	焦虫病

个别猪关节肿大，跛行	——	葡萄球菌病

关节热而肿胀，跛行，发热几天后即消退，跛行和衰弱持续期不定，大多能康复	——	格拉泽氏病

发病2～3个月关节肿胀，跛行症状方可能减轻，也有6个月后仍有跛行	——	（亚急性）鼻腔支原体病

四肢关节肿胀，热痛，常卧褥草内，起卧困难，行走强拘	——	产褥热

四肢关节肿胀，尤其腕、跗关节明显，僵硬疼痛，关节变形，跛行	——	（慢性）猪丹毒

关节肿胀（跗、膝、腕、肩关节最受侵害）会出现过度伸展动作，跛行。发病后10～14天症状开始减轻，行走困难，运动时极度紧张	——	（急性）鼻腔支原体病

关节肿大，跛行 —— （断奶前后仔猪）衣原体病

腕、跗关节肿胀、发炎，步态僵硬或跛行 —— （架子猪）衣原体病

头颈部肌肉病变时，头颈部转动不自如，背腰、臀部病变时，背腰不敢弯，不愿走动，触诊敏感 —— 风湿病

突然一肢或数肢跛行，膝关节肿胀疼痛，急性跛行持续 3～5 天后逐渐好转，也有跛行加重而不能站立的，可复发。也有 40 千克以上的猪关节液多达 2～20 倍 —— 滑液支原体关节炎

肌肉、筋腱、腱鞘、关节疼痛，跛行。天暖减轻，天冷加重，常有游走性。在持续运动中跛行减轻或消失，休息后再走又显跛行 —— 风湿病

3. 蹄损伤

蹄冠皮肤开裂成溃疡，并显跛行，严重时蹄壳脱落，卧地不起 —— 口蹄疫

蹄冠皮肤裂开有痛感，运步艰难，用膝部爬行，严重时蹄壳脱落，卧地不起，犬坐姿势 —— 猪水疱病

因蹄受损害，跛行，不愿走动 —— 水疱性疹

蹄冠水疱病灶扩大，可使蹄壳脱落，跛行 —— 水疱性囷炎

| 高度跛行，喜卧，喂食时也不愿站着吃食 | ——腐蹄病 |

| 后肢起立困难，长期卧地（可能发生褥疮），有知觉反射，强迫起立，步态不稳，后躯摇摆 | ——产前瘫痪 |

| 强迫行走，步态踉跄，后躯麻痹，最后知觉丧失，四肢瘫痪，卧地不起 | ——产后瘫痪 |

| 卧地不能走动，针刺腰荐部及后肢皮肤反应迟钝，用力按压腰荐部略有痛感 | ——腰"麻痹"病 |

| 因急转弯摔倒不能站起，按压腰有疼痛，针刺痛点前方皮肤敏感，针刺荐部及后肢无反应。停止排粪尿，前肢常挣扎欲起 | ——腰椎骨折 |

| 有的拱背缩腹，不愿行动而瘫卧 | ——胃肠炎 |

第六节　检测体温

临床检测病猪的体温是必不可少的，猪的正常体温，文献记载 38.7～39.7℃、38～39.5℃，而皖北地区多为 38.5～39.5℃。

应该注意的是，环境温度对猪是有直接影响的。猪一般适宜在 20～23℃下生活。猪舍最适宜的环境温度为 15～20℃，相对湿度为 60%～80%。而初生仔猪皮薄、皮下脂肪少、活动能力差，3 日龄以内仔猪的适宜温度为 30～32℃，4～7 日龄为 25～30℃，当仔猪在成长时对环境温度的要求也随之逐渐下降，10 千克猪临界温度为 18.75℃，20 千克猪 18.22℃，30 千克猪为 17.55℃，100 千克猪为 15～18℃。当环境温度为 30～32℃时直肠体温即升高，如果相对湿度 65% 或更高些，猪在环境温度 35℃就不能长时间耐受，达 40℃时不管湿度多少，都不能耐受。因此，在检测体温时必须考虑当时的环境温度因素。

因为猪也有防卫本能，所以每当生人进圈时必然引起躁动躲避，如反复追赶，猪因剧烈奔走和情绪紧张，直肠温度必然升高，这时所测的体温很难反映出真实的体温。因此，应以温和的姿态先抚摸病猪背，而后左手抚挠猪腹壁，主人再抚头颈，在安抚情况下不引起猪惊恐测温，如遇性情暴烈的猪，则宜先用鼻套保定后再测温，这样就可测出正确的体温。

另外，应注意的是每个猪病都具有各自体温的幅度，在整个病程中病初可出现该病的最高值，随着病程的延长，机体抵抗力也随之下降，有的降至正常体温之下死亡，有的未降至常温即死亡。临床现场所测体温只是表示当时的体温，尚不能说明所处病程的时段。例如，猪瘟病猪初期体温通常是 40.5～41.5℃，随着病程的延长，体质逐渐衰弱，体温也随之下降，自病初至衰竭阶段不同时间点测得的体温数据不同，这是必须考虑的。1962 年某猪场早晨发现一患病母猪步态不稳，后卧地不起，有时有抽搐，上午 7 时当地兽医测体温为 39.5℃，因是黑猪无法看出皮肤变化，疑为维生素 A 缺乏症。作者应邀去会诊，8 时再测体温为 38.5℃，显示在 1 小时内体温下降 1℃，降温速度太快，表明体质已极衰竭，距死亡已不远，通过了解得知春季防疫有漏洞，考虑有猪瘟可能。病猪不久死亡，剖检发现有猪瘟病变。这一病例第一次测温稍高于正常体温，第二次测温是正常体温，很难怀疑是垂死前体温，这说明临床测温必须结合其他临床症状综合分析。如果临床症状严重而体温不高，有必要在分析过程中再次测温，如持续下降则预后不良。

一般说来，体温高于正常值的猪病中以传染病为最多，普通病、中毒病中也有一部分表现高体温，但寄生虫病除原虫病多有高体温外，其他有高体温的很少。各种高温病的体温指标虽各有不同，但有等同或相接近的。同一个病急性、亚急性、慢性以及病的初、中、后期也各有差异。为便于临床参考，作者将各种具有高体温的猪病根据体温高低差异分别罗列，但在临床实践时还需考虑各病在病程中体温可能下降的变化。

体温超过 40℃以上，由高到低的猪病序列：

43℃葡萄球菌病。

42～43℃败血型猪丹毒、日射病及热射病、急性高热综合征。

41.5～43℃败血型链球菌病。

42.9℃弓形虫病（急性期最高温）。

40.5～42.7℃焦虫病。

41.8～42.5℃溶血型链球菌病。

40.5～42.5℃脑炎型链球菌病。

41.5～42℃最急性接触性传染性胸膜肺炎（个别可达43℃）。

41～42℃猪克雷伯氏菌病、最急性猪肺疫、混合型李氏杆菌病、急性猪沙门氏菌病、猪痘（可达43℃）、急性炭疽、急性非洲猪瘟、脑心肌病、大猪黑斑病甘薯中毒。

40.5～42℃仔猪链球菌病，红皮病。

40.3～41.8℃ 8～10日龄猪弓形虫病。

40～41.7℃亚急性、慢性黄曲霉毒素中毒。

39.5～41.7℃急性猪棒状杆菌感染、聚合草中毒。

41～41.5℃架子猪衣原体病、格拉泽氏病、柽麻中毒。

40.5～41.5℃波氏杆菌病、猪瘟、猪霉菌性肺炎、伊氏锥虫病、蓖麻中毒。

40.6～41.5℃ 5～10日龄葡萄球菌病。

40.3～41.5℃流行性感冒。

40～41.5℃日本乙型脑炎。

39.5～41.5℃急性黄曲霉毒素中毒。

41.5℃猪住肉孢子虫病。

41℃疹块型猪丹毒、20日龄以上至断乳猪伪狂犬病、肺感染放线菌病、母猪钩端螺旋体病。

41℃慢性猪沙门氏菌病、猪痢疾、母猪毛滴虫病、猪小袋纤毛虫病（有时）、大叶性肺炎、产褥热、食盐中毒（抽搐时）、脑膜脑炎、棉籽饼中毒。

40.5～41℃猪坏死杆菌病、急性接触性传染性胸膜肺炎、水疱性口炎。

40～41℃猪繁殖与呼吸综合征、慢性链球菌病、慢性猪丹毒、初生仔猪伪狂犬病、急性猪肺疫、结肠炎型猪沙门氏菌病、猪传染性脑脊髓炎（捷申病）、铜中毒、类感冒、断奶仔猪应激症、乳房炎、猪水疱病、猪口蹄疫、灰灰菜中毒、感光过敏。

39～41℃母猪无乳综合征、酒糟中毒。

39.5～40.7℃猪皮肤曲霉病。

40.6℃鼻腔支原体病。

40.5℃以上非洲猪瘟。

40～40.5℃仔猪红痢、猪滑液支原体关节炎。

39.5～40.5℃ 4月龄猪伪狂犬病、仔猪衣原体病、仔猪传染性胃肠炎、猪多发性浆膜性炎与关节炎、慢性型非洲猪瘟、毛首线虫病。

39～40.5℃青霉毒素中毒。

38.5～40.5℃猪流行性腹泻。

40℃以上繁殖与呼吸综合征、钩端螺旋体病、克雷伯氏菌病、败血型李氏杆菌病、气肿疽、恶性水肿、尼帕病毒病，小肠结肠耶尔森氏菌病、啤酒糟中毒、赤霉菌毒素（T-2）中毒、小叶性肺炎、感冒、胃肠炎、肠变位、蜂窝织炎。

39.7～40.1℃菜籽饼中毒。

39.5～40℃亚急性、慢性接触性传染性胸膜肺炎。

40℃左右尼帕病毒病、蓝眼病、仔猪白痢、仔猪放线菌病、霉玉米中毒、淋巴脓肿、猪应激性肌病、子宫内膜炎、阴囊炎、睾丸炎。

39～40℃猪水肿病。

38～40℃食盐中毒。

第七节　触诊（体表淋巴结肿大、皮下水肿）

猪的皮下脂肪较多，在一般情况下，体表淋巴结稍有肿胀不易被发现。较易被发现并能触摸到的体表淋巴结有颌下、耳下、腹股沟等处，膘好的猪是不易摸到的，仔猪比成年猪易于观察到。1959年作者曾在某种猪场发现断奶仔猪有20多头头颈稍歪，颈部淋巴结脓肿，切开排脓而愈。说明在临诊时应注意观察体表淋巴结有无肿胀现象，特别要注意链球菌感染，也有一些传染病、寄生虫病及附近器官发生炎症而导致淋巴结肿胀。

只有病猪在比较消瘦的情况下才能发现水肿，大多因细菌或病毒使红细胞遭到破坏致血液稀薄，使水和电解质失去平衡，或在某些元素缺乏致营养不良，血液渗透性增加，致使渗透的水分聚积于皮下而形成水肿。有的表现眼睑水肿，有的在眼睑水肿的同时出现头部、颈部、四肢水肿，有的胸腹下部水肿。也有全身呈现水肿的。在健康猪全身皮下脂肪均衡发育而出现水肿时，水肿部位比四周皮肤稍高，用手指按压时，松手后留有指痕。一般，慢性传染病、寄生虫病、有些中毒和微量元素缺乏可出现皮下水肿。

1. 体表淋巴结肿大

| 体表淋巴结肿大 | —— （慢性）链球菌病 |
| | —— 冠尾线虫病（肾虫病） |

| 体表淋巴结肿胀 | —— 猪圆环病毒 2 型感染（断奶猪多系统功能衰竭综合征） |

| 淋巴结肿大 | —— 猪桑葚心病 |

2. 颌下、颈部淋巴结肿大

| 下颌淋巴结肿大有痛感 | —— （肺感染）放线菌病 |

| 下颌淋巴结肿胀 | —— （急性）鼻炎 |

| 颌下、咽、颈部淋巴结经 3 周逐渐隆起、坚硬、热痛，咀嚼、吞咽、呼吸障碍，成熟后表皮坏死，破溃流出脓汁，脓排净后，全身症状减轻 | —— （淋巴结脓肿型）猪链球菌病 |

3. 腹股沟淋巴结肿大

| 腹股沟淋巴结肿大变硬 | —— （8～10 日龄猪）弓形虫病 |

| 腹股沟淋巴结明显肿大 | —— （急性期）弓形虫病 |

4. 眼睑水肿

眼睑水肿
- —— （溶血型）链球菌病
- —— 猪桑葚心病
- —— 猪多发性浆膜炎与关节炎
- —— （哺乳猪）繁殖与呼吸综合征
- —— 维生素 B_2（核黄素）缺乏症
- —— （亚急性、慢性）狗屎豆中毒
- —— （亚急性、慢性）黄曲霉毒素中毒
- —— （2～15 日龄猪）蓝眼病

5. 眼睑、头、颈、四肢水肿

| 头部水肿 | —— （仔猪）无机氟化物中毒 |

眼睑、头、颈浮肿 —— 马铃薯中毒

有时眼睑、四肢水肿 —— 猪水肿病

部分颈、背部水肿 —— （急性）链球菌病

眼睑、面部、腹部肿胀 —— 猪伪结核耶尔森氏菌病

6. 眼睑、胸腹下水肿

眼睑、颌下、胸腹下、股内侧明显水肿 —— 维生素 B_1 缺乏症

眼睑、腹部水肿 —— 姜片吸虫病

胸腹下水肿 —— 棉籽饼中毒

臀、腹下水肿 —— 肝营养不良

腹下水肿 —— 焦虫病

7. 全身性水肿

全身皮下水肿，四肢皮肤趋皱，显得透明有波动，关节轮廓不显，颈、肩皮下水肿也很明显 —— 先天性缺硒症

全身水肿，以颈部和前肢最为严重 —— （黑猪）荞麦中毒

水肿 —— 猪囊尾蚴病（囊虫病）

有的在上下颌、头部、颈部、甚至全身水肿，指压凹陷，俗称大头瘟 —— （亚急性、慢性）钩端螺旋体病

| 有的全身或局部水肿 |——|（初生仔猪）猪丹毒 |

| 有出血素质时皮下浮肿 |——| 硒—维生素 E 缺乏症 |

| 有的发生水肿、贫血 |——|（急性）酒糟中毒 |

第八节　可视黏膜及眼的检查

可视黏膜包括眼结膜、口腔黏膜（包括齿龈和舌面）、肛门和阴户黏膜。在正常情况下眼结膜为淡蔷薇色，口腔黏膜色泽稍微深些。肛门黏膜只有在排粪结束时一刹那肛门翻转时可见，当病重或肛门哆开时也易看见。阴户黏膜必须掰开阴唇或阴户严重哆开时方易见到。

因猪多圈养，即使放牧，眼部也很难受到侵害，所以单独的眼病很少发生。当发生高温病或中毒病时会形成毛细血管扩张充血，显现可视黏膜充血。当腹泻较严重、机体水分损失较重，或有些病因不饮及少饮水时导致机体缺水，也可使可视黏膜潮红充血。有些病（如流行性感冒），眼结膜潮红肿胀时，易露于眼睑之外。当氢氰酸中毒时，由于氰离子与细胞色素氧化酶的三价铁结合后，阻碍其还原为带二价铁的还原型细胞色素酶，失去传递氧的作用，机体组织不能从毛细血管摄取氧，致血液（包括静脉血）呈鲜红色，可视黏膜呈鲜红的特殊现象。

受疾病的影响，当机体缺氧或微循环发生障碍时，会出现可视黏膜发紫（发绀），各种中毒病均容易产生这一状况。更严重的，可视黏膜呈蓝紫或乌黑色（如硝酸盐和亚硝酸盐中毒），各种中毒易产生这一状况，有些传染病和普通病也有发生，这是病情严重的信号。

当机体因某些元素缺乏，或因寄生虫病和慢性疾病，致机体营养不良；或因病使红细胞遭到破坏，血液变稀，微血管中的红细胞较少，致可视黏膜失去固有的淡蔷薇色而显苍白。如果在疾病过程中动物肝功能受到损害，致胆色素代谢障碍，则显现可视黏膜黄染或黄疸。有的眼结膜充血、黄染，甚至皮肤也显黄染或黄疸，如钩端螺旋体病。黄染或黄疸多出现于中毒性疾病和某些传染病，有些慢性普通病也出现。

有些传染病和寄生虫病在眼结膜充血的同时出现流浆液性、黏液性分泌物，有的甚至带血或者眼结膜有出血点（如猪瘟、沙门氏菌病）。慢性铜中毒流黄色眼泪。传染性萎缩性鼻炎在眦部有半月状条纹泪斑。

角膜浑浊多出现于蓝眼病。沙门氏菌病严重时会出现角膜溃疡。

瞳孔散大多见于中毒病，但一般疾病在濒死时也瞳孔散大。则表示生命已处于危险境地。日射病和热射病瞳孔散大后缩小，而有机磷农药中毒则瞳孔缩小。

1. 可视黏膜鲜红色

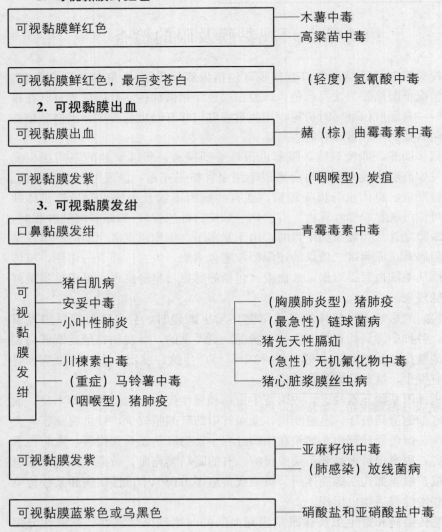

可视黏膜鲜红色	木薯中毒
	高粱苗中毒

可视黏膜鲜红色，最后变苍白	（轻度）氢氰酸中毒

2. 可视黏膜出血

可视黏膜出血	赭（棕）曲霉毒素中毒

可视黏膜发紫	（咽喉型）炭疽

3. 可视黏膜发绀

口鼻黏膜发绀	青霉毒素中毒

可视黏膜发绀
- 猪白肌病
- 安妥中毒
- 小叶性肺炎
- （胸膜肺炎型）猪肺疫
- （最急性）链球菌病
- 猪先天性膈疝
- （急性）无机氟化物中毒
- 猪心脏浆膜丝虫病
- 川楝素中毒
- （重症）马铃薯中毒
- （咽喉型）猪肺疫

可视黏膜发紫	亚麻籽饼中毒
	（肺感染）放线菌病

可视黏膜蓝紫色或乌黑色	硝酸盐和亚硝酸盐中毒

4. 可视黏膜苍白、黄染

可视黏膜苍白 —— （急性）霉玉米中毒
—— 放线菌病
—— 有机磷农药中毒

可视黏膜灰白 —— 丙硫苯咪唑中毒

可视黏膜苍白干燥 —— （感染母猪所生仔猪）衣原体病

可视黏膜苍白黄染 —— 仔猪溶血病
—— 菜籽饼中毒

可视黏膜黄疸 —— （慢性）霉玉米中毒
—— （轻症）蓖麻中毒
—— 土霉素中毒
—— 安妥中毒

20％病猪出现黄疸 —— 断乳仔猪多系统功能衰竭综合征

可视黏膜黄染 —— （急性）钩端螺旋体病

黄疸。也有的黏膜苍白，而不出现黄疸和血红蛋白尿 —— （慢性）铜中毒

口黏膜苍白或发绀，齿龈、口角、会阴、阴道有出血点 —— （急性）猪瘟

可视黏膜充血黄染 —— （慢性）酒糟中毒

可视黏膜苍白或发紫 —— 棉籽饼中毒
—— 癫痫

5. 眼结膜潮红充血

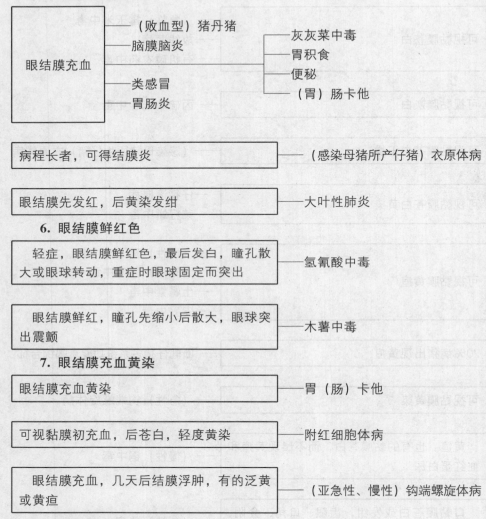

眼结膜充血
—— （败血型）猪丹猪
—— 脑膜脑炎 ——— 灰灰菜中毒
—— 胃积食
—— 类感冒 —— 便秘
—— 胃肠炎 —— （胃）肠卡他

病程长者，可得结膜炎 —— （感染母猪所产仔猪）衣原体病

眼结膜先发红，后黄染发绀 —— 大叶性肺炎

6. 眼结膜鲜红色

轻症，眼结膜鲜红色，最后发白，瞳孔散大或眼球转动，重症时眼球固定而突出 —— 氢氰酸中毒

眼结膜鲜红，瞳孔先缩小后散大，眼球突出震颤 —— 木薯中毒

7. 眼结膜充血黄染

眼结膜充血黄染 —— 胃（肠）卡他

可视黏膜初充血，后苍白，轻度黄染 —— 附红细胞体病

眼结膜充血，几天后结膜浮肿，有的泛黄或黄疸 —— （亚急性、慢性）钩端螺旋体病

8. 眼结膜充血有分泌物

眼结膜潮红，有黏性或脓性分泌物，严重病例表现黄疸 —— （白猪）荞麦中毒

眼结膜潮红，流黄色眼泪 —— （慢性）铜中毒

眼结膜红肿流泪 —— （急性）链球菌病

眼结膜严重充血，有黏性分泌物 —— 猪心脏浆膜丝虫病

眼结膜红肿，流黏性分泌物。有时带血 —— 流行性感冒

眼结膜充血水肿，分泌物增加，有的眼睛睁不开 —— （架子猪）衣原体病

眼结膜潮红，羞明流泪，重症时眼结膜苍白 —— 流行性感冒

常有脓性结膜炎 —— （胸膜肺炎型）猪肺疫

眼有浆性或黏性分泌物 —— （急性）非洲猪瘟

眼结膜充血，流浆液分泌物 —— 皮肤曲霉病

有的结膜炎，眼有分泌物 —— （2～15 日龄猪）蓝眼病

眼结膜损伤，卡他性炎，甚至晶体浑浊失明 —— 维生素 B_2（核黄素）缺乏症

眼有分泌物 —— 猪细胞巨化病毒感染

眼结膜潮红，有稀薄分泌物 —— （8～10 日龄仔猪）弓形虫病

眼结膜充血有眼眵 —— （急性期）弓形虫病
—— （肺感染）放线菌病

眼结膜炎，流泪 ——棉籽饼中毒
——感光过敏

眼有黏性、脓性分泌物，上、下眼睑粘连，少数角膜浑浊，严重时角膜溃疡 ——（结肠炎型）沙门氏菌病

因泪管阻塞，由泪和灰尘在眦部形成半月状条纹泪斑 ——传染性萎缩性鼻炎

9. 眼结膜发绀

眼结膜发绀 ——肉毒梭菌毒素中毒

眼球上翻，结膜发绀 ——断奶仔猪应激症

眼结膜潮红或发绀 ——（溶血型）链球菌病
——日本乙型脑炎

黏膜发绀，有时黄疸 ——桉麻中毒

10. 眼结膜潮红，瞳孔缩小

眼结膜潮红，瞳孔缩小，流泪，眼球震颤，有的眼斜 ——有机磷农药中毒

11. 眼结膜潮红，瞳孔散大

眼结膜潮红，瞳孔散大，反射消失 ——（注射）土霉素中毒

眼结膜潮红，流泪，瞳孔散大 ——川楝素中毒

眼结膜充血，瞳孔散大 ——菜籽饼中毒

眼睑肿胀，结膜潮红，流泪，有30%角膜水肿，浑浊，瞳孔散大 ——（2～15日龄）蓝眼病

12. 眼结膜发绀，瞳孔散大

眼结膜发紫，瞳孔散大	—— 亚麻籽饼中毒

眼结膜发紫，瞳孔先散大后缩小	—— 日射病和热射病

13. 瞳孔散大

瞳孔散大 —— （重症）马铃薯中毒　　—— （亚急性）狗屎豆中毒
　　　　　　　　　　　　　　　　　—— 硝酸盐和亚硝酸盐中毒
　　　　 —— 苦楝中毒　　　　　　—— （急性）有机氟化物中毒

瞳孔散大，眼球转动	—— 癫痫

14. 角膜浑浊

角膜浑浊	—— （30 日龄猪）蓝眼病

视力差，最后角膜浑浊，瞳孔散大	—— 痢特灵中毒

单侧或双眼角膜浑浊	—— （30 日龄以上猪）蓝眼病

偶有角膜浑浊	—— （母猪）蓝眼病

少数有轻度角膜浑浊	—— （公猪、其他成年猪）蓝眼病

角膜炎，晶体浑浊	—— 维生素 B_2 缺乏症

听觉迟钝，视力减弱，干眼，甚至角膜软化穿孔	—— （成年猪）维生素 A 缺乏症

15. 眼结膜苍白

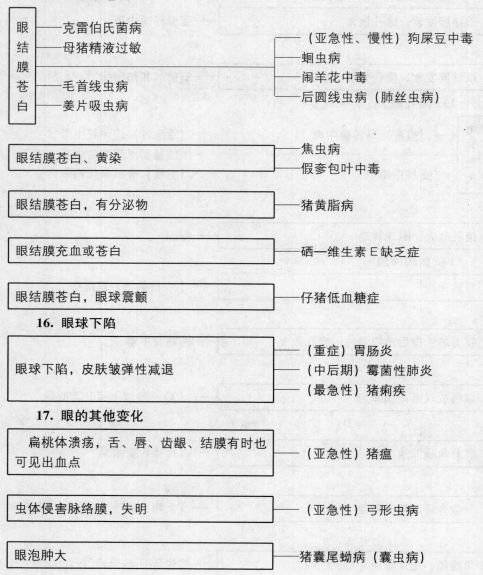

眼结膜苍白
— 克雷伯氏菌病
— 母猪精液过敏
— 毛首线虫病
— 姜片吸虫病
— （亚急性、慢性）狗屎豆中毒
— 蛔虫病
— 闹羊花中毒
— 后圆线虫病（肺丝虫病）

眼结膜苍白、黄染
— 焦虫病
— 假参包叶中毒

眼结膜苍白，有分泌物 —— 猪黄脂病

眼结膜充血或苍白 —— 硒—维生素 E 缺乏症

眼结膜苍白，眼球震颤 —— 仔猪低血糖症

16. 眼球下陷

眼球下陷，皮肤皱弹性减退
— （重症）胃肠炎
— （中后期）霉菌性肺炎
— （最急性）猪痢疾

17. 眼的其他变化

扁桃体溃疡，舌、唇、齿龈、结膜有时也可见出血点 —— （亚急性）猪瘟

虫体侵害脉络膜，失明 —— （亚急性）弓形虫病

眼泡肿大 —— 猪囊尾蚴病（囊虫病）

第九节　检查消化系统临床表现

对猪的消化系统检查比大家畜困难，大家畜检查口腔时伸手将舌拉出口外

即可；对胃肠、肝肾、膀胱、子宫疾病可以直肠检查，而猪则不可能。但对仔猪、小架子猪可由畜主抓住猪的双耳，趁猪开口鸣叫时察看口腔各种变化。大猪可用嘴保定器保定后用木棒或铁棒撬开口观察。通过问诊和观察，了解、发现不正常现象，以供临床综合分析之用。

一、口腔检查

口腔黏膜发炎时呈现潮红肿胀，有些普通病和中毒病常出现。黏膜、齿龈发生水疱仅限于少数传染病，有时也见水疱破裂出现溃疡，如猪口蹄疫。口腔流涎，多发于传染病和中毒病。口流泡沫也多出现于某些传染病和中毒病。在检查中，也应注意舌下米粒大的囊泡（猪囊尾蚴病），注意口腔黏膜因溃疡产生的假膜及非溃疡而不易擦掉的假膜（念珠球菌病）。

1. 口腔黏膜红肿

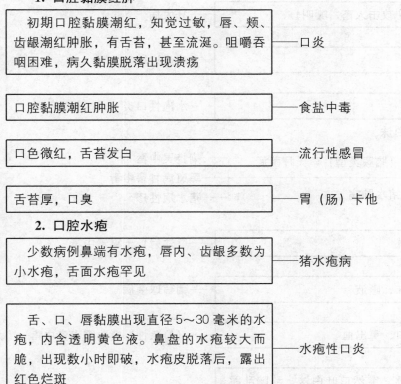

初期口腔黏膜潮红，知觉过敏，唇、颊、齿龈潮红肿胀，有舌苔，甚至流涎。咀嚼吞咽困难，病久黏膜脱落出现溃疡 ——口炎

口腔黏膜潮红肿胀 ——食盐中毒

口色微红，舌苔发白 ——流行性感冒

舌苔厚，口臭 ——胃（肠）卡他

2. 口腔水疱

少数病例鼻端有水疱，唇内、齿龈多数为小水疱，舌面水疱罕见 ——猪水疱病

舌、口、唇黏膜出现直径5～30毫米的水疱，内含透明黄色液。鼻盘的水疱较大而脆，出现数小时即破，水疱皮脱落后，露出红色烂斑 ——水疱性口炎

舌、唇、齿龈、咽、鼻镜出现水疱，疱液初深黄透明，后为粉红色浑浊，水疱破裂后现溃疡 —— 猪口蹄疫

3. 口流涎

口鼻流涎 —— （咽喉型）猪肺疫

流涎
—— 姜片吸虫病
—— 肉毒梭菌毒素中毒 —— 脑膜脑炎
—— （成年猪）传染性胃肠炎
—— 破伤风 —— 口蹄疫

流涎（乱跑、攻击人畜、嘶叫）—— 狂犬病

口炎，流涎 —— 感光过敏

磨牙，流涎 —— 水疱性口炎

4. 口吐白沫

口吐白沫
—— （脑膜炎型）李氏杆菌病 —— 痢特灵中毒
—— 黑斑病甘薯中毒
—— 猪水肿病 —— 猪水疱性疹

口吐大量泡沫 —— （注射）土霉素中毒

口流大量泡沫，唾液 —— 葡萄球菌病

口吐白沫，口、鼻出血 —— （最急性）黄曲霉毒素中毒

病前无先兆，突然口吐白沫，乱蹦乱跳，冲出圈即死亡 —— 出血性肺炎或脑炎

| 临死前有淡红色泡沫由口鼻流出 | —— 克雷伯氏菌病 |

| 流涎，有的有泡沫 | —— （急性）霉玉米中毒 |

5. 口有假膜

| 口腔黏膜红肿，齿龈、舌、上腭、唇黏膜、颊、咽可见灰白或赤褐色、粗糙、污垢的假膜，假膜下凹为溃疡面 | —— 坏死性口炎 |

| 口腔黏膜覆盖一层不易擦掉的微白色假膜 | —— 猪念珠球菌病（上消化道） |

| 口腔黏膜发炎，溃疡 | —— 维生素 B_7 （生物素）缺乏 |

6. 舌下、牙齿异常

| 舌下可见到半透明米粒状的囊泡 | —— 猪囊尾蚴病（囊虫病） |

| 牙初白垩型，渐有对称性齿斑（淡红色或淡黄色），臼齿波状齿 | —— （慢性）无机氟化物中毒 |

二、食欲与饮水

健康猪在行将进食时，根据自身生物钟即翘首思食，当饲养员提食桶接近猪圈或将饲料倒入食槽时，即哼叫、相互抢食，并忽左忽右抢他猪口边饲料，采食时发出"嚓嚓"咀嚼声。如一旦发病，即会出现食欲不振、减退或废绝。

有时表现食欲不振，病猪在采食时不积极挤近食槽抢食，行动缓慢，时吃时停，也不向左右抢食，左右的猪抢其饲料时，也不拱咬驱赶。这一现象多出于一些传染病、中毒病、寄生虫病初期。

当猪病进一步发展或初病病势较重时，猪食欲明显减退，采食不久即退离食槽，而其他猪则仍在采食中，减少的食量轻则 1/4～1/3，重则 2/3～3/4。这一现象多出现于轻症中毒、亚急性或慢性传染病和寄生虫病。

有些病表现厌食，喂食时也挤近食槽，但对饲料有厌恶情绪，勉强吃一点即退槽。

当一些普通病、中毒病、寄生虫病病势严重时即食欲废绝，即使给予最好的食物也不吃，例如猪瘟病猪，当敲盆唤食时能条件反射地从躺卧处迈向食盆，仅拱拱食物而不吃，随即退回原处躺卧。

哺乳仔猪在母猪躺卧并发出柔和的哼哼声中用吻突拱母猪乳房而吮奶，还发出"咕嘟"吞奶声，吃奶完毕腹部显饱满。如吃奶少，则腹部不饱满，且比健康仔猪较早离开母猪，吃奶少或不吃奶则提示有病。

有些猪出现异嗜，即吃其不应该吃的东西，如碎砖瓦、啃槽、啃栏栅、啃墙、啃木棒，甚至吃自己刚排的粪，这种异嗜现象多出现在元素缺乏、某些中毒病和寄生虫病。

猪的饮水量与饲料有关，一般吃干料比吃湿料饮水量多，饮水与饲料比例为3：1，即吃1千克干饲料需喝水3千克，如遇天热或干旱，皮肤和呼吸蒸发水分，饮水量必将有所增加。哺乳母猪比妊娠母猪饮水量多。猪有食后饮水的习惯。如果在正常情况下渴望饮水或饮水过多，常见于中毒。而饮水太少，则与便秘和胃肠卡他有关。

1. 食欲不振

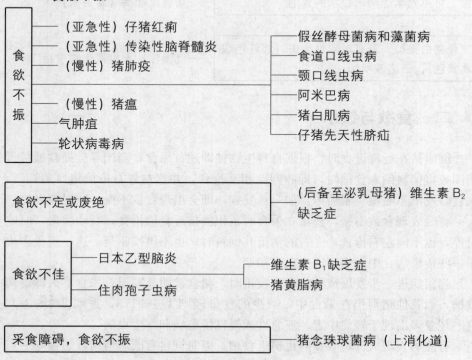

食欲差 ——— 小肠结肠耶尔森氏菌病

食欲不振或废绝
——— 附红细胞体病
——— 克雷伯氏菌病
——— （慢性、急性）链球菌病
——— 维生素 B_2 缺乏症
——— 冠尾线虫病（肾虫病）

2. 食欲减退

食欲减退
——— 维生素 B_1（硫胺素）缺乏症
——— 维生素 B_5（烟酸）缺乏症
——— （亚急性）弓形虫病
——— 母猪毛滴虫病
——— 流行性感冒
——— 青霉毒素中毒
——— （轻症）蓖麻中毒
——— 小叶性肺炎
——— 大叶性肺炎
——— （肺感染）放线菌病
——— （肠型）旋毛虫病
——— （初期）聚合草中毒
——— 水疱性口炎
——— 灰灰菜中毒
——— 增生性肠炎
——— 猪肠病毒感染（肺、心包、心肌）
——— （亚急性、慢性）钩端螺旋体病
——— （结肠炎型）沙门氏菌病（副伤寒）
——— 猪水疱病
——— 红皮病
——— （急性）猪痢疾
——— 华支睾吸虫病
——— 蛔状线虫病和毛首线虫病
——— 大棘头虫病
——— （急性）支气管炎
——— 猪气喘病
——— 有机氟化物中毒
——— 仔猪皮癣菌病

食欲减退，渴欲增加
——— 红色猪圆线虫病
——— （轻症）猪棒状杆菌感染

食欲减退，严重者废食 ——— （白猪）葡萄状穗霉毒素中毒

食欲减退或正常 ——— （亚急性、慢性）猪痢疾

| 食欲下降，逐渐消瘦 | —— 猪巴贝斯虫病 |

| 食欲逐渐减少 | —— 毛首线虫病 |

| 发病几天后食欲减退 | —— （急性）鼻腔支原体病 |

| 食欲下降 | —— 伊氏锥虫病 |

| 部分食欲下降 | —— （保育猪）繁殖与呼吸综合征 |

| 食欲减退，咀嚼、吞咽困难 | —— （肌肉型）旋毛虫病 |

| 咀嚼、吞咽困难，叫声嘶哑 | —— 口蹄疫 |

| 食欲减退，咽下、颌下脓肿，采食量下降，咀嚼、吞咽困难 | —— 淋巴结脓肿 |

食欲减退或废绝
—— 乳房炎
—— （急性）子宫炎
—— （慢性）链球菌病
—— （败血型）李氏杆菌病
—— （架子猪）衣原体病
—— （架子猪）传染性胃肠炎
—— 猪水肿病
—— 桦麻中毒
—— 菜籽饼中毒
—— 流行性感冒
—— 霉菌性肺炎

—— 棒状杆菌感染
—— （急性）霉玉米中毒
—— 食盐中毒
—— 口蹄疫
—— （哺乳仔猪）繁殖和呼吸综合征
—— 产后瘫痪
—— 小袋纤毛虫病
—— 硒—维生素 E 缺乏症
—— 便秘
—— 皮肤曲霉菌病
—— 膀胱炎

| 病初食欲失常 |——（疹块型）猪丹毒 |

| 开始少食，后绝食 |——焦虫病 |

| 产后未充分排粪即喂食，此后即不再吃食 |——产后便秘 |

消化机能紊乱 ——赭（棕）曲霉毒素中毒
——球首线虫病

3. 拒食、厌食

拒食 ——脑心肌病
——（中期）聚合草中毒

一般厌食或拒食 ——赤霉菌毒素（T-2）中毒

厌食
——维生素 B_2（核黄素）缺乏症
——维生素 B_{12} 缺乏症
——（急性）钩端螺旋体病 ——伪裸头绦虫病
——（年轻母猪）传染性胃肠炎 ——（急性）非洲猪瘟
——维生素 K 缺乏症
——流行性腹泻 ——（咽喉型）炭疽
——坏死性皮炎 ——（慢性）铜中毒
——（公猪）繁殖与呼吸综合征 ——兰氏 Q 群链球菌病
——（孕猪）繁殖与呼吸综合征
——（2 周龄以下猪）血细胞凝集性脑脊髓炎

突然厌食 ——（亚急性）胃溃疡

有时阶段性表现厌食 ——（急性）胃溃疡

食欲不振或厌食 ——猪多发性浆膜炎与关节炎

在高热初期仍采食，后厌食 ——（急性型）非洲猪瘟

初厌食，后废绝 ——（急性）传染性脑脊髓炎

断奶猪厌食，成年猪不食 —— 猪放线菌病

厌食，体重下降 —— 猪圆环病毒 2 型感染（猪皮炎与肾病综合征）

少数轻度厌食 ——（公猪、其他成年猪）蓝眼病

能行走的无厌食现象 ——（2～15 日龄猪）蓝眼病

4. 食欲废绝

食欲废绝
- （败血症）猪丹毒
- （断奶仔猪）衣原体
- （败血型）沙门氏菌病
- 肠扭转和缠结
- 类感冒
- （肠型）炭疽
- （重症）感冒
- 黑斑病甘薯中毒
- 胃肠炎
- 猪肺疫
- （急性）酒糟中毒
- 母猪精液过敏
- 胃积食
- （呕吐—消耗型）红细胞凝集性脑脊髓炎
- （重症）后圆线虫病（肺丝虫病）
- （亚急性、慢性）狗屎豆中毒
- 肠嵌顿
- （重症）大棘头虫病
- 肠套叠
- （轻症）马铃薯中毒
- 假参包叶中毒
- 闹羊花中毒
- 丙硫苯咪唑中毒
- 猪桑葚心病
- 荞麦中毒
- 肉毒梭菌毒素中毒
- （最急性、急性）猪瘟

发病即废食，用抗生素后即降温并吃食，喂食后体温又升高并再绝食，呈现反复 ——— 类感冒

多数食欲废绝 ——— （最急性）猪痢疾

后期绝食 ——— （2月龄猪）硒中毒

严重时食欲废绝 ——— （胃）肠卡他

5. 哺乳仔猪不吃奶

丧失吃奶能力 ——— （哺乳仔猪）繁殖与呼吸综合征

吮乳无力或不吃奶 ——— （仔猪）无机氟化物中毒

不吮乳，或口含乳头无力吮乳 ——— （初生仔猪）猪丹毒

不能吮奶、吃料，叫声嘶哑 ——— （仔猪）链球菌病

一般自行或辅助下能吸乳几次，但不久即无力吮乳 ——— （2～3日龄）猪丹毒

吃奶减退或废绝 ——— （8～10日龄）弓形虫病
——— （5～10日龄猪）葡萄球菌病

6. 异嗜

吃食时多时少，咀嚼无声，异嗜煤渣、砖瓦、泥土等。常在分娩后20～40天发生瘫卧，严重时废食，叩诊肋骨呻吟 ——— （母猪）磷钙缺乏症

吃食时好时坏，有异嗜 ——— 蛔虫病

食欲减退，有异嗜，吃砖瓦、石子及被粪污染的褥草 ——— （慢性）霉玉米中毒

吃食时多时少，经常挑食，吃食吮吸而不咀嚼，无"嚓嚓"咀嚼声，有吃煤块、煤渣、砖瓦、泥土等异嗜癖，生长缓慢 —— （小猪）磷钙缺乏症

异嗜 —— （慢性）无机氟化物中毒

食欲不振，严重时表现异嗜（啃泥土、木桩、墙壁、异物） —— （4～6月龄猪）铜缺乏症

减食，嗜吃生冷饲料，吃泥土、石块、粪污褥草 —— （亚急性、慢性）黄曲霉毒素中毒

吃奶能力下降，有异嗜 —— 仔猪缺铁性贫血

食欲减退，常表现异嗜，随病情发展而废食 —— （急性期）弓形虫病

减食或绝食，不吃煮熟料，拒食霉玉米 —— （急性）黄曲霉毒素中毒

食欲减退，咀嚼缓慢，有时吃自己的粪便 —— 胃（肠）卡他

7. 强烈渴欲、饮水多

有强烈渴欲 —— （急性）铜中毒

口渴 —— （疹块型）猪丹毒
—— （急性）猪痢疾
—— （败血型）李氏杆菌病

极度口渴，脱水 —— （仔猪）传染性胃肠炎

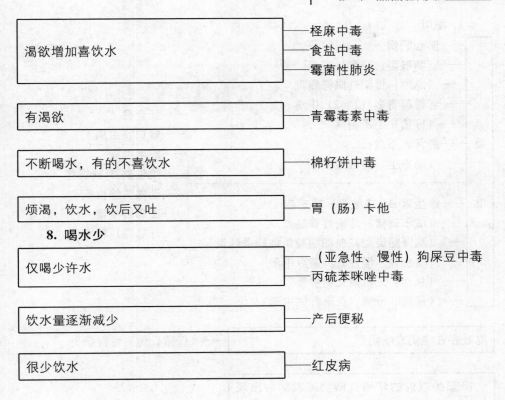

渴欲增加喜饮水 —— 桎麻中毒
—— 食盐中毒
—— 霉菌性肺炎

有渴欲 —— 青霉毒素中毒

不断喝水，有的不喜饮水 —— 棉籽饼中毒

烦渴，饮水，饮后又吐 —— 胃（肠）卡他

8. 喝水少

仅喝少许水 —— （亚急性、慢性）狗屎豆中毒
—— 丙硫苯咪唑中毒

饮水量逐渐减少 —— 产后便秘

很少饮水 —— 红皮病

三、呕吐

　　呕吐是一种病理性反射活动。当胃发生炎症或溃疡时，可能因食物的刺激疼痛引起反射性痉挛而呕出食物。如果遇到十二指肠痉挛性逆蠕动将寄生的蛔虫送入胃内，蛔虫会因胃酸的刺激而翻腾挣扎引起胃痉挛而呕吐，有时也可因肠管有粪便阻塞或肠变位致不能排粪时反射地引起呕吐。当猪采食某些有毒饲料或植物的茎叶时，胃受毒素的刺激致大多中毒性疾病出现呕吐。也有少数传染病也能刺激胃发生呕吐。

　　当看到病猪发生呕吐时，应进一步考虑导致呕吐的病因，对呕吐物的性状也应加以注意。如急性铜中毒呕吐物呈蓝色或绿色，猪巴贝斯虫病呕吐物则呈黄色，丙硫苯咪唑中毒的呕吐食糜呈黄绿色或黄褐色水样液体。胃肠炎呕吐物带血液和胆汁。有的呕吐物酸（胃积食），有的有恶臭（血细胞凝集性脑脊髓炎）。呕吐物中含有黏液或泡沫大多见于中毒。

1. 呕吐

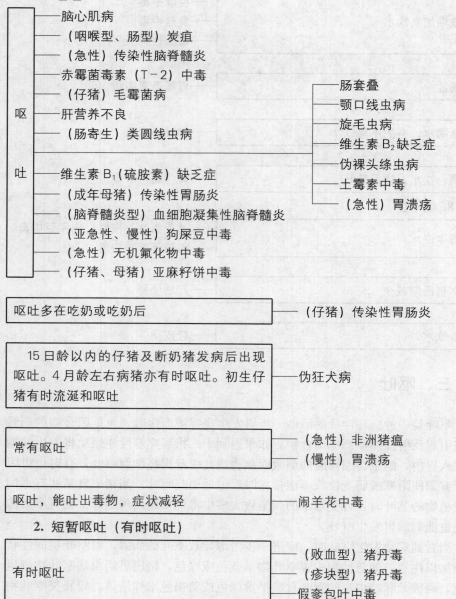

呕吐
- 脑心肌病
- （咽喉型、肠型）炭疽
- （急性）传染性脑脊髓炎
- 赤霉菌毒素（T−2）中毒
- （仔猪）毛霉菌病
- 肝营养不良
- （肠寄生）类圆线虫病
- 维生素 B_1（硫胺素）缺乏症
- （成年母猪）传染性胃肠炎
- （脑脊髓炎型）血细胞凝集性脑脊髓炎
- （亚急性、慢性）狗屎豆中毒
- （急性）无机氟化物中毒
- （仔猪、母猪）亚麻籽饼中毒

- 肠套叠
- 颚口线虫病
- 旋毛虫病
- 维生素 B_2 缺乏症
- 伪裸头绦虫病
- 土霉素中毒
- （急性）胃溃疡

呕吐多在吃奶或吃奶后 —— （仔猪）传染性胃肠炎

15 日龄以内的仔猪及断奶猪发病后出现呕吐。4 月龄左右病猪亦有时呕吐。初生仔猪有时流涎和呕吐 —— 伪狂犬病

常有呕吐
- （急性）非洲猪瘟
- （慢性）胃溃疡

呕吐，能吐出毒物，症状减轻 —— 闹羊花中毒

2. 短暂呕吐（有时呕吐）

有时呕吐
- （败血型）猪丹毒
- （疹块型）猪丹毒
- 假参包叶中毒

短时轻度呕吐 —— （最急性）接触性传染性胸膜肺炎

病初短暂呕吐 ——（仔猪）传染性胃肠炎

偶尔呕吐 ——（孕猪）繁殖与呼吸综合征
—（2月龄猪）硒中毒

个别呕吐 ——（架子猪）传染性胃肠炎

有的发生呕吐 ——棉籽饼中毒
—硒中毒

3. 呕吐物有颜色

剧烈呕吐，吐出物呈蓝色或绿色 ——（急性）铜中毒

不断呕吐出黄绿色食糜，有的吐黄褐色水样液 ——丙硫苯咪唑中毒

有的呕吐，呕吐物呈黄色 ——猪巴贝斯虫病

初病有呕吐，吐出物带有血液和胆汁 ——胃肠炎

4. 呕吐物有异味

有时吐出酸臭物 ——胃积食

呕吐反复发生，吐出物中有食物、大量胃液和泡沫，有酸臭味，口流黏液 ——桎麻中毒

初生后数日，初呕吐，吐出物恶臭。有些呕吐不明显 ——（呕吐—消耗型）血细胞凝集性脑脊髓炎

5. 呕吐流涎

流涎，呕吐 ——木薯中毒 ——硝酸盐和亚硝酸盐中毒
—毒芹中毒 ——（重症）马铃薯中毒

不断空嚼，流涎，口吐白沫，间或呕吐 —— 食盐中毒

6. 呕吐泡沫

呕吐，口吐白沫。
—— （轻症）蓖麻中毒
—— （急性）狗屎豆中毒
—— 安妥中毒

流涎后，口、鼻流泡沫液体，间或呕吐 —— 高粱苗中毒

口吐大量泡沫，流涎、呕吐。有的突然口吐白沫、震颤、惊恐 —— 苦楝中毒

少数前期呕吐，后期甚至口吐白沫 —— （亚急性、慢性）黄曲霉毒素中毒

常有呕吐和逆呕，呕吐物初为食物，后为泡沫、黏液，有时混有胆汁和少量血液 —— 胃（肠）卡他

四、排粪

猪也是爱清洁的动物，通常保持卧处清洁干燥，如猪圈稍宽敞，必在稍低处排粪尿。如果有很好的管理，对猪加以调教，完全可使猪在固定的位置排泄粪尿，这就保持了猪圈较大面积的洁净和干燥。

猪一般在采食过程中不排粪，而在食后排粪。常先排尿后排粪。在正常情况下，所排的粪呈圆柱状，落地基本不变形，如喂的糠麸较多，落地部分松散。如果粪中含水量较多（多吃青绿饲料），粪不呈圆柱状，落地成堆，一般被称为软粪，亦属正常。如粪中含水量更多，所排之粪太稀，就是病态。

有的猪因肠道发生炎症，肠的蠕动增强，缩短了肠内容物在肠管内停留的时间，其中水分不能被肠黏膜正常吸收，或因肠内容物（包括有害微生物）异常腐败发酵提高了渗透压，致机体水分向肠道渗出，基于这种情况引起的腹泻，除见于胃炎、胃肠炎、胃肠卡他外，也见于有些传染病、寄生虫病、中毒病、营养缺乏症。

有的病表现下痢，是腹泻的另一种形态，主要是所排的粪有多量黏液，每次排泄量不多（不如腹泻有大量粪水），犹如人的痢疾。多发生于寄生虫病、

传染性肠病。

当某些传染病（如猪痢疾等）、中毒病（如蓖麻中毒等）或寄生虫病（如小袋纤毛虫病）对肠道损害严重时，猪粪便中不但含有较多黏液，也常含有血液。

腹泻严重时，排粪失禁，每次排粪不成形，不作排粪姿势即排粪，甚至在运动中稀粪水不断顺会阴向下流，则导致肛周、会阴、尾部常有粪污。多发生在重症的胃肠炎和慢性猪瘟。

当胃肠黏膜受到侵袭损伤形成溃疡时，必然引起出血。如果粪便为黑色（潜血），显示消化道上部（胃、小肠）有出血；如粪便含有红色血液，表示大肠有出血。以上症状多出现于一些传染病和中毒病，少见于元素缺乏症。

致仔猪腹泻的病，排红色、红褐色（红痢）、黄色（黄痢）、白色（白痢）粪，也有排黄、绿、白色（传染性胃肠炎）粪，但亚急性、慢性红痢病猪的粪呈现黄色。

正常猪粪有一种特有的臭气，有些中毒病和少数传染病的粪便含有血液和坏死组织碎片，在肠道内腐败发酵过程中致使粪便产生腥臭、恶臭、腐尸臭，这显示肠道炎症的严重性。

有一些传染病和寄生虫病先腹泻后便秘。也有一些传染病、中毒病先便秘后腹泻。

有的病猪几天少吃或不吃，肠道粪便减少，肠蠕动减弱，粪便通过时间延长，粪中的水分被吸收较多成粪干（有的粪干如球），每天的排粪量及次数均减少，甚至几天不排粪。当发生肠阻塞或肠变位时，发病不久即不排粪。

1. 腹泻

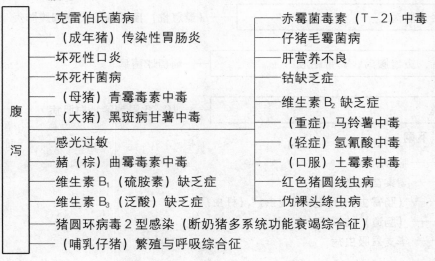

腹泻
——克雷伯氏菌病
——（成年猪）传染性胃肠炎
——坏死性口炎
——坏死杆菌病
——（母猪）青霉毒素中毒
——（大猪）黑斑病甘薯中毒
——感光过敏
——赭（棕）曲霉毒素中毒
——维生素 B_1（硫胺素）缺乏症
——维生素 B_3（泛酸）缺乏症
——猪圆环病毒 2 型感染（断奶猪多系统功能衰竭综合征）
——（哺乳仔猪）繁殖与呼吸综合征
——赤霉菌毒素（T-2）中毒
——仔猪毛霉菌病
——肝营养不良
——钴缺乏症
——维生素 B_2 缺乏症
——（重症）马铃薯中毒
——（轻症）氢氰酸中毒
——（口服）土霉素中毒
——红色猪圆线虫病
——伪裸头绦虫病

2. 腹泻严重

恶性腹泻	—— （感染母猪所产仔猪）衣原体病
剧烈腹泻，粪呈绿色或蓝色	—— （急性）铜中毒
严重腹泻	—— 维生素 B_5（烟酸）缺乏症
呕吐后排水样粪，呈喷射状，粪灰色或褐色	—— （架子猪）传染性胃肠炎

3. 常有腹泻

常有腹泻	—— （慢性）猪肺疫
常发生腹泻，脱水，惊厥	—— （仔猪）棉籽饼中毒
大多数腹泻，粪便先黏稠后水样。有的初便秘后腹泻	—— 啤酒糟中毒
偶尔出现腹泻	—— 维生素 B_{12} 缺乏症
短时轻度腹泻	—— （最急性）接触性传染性胸膜肺炎
粪较稀，重者腹泻，粪带黏液	—— 葡萄球菌病
排稀粪	—— （3~5 周龄猪）白肌病

4. 下痢

下痢 ┬── 脑心肌病
　　├── 高粱苗中毒
　　├──（肠寄生）仔猪类圆线虫病（杆虫病）
　　├──（肠道）结核病
　　└── 华支睾吸虫病

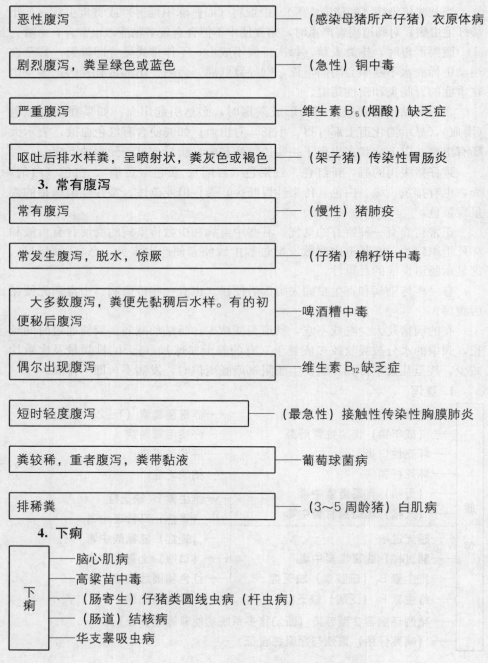

| 粪初稀，并有大量黏液 | ——皮肤曲霉病 |

| 排出的稀粪混有黏液，虫体太多时（多达1 000 个）可造成肠梗阻而不排粪 | ——姜片吸虫病 |

| 感染后可引起肉芽肿性肠炎，腹泻 | ——猪圆环病毒 2 型感染（肠炎） |

| 间歇性下痢，粪便变软 | ——（慢性）猪增生性肠炎 |

| 中后期多数下痢，小猪更重，粪稀、腥臭，后躯粪污明显 | ——霉菌性肺炎 |

5. 稀粪中含有黏液和血液

| 下痢时粪中有黑红色血液和黏液（如油脂状），里急后重，反复发生，甚至多次复发 | ——（亚急性、慢性）猪痢疾 |

| 病初排粪稀软，继则含有大量半透明黏液，多数含有血液、凝血块及咖啡色或黑红色脱落的黏膜组织碎片 | ——（急性）猪痢疾 |

| 腹泻，粪中带有黏液、血液 | ——猪增生性肠炎 |

| 腹膨胀，腹泻，间歇带软粪，粪中混有黏液和黏膜碎片，表面常有红或暗红色血液。有时有一层灰白色光亮的薄膜 | ——小肠结肠耶尔森菌病 |

| 粪便带黏液或血液 | ——（重症）蓖麻中毒 |

| 顽固性腹泻，粪稀薄。有时夹有红色血丝或带棕色的血便。死前数日，排水样血色粪并有黏液 | ——（重症）毛首线虫病 |

肠音弱，初期粪如球，表面附有黏液和血，部分后期腹泻，黄红色，有消化不全的食物 —— 焦虫病

炎症在肠，肠音强，初排稀粪，排粪频繁，而后水样稀粪混有黏液、血液和未消化食物，有恶臭或腥臭，肠音弱，粪较干 —— 胃肠炎

排稀粪，肛门四周粪污明显，后期粪带黏液或血液，呈污褐色。个别猪排脓性血痢 —— （架子猪）衣原体病

6. 腹泻带血

下痢便血 —— 旋毛虫病
—— 大棘头虫病
—— （轻症）马铃薯中毒

血痢 —— （肠型）炭疽

便血 —— （重症）蓖麻中毒

腹泻，粪中带血。也有的粪干如球 —— 假参包叶中毒

腹泻呈水样，粪便带血 —— （2～4 月龄猪）猪白肌病

有的腹泻，粪中带血 —— （急性）非洲猪瘟

后期常发生出血性肠炎，可出现腹泻和血便 —— （急性型）非洲猪瘟

粪先干硬，后泻痢带血 —— 棉籽饼中毒

7. 腹泻失禁

排粪失禁，有的不排粪，频频努责，甚至直肠脱出 —— （重症）胃肠炎

排粪失禁 ——— 硝酸盐和亚硝酸盐中毒
——— 癫痫

腹泻，有时近于失禁，尾及后腿有粪污，有时与便秘交替 ——— （慢性）猪瘟

8. 排粪黑色

粪黑色混有血液 ——— 蛔状线虫病和毛首线虫病

粪多干燥，呈暗红色或煤焦油样，个别含有黏液，稀粪少见。乳猪或断乳不久的仔猪排水样粪，不恶臭 ——— （急性期）弓形虫病

急性出血性腹泻，粪由血染发展到黑色柏油样 ——— （急性，4～12 月龄猪）猪增生性肠炎

便血或黑色粪，或排油样黑色粪 ——— （急性）胃溃疡

排少量黑粪，偶有下痢 ——— （亚急性）胃溃疡

消化不良，排粪时干时稀，初排粪如兔粪（小粒），后排沥青样粪（潜血），有时混有少量血液 ——— （慢性）胃溃疡

9. 粪有腥臭或恶臭

粪先半稀，后水泻，带有黏液、碎片和血液，有恶臭 ——— 小袋纤毛虫病

腹泻，粪初灰色后变黑红，有腥臭 ——— 桎麻中毒

呈现周期性下痢，粪色灰白，恶臭 ——— （慢性）沙门氏菌病（副伤寒）

肠音亢进，腹泻，粪带血或黑色恶臭 —— 蓖麻中毒

便秘（数日不排粪），肠音弱。也有的腹泻，粪腥臭或腐尸臭 —— （亚急性、慢性）狗屎豆中毒

排粪次数增加，后变为黄褐或黄绿色水样恶臭粪。有时排出混有黏液的干粪。有的拱背努责 —— 丙硫苯咪唑中毒

初便秘后泻痢，粪淡黄或淡绿色，带有血液和假膜。也有排几天干粪后又腹泻，粪恶臭，部分中后期大便失禁。 —— (结肠炎型) 沙门氏菌病（副伤寒）

严重腹泻，粪中有血液、脓液、肠黏膜坏死碎片，恶臭。常与猪瘟、副伤寒并发或继发 —— （坏死性肠炎）坏死杆菌病

排深褐色恶臭粪便 —— （白猪）荞麦中毒

粪干如球，上附黏液，个别排腥臭粥样粪 —— （亚急性、慢性）黄曲霉毒素中毒

10. 仔猪腹泻（粪红、褐、黄白、绿色）

生后一天突然出现血痢，并污染后躯 —— （最急性）仔猪红痢

排红褐色液体粪，含有灰色组织碎片，臭 —— （急性）仔猪红痢

初排黄色粪，后成液状，内含灰白色坏死组织碎片，类似米粥样 —— （亚急性）仔猪红痢

呈间歇或持续性腹泻，粪灰黄带黏液。肛周、尾根、会阴有粪污 —— （慢性）仔猪红痢

生后 12 小时突然有 1～2 头仔猪表现体衰，很快死亡。之后，仔猪相继腹泻，粪黄色浆状，内含凝乳小片，有腥臭味，肛门红而松弛，扑捉时粪便失禁 ——仔猪黄痢

仅 50% 腹泻，多为灰黄、橘黄、紫红色不等，血便少见 ——仔猪红痢

剧烈下痢，开始排灰黄软粪，随即水泻，水泻物中含有黏液、血块，随后粪中混有脱落黏膜或纤维素碎片，腥臭，肛门松弛，粪便失禁 ——（最急性）猪痢疾

10～30 日龄仔猪突然腹泻，粪乳白或灰白色，糊状或浆状，一天 5～6 次或 7～8 次，有特异腥臭味。康复时粪变干变稠，仍为灰白色 ——仔猪白痢

腹泻，粪开始黄色黏稠，后变水样，混有黄白色凝乳块，严重时几乎是水 ——流行性腹泻

初生仔猪有的腹泻，粪黄白色。15 日龄以下，20 日龄至 4 月龄猪均有腹泻，断奶前后如排黄色稀水粪便，死亡率 100% ——伪狂犬病

与呕吐同时或继而水样腹泻，粪黄、绿色或白色，常含有未消化凝乳块，同时粪中带血，有恶臭或腥臭味 ——（仔猪）传染性胃肠炎

出现严重腹泻，粪从黄色、白色到黑色，从半固体、发酵状到水样。吃奶多为黄色，吃料多为黑色或灰色 ——猪轮状病毒病

有的腹泻，排水样粪，呈黄绿色或灰绿色 —— 肉毒梭菌毒素中毒

11. 先便秘后腹泻

先便秘后下痢 —— 产褥热
—— （胸膜肺炎型）猪肺疫

初便秘后腹泻，体温下降时粪尿失禁 —— （急性）酒糟中毒

初便秘后腹泻，便血 —— （溶血型）链球菌病

初便秘后腹泻，粪带血 —— （咽喉型）炭疽

先便秘后腹泻，粪初黄色后暗红 —— （仔猪）黑斑病甘薯中毒

12. 先腹泻后便秘

先腹泻后便秘 —— 细颈囊尾蚴病（囊虫病）

先腹泻后粪干 —— （4 月龄后）葡萄球菌病

病前 1～2 天轻度腹泻，后便秘 —— 猪水肿病

13. 便秘与泻痢交替

排粪时干时稀 —— 球首线虫病

排粪次数多，时干时稀，色似果酱，带脓血，腥臭 —— 阿米巴病

便秘与泻痢交替 —— （慢性）链球菌病

排粪时干时稀，重时排水样稀粪，肛门四周粪污，有的里急后重，排黏液状粪，甚至直肠脱出 —— （胃）肠卡他

便秘，有时下痢 ——— 食道口线虫病

易继发下痢，或与便秘交替出现 ——— 仔猪缺铁性贫血

有时粪干硬，有时腹泻 ——— （亚急性、慢性）钩端螺旋体病

粪干小，外附血液和黏膜，后期下痢或便秘与下痢交替发生 ——— （急性）猪瘟

间有间歇性下痢 ——— （慢性）弓形虫病

间歇性腹泻 ——— （轻症）毛首线虫病

14. 粪干、外附黏液

粪干如球，有的附有血液 ——— 红皮病

粪干燥，外观红，偶带有黏液 ——— （8～10 日龄猪）弓形虫病

粪球干，外附黏液 ——— （败血型）猪丹毒
——— （中期）聚合草中毒

粪干如球，附黄褐色黏液 ——— 日本乙型脑炎

粪干硬 ——— 猪巴贝斯虫病

粪干有血（有的直肠出血） ——— （急性）霉玉米中毒

粪干如球，略带血液 ——— （急性）黄曲霉毒素中毒

出现便秘或下痢，粪中有时带血 ——— 食盐中毒

排粪无异常，3～5 日后粪干如球，上附黏液，排粪时见直肠黏膜紫红色 ——类感冒

排粪努责，常出现便秘，粪常带黏液和血丝 ——胃（肠）卡他

粪初成球，附有黏液和血液。有时便秘与下痢交替 ——附红细胞体病

15. 粪干

粪干硬呈小圆球状 ——假参包叶中毒

常便秘，少数腹泻 ——感冒

粪干，几日不排粪，少数腹泻 ——流行性感冒

粪初干而黑，后变淡 ——棉叶中毒

16. 不排粪

不排粪 ——肠嵌顿

粪干少，甚至停止排粪 ——产后瘫痪

产后未大量排粪即喂食，喂后即不再排粪 ——产后便秘

空肠扭转时，短时间尚有排粪，盲肠扭转时不排粪 ——肠扭转或缠结

病初常作排粪姿势，并表现不安，排少量或不排粪 ——便秘

五、腹部观察

健康正常的猪腹部两侧自上而下比较平整，在饥饿时稍瘪，但在饱食后又恢复平整。妊娠母猪腹部膨大，且妊娠后期不仅腹部膨大，而且腹部还较下垂，下腹和乳头距地面的间距缩短，但饮食是正常的。

当过食或积食时，猪胃部膨大，致腹部也膨大，但在肋后可触到硬的球体。

猪产后膀胱弛缓充满尿，可在其后腹摸到一个大球状物。

如果因肠道内容物引起异常腐败发酵产生大量气体，致腹部膨大，扣之有鼓音。如果仅下腹增大，用手推搡，感觉有波动，则表现腹腔有大量腹水，如一些传染病、寄生虫、中毒病。腹膜本身发炎或其他一些病引发腹膜发炎，多能因炎性渗出而导致腹腔积水。

在正常情况下（除妊娠母猪），猪的下腹部远离地面，其水平线约在跗关节与膝关节之间，如腹下部提升至膝关节的水平线或者更高一些，则表示腹部收缩，多由于营养不良、体质衰弱、长久食欲减退所致。

当猪发生肠变位时，有较严重的疝痛症状，甚至不断打滚、嚎叫。有的因病使胃肠黏膜发生严重炎症和溃疡、出血，致使有腹痛现象。多见于中毒病、寄生虫病和传染病。另外，胃本身发生溃疡也同样引起腹痛。

腹部，特别是脐部发现有局限性的软肿，且可挤压使之消失，这是脐疝。如继而皮肤可见紫色，按压不能消失且有疝痛，则是肠嵌顿。

1. 腹部胀大

病程长者，多有腹胀	——肝营养不良
腹部鼓胀	——（大猪）魏氏梭菌病（红肠病） ——木薯中毒
断奶猪肠鼓胀，腹膨大	——小肠结肠耶尔森菌病
低头拱腰，腹大股瘦	——姜片吸虫病

如引起腹膜炎，体温升高，腹壁敏感，有腹水。如盆腔出血，腹部膨大，也有的大叫一声死亡 ——— 细颈囊尾蚴病

2. 腹部蜷缩

肠音强，腹部紧缩 ——— （胃）肠卡他

腹部蜷缩 ——— 仔猪缺铁性贫血

腹部上收，触之敏感 ——— （慢性）胃溃疡

3. 腹部有压痛

按压腹部有固定的疼点，叩诊腹部可听到鼓音 ——— 肠扭转和缠结

腹部膨大，按压肋后腹壁有坚实感，有压痛，有时呻吟 ——— 胃积食

按压腹部有疼痛，腹肷如不厚，可摸到香蕉样的肠段 ——— 肠套叠

胃部疼痛 ——— 蛔状线虫病和毛首线虫病

胃部有压痛 ——— 红色猪圆线虫病

按压后腹部有疼痛感觉 ——— 膀胱炎

腹部触痛，腹膜炎 ——— （急性）鼻腔支原体病

按压腹部敏感，可触到硬块。有时直肠指检可触到粪块。也有回顾腹部现象 ——— 便秘

4. 腹痛

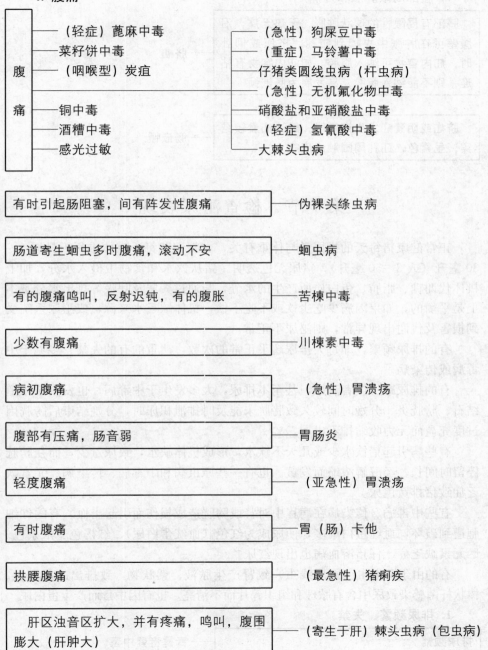

腹痛	——（轻症）蓖麻中毒
	——菜籽饼中毒
	——（咽喉型）炭疽
	——铜中毒
	——酒糟中毒
	——感光过敏

——（急性）狗屎豆中毒
——（重症）马铃薯中毒
——仔猪类圆线虫病（杆虫病）
——（急性）无机氟化物中毒
——硝酸盐和亚硝酸盐中毒
——（轻症）氢氰酸中毒
——大棘头虫病

有时引起肠阻塞，间有阵发性腹痛	——伪裸头绦虫病

肠道寄生蛔虫多时腹痛，滚动不安	——蛔虫病

有的腹痛鸣叫，反射迟钝，有的腹胀	——苦楝中毒

少数有腹痛	——川楝素中毒

病初腹痛	——（急性）胃溃疡

腹部有压痛，肠音弱	——胃肠炎

轻度腹痛	——（亚急性）胃溃疡

有时腹痛	——胃（肠）卡他

拱腰腹痛	——（最急性）猪痢疾

肝区浊音区扩大，并有疼痛，鸣叫，腹围膨大（肝肿大）	——（寄生于肝）棘头虫病（包虫病）

5. 腹部局限肿胀和疼痛

脐部有局限性的球状肿胀，无热无痛，沿腹壁可在肿胀中央摸到疝孔，挤压或仰卧时，疝内容物可纳入腹腔。如疝内容物有粘连，则不能纳入腹腔，易发展为肠嵌顿 —— 脐疝

脐疝或阴囊疝发生嵌顿时，触诊疝囊较结实，呈紫色，疝孔周围触诊疼痛 —— 肠嵌顿

第十节　检查泌尿表现

正常健康猪每天的排尿量与体重有关，文献记载每千克体重每天排尿 5～30 毫升（或 3～50 毫升）。猪尿无色透明。猪从饮水和食物中摄入水分，加上机体代谢糖、脂肪、蛋白质所产生的水分，与通过粪尿及呼吸等排出水分基本上是平衡的，如果因病少吃少饮或不吃不饮，机体缺乏水来源，或泌尿系统受到损害及代谢出现异常，则泌尿不正常。

有的排尿频繁，即每天排尿超乎正常的次数，严重的有的失禁。多见于中毒病或传染病。

有的排尿减少或者滴尿，甚至不排尿，大多发生于中毒病，也发生于尿道结石、膀胱炎。分娩时间较久致膀胱未能及时排泄积尿时，分娩结束后膀胱因过度充盈而无力收缩排不出尿。

有些病引起猪饮水少或几天不饮水，形成机体缺水，致尿量少，而在膀胱停留时间长，经酵解浓缩而发黄。也有一些原虫病和中毒病、传染病、元素缺乏症致猪排黄色尿。

有些中毒病、传染病在病程中对肾或膀胱造成损伤而引起出血，有的红细胞遭到破坏，血红蛋白增多，使尿成为红色（血红蛋白尿）、红褐色、浓茶色。硒元素缺乏症、仔猪溶血病也出现红尿。

有的由于寄生虫（冠尾线虫）致肾产生脓液、絮状物，致排出的尿浑浊。棒状杆菌感染致尿中含有脓球和组织碎片而不清亮。也有因中毒而产生蛋白尿。

1. 排尿频繁、失禁

排尿频繁 —— 青霉毒素中毒

尿失禁 ——————— 硝酸盐及亚硝酸盐中毒
　　　　　　　　└—— 兰氏 Q 群链球菌病

2. 排尿减少，不排尿

排尿困难 ——————— （轻症）马铃薯中毒

尿量减少 ——————— 棉籽饼中毒
　　　　　　　　└—— （中期）聚合草中毒

不排尿 ——————— （轻症）氢氰酸中毒
　　　　　　└—— （重症）蓖麻中毒

分娩后较久不排尿，腹部膨大，按压后腹内有较硬的球状物，按压有尿滴出或不滴尿，很少有尿自动滴出，将导尿管插入膀胱，尿即流出 ——————— 产后膀胱弛缓

常作排尿姿势，每次尿量少，仅呈滴状流出，尿臊臭，排尿最后有时含有血液，尿检可见白细胞、红细胞、膀胱上皮 ——————— 膀胱炎

初时排尿有痛苦感，尿呈淋漓状，随后虽频作排尿姿势，但不排尿，在阴茎的尿道或会阴部可摸到结石 ——————— 尿道结石

尿少或无尿 ——————— 食盐中毒

3. 尿黄色

尿黄色
├—— 附红细胞体病
│
├————— （亚急、慢性）黄曲霉毒素中毒
│　　└—— 红皮病
│　　└—— （40～90 千克猪）克雷伯氏菌病
│
└—— （初期）聚合草中毒

排尿减少，色黄变稠	——便秘

尿少而黄	——栀麻中毒
	——胃肠炎

尿色黄	——维生素 B_1（硫胺素）缺乏症

尿深黄色	——日本乙型脑炎
	——胃（肠）卡他

尿橘黄色	——（急性）弓形虫病

尿少，色黄、稠或黄红	——棉籽饼中毒

4. 尿茶色

尿淡茶色	——假参包叶中毒

部分尿茶色	——焦虫病

尿初期黄色，后茶水色	——猪巴贝斯虫病

尿棕褐色或红褐色	——（母猪）钩端螺旋体病

5. 血红蛋白尿

排血红蛋白尿，或膀胱麻痹而尿闭	——（轻症）蓖麻中毒

血红蛋白尿	——安妥中毒

尿呈血色、黄色或茶色，进猪圈即闻到腥臭味	——（亚急性、慢性）钩端螺旋体病

| 尿红色或浓茶样 | ——（急性）钩端螺旋体病 |

| 有的发生血尿 | ——（慢性）酒糟中毒 |

| 育肥猪肌肉变性，肌红蛋白尿 | ——硒—维生素 E 缺乏症 |

| 肌红蛋白尿，尿中有各种管型 | ——猪白肌病 |

| 尿红色 | ——仔猪溶血病 |

| 尿液红色，后呈褐色 | ——（亚急性、慢性）狗屎豆中毒 |

| 尿短赤 | ——（慢性）链球菌病 |

| 尿红茶样，而带黑色，黄疸 | ——（慢性）铜中毒 |

| 尿色暗红 | ——（咽喉型）炭疽 |

6. 尿浑浊，蛋白尿

| 尿中常有絮状物或脓液，尿检有虫卵 | ——冠尾线虫病（肾虫病） |

| 尿液浑浊。重者尿频、尿量少，尿浑浊、带血液，尿中含有脓球血块、纤维素及黏膜碎片，排尿困难，有疼痛反应，腰背拱起，不愿走动 | ——（轻症）猪棒状杆菌感染 |

| 排尿次数增多，蛋白尿 | ——赭（棕）曲霉毒素中毒 |

| 尿先浑浊，后变黄 | ——（急性）黄曲霉毒素中毒 |

第十一节　检查呼吸系统临床表现

呼吸系统器官包括鼻腔、喉、气管、支气管和肺（细小支气管、肺泡）。当肺扩张时，空气中的氧气经由鼻腔、喉、气管、支气管、肺泡，通过肺泡壁上皮细胞和血管的内皮细胞进行气体交换，经毛细血管网中的红细胞运送到机体各组织细胞，并把各组织细胞代谢所产生的二氧化碳通过肺泡、支气管、气管、鼻腔排出体外。这种一呼一吸的呼吸动作受膈神经的支配，使肺随着肋间肌和膈有节奏地收缩和舒张。

有多种原因可以使猪呼吸器官发生病变，致猪表现出流鼻液、喷嚏、咳嗽、喘气、呼吸困难等症状。其中，有些是呼吸器官本身的疾病，如鼻炎、气管炎、支气管炎、肺炎等。还有一些传染病或寄生虫病，如细胞巨化病毒感染，可使猪鼻黏膜上皮缺损、变性、脱落，出现鼻炎症状；猪肠病毒感染也能引起肺炎。

一、流鼻液

鼻腔是呼吸系统接触空气的第一道门户，容易因吸入灰尘、有害气体、冷空气而致鼻腔黏膜发炎，炎性渗出物形成鼻液通过鼻孔排出体外。一般病初多为无色透明液（水样或浆液性），随着病程的进展分泌物转稠，成为黏液性，也有的由于吸入空气中的细菌，致鼻液变为脓性鼻液。传染性萎缩性鼻炎，可使鼻甲骨坏死变形，在病程中先流浆液性鼻液，而后转为黏液性，后期变为脓性鼻液，有时还能喷出血液和碎骨片。

流浆液性或黏液性鼻液，除呼吸系统本身的疾病，也见于一些传染病、中毒病和原虫病。

当有些重剧的疾病使气管、支气管、肺发生炎症而分泌物较多时，致气管、支气管通道狭窄，经过空气不断进出摩擦而形成泡沫性液体，出现这种鼻液时必然呈现呼吸困难，预后不良。

如果鼻腔、气管、支气管、肺有出血，则鼻液中也带有血色（粉红色、玫瑰色、黄红色、红色）。

大叶性肺炎肝变期鼻液呈铁锈色。

尼帕病毒病部分母猪的鼻液呈黏液性、脓性、血性，成年猪流黄绿到黑色黏液性鼻液。

1. 流浆液性鼻液

流稀鼻液	—— （8～10 日龄猪）弓形虫病

流浆性鼻液，呼吸时可听到鼻塞音	—— 皮肤曲霉病

流浆液性鼻液	—— （40～90 千克猪）克雷伯氏菌病 —— （急性）链球菌病

流水样鼻液	—— （急性期）弓形虫病 —— 感冒 —— 棉籽饼中毒

鼻黏膜淡红、肿，流清水样鼻液，后变黏性	—— （白猪）荞麦中毒

流水样鼻液，后变黏稠	—— （急性）支气管炎

2. 流黏液性鼻液

流黏性鼻液	—— （胸膜肺炎型）猪肺疫

鼻流少量黏液	—— （慢性）猪肺疫

流浆性或黏性鼻液	—— 霉菌性肺炎 —— （急性）非洲猪瘟 —— （脑膜炎型）链球菌病

鼻黏膜苍白、肿胀，一侧或两侧鼻孔流黏性鼻液，时多时少	—— （慢性）鼻炎

鼻黏膜红肿，流浆性、黏性或脓性鼻液	—— （急性）鼻炎

多数流黏性或脓性鼻液	—— （肺感染）放线菌病

流黏性或脓性鼻液 —— （架子猪）衣原体病

3. 流鼻液

流鼻液
—— 棒状杆菌感染
—— 后圆线虫病（肺丝虫病）

鼻黏膜炎，流鼻液 —— 感光过敏

鼻塞，有分泌物 —— 猪细胞巨化病毒感染

部分鼻有分泌物 —— 附红细胞体病

鼻孔周围有脓性分泌物 —— 猪多发性浆膜炎与关节炎

渗出性鼻黏膜炎，继而发展成支气管肺炎 —— 维生素 B_3（泛酸）缺乏症

4. 流泡沫性鼻液

口鼻有泡沫
—— 猪气喘病
—— 苦楝中毒
—— 破伤风

5. 流带血泡沫鼻液

鼻流粉红色泡沫液体 —— 菜籽饼中毒

鼻流泡沫，有的流血 —— （亚急性、慢性）狗屎豆中毒

鼻流玫瑰色泡沫 —— 安妥中毒

突然倒地，口、鼻流红色泡沫液体 —— （最急性）链球菌病

鼻腔分泌物增多（黏性、脓性、血性） —— （母猪、公猪）尼帕病毒病

| 流黏性鼻液，有时带血 | —— 流行性感冒 |

| 口、鼻流带红色的泡沫或分泌物 | —— （最急性）接触性传染性胸膜肺炎 |

| 鼻流带血泡沫，叫声哑 | —— （溶血型）链球菌病 |

| 流脓性鼻液，肝变期流铁锈色或红色鼻液，非典型病例常止于充血期，仅见红黄色鼻液 | —— 大叶性肺炎 |

| 有不同程度鼻卡他，流浆性、黏性鼻液，鼻擦痒，持续3周以上，鼻甲骨萎缩，流浆性、脓性鼻液。严重时流鼻血，喷血墙上，上腭上翘，有时嘴歪向一边。常喷出黏液、脓液和鼻甲骨碎片 | —— 传染性萎缩性鼻炎 |

| 流黄绿到黑色黏性鼻液 | —— （成年猪）尼帕病毒病 |

| 口、鼻奇痒、擦痒，鼻有面糊状鼻液 | —— （哺乳仔猪）繁殖与呼吸综合征 |

6. 鼻有假膜

| 鼻黏膜红肿、破溃，黏膜上覆盖一层宽大的薄膜 | —— （格鲁布性）鼻炎 |

| 鼻黏膜出现溃疡，面积逐渐增大，并形成黄白色假膜，流鼻液 | —— 坏死性鼻炎 |

二、喷嚏、咳嗽

鼻黏膜发炎，或受冷空气和有害气体、灰尘刺激而出现喷嚏，以排出异物。

当气管、支气管黏膜表面的纤毛被炎性渗出物黏结或黏附灰尘，同时因黏膜肿胀压迫黏膜下感觉神经末梢，黏膜敏感性增高时，即引起反射性咳嗽。

气管、支气管炎初期，炎性渗出物较少，咳嗽声短促而干脆，没有余音，表现为干咳，多见于传染病或原发性急性气管炎和支气管炎。而湿咳的咳嗽声有余音，这是炎性渗出物较多之故，多见于传染病和寄生虫病的中后期。尼帕病毒病的咳嗽声音调较高，较远的距离也可听到，被称为"一英里咳"。

有的咳嗽一次仅几声，间隔一些时间再咳第二次。有的剧烈而连续地咳，形成痉挛性阵咳，见于一些传染病和寄生虫病，如后圆虫病（肺丝虫病），一次痉挛性阵咳能连续 40～60 声。

有的咳嗽多在早晨吸入冷空气时发生，如支气管炎。有的驱赶运动和吃食时发生，如慢性气喘病。

1. 喷嚏

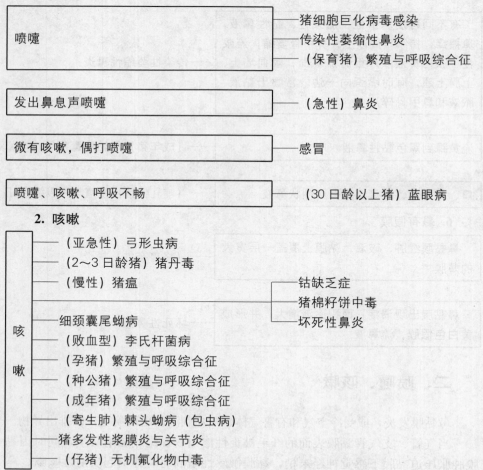

喷嚏 —— 猪细胞巨化病毒感染
—— 传染性萎缩性鼻炎
—— （保育猪）繁殖与呼吸综合征

发出鼻息声喷嚏 —— （急性）鼻炎

微有咳嗽，偶打喷嚏 —— 感冒

喷嚏、咳嗽、呼吸不畅 —— （30 日龄以上猪）蓝眼病

2. 咳嗽

咳嗽 —— （亚急性）弓形虫病
—— （2～3 日龄猪）猪丹毒
—— （慢性）猪瘟 —— 钴缺乏症
—— 猪棉籽饼中毒
—— 坏死性鼻炎
—— 细颈囊尾蚴病
—— （败血型）李氏杆菌病
—— （孕猪）繁殖与呼吸综合征
—— （种公猪）繁殖与呼吸综合征
—— （成年猪）繁殖与呼吸综合征
—— （寄生肺）棘头蚴病（包虫病）
—— 猪多发性浆膜炎与关节炎
—— （仔猪）无机氟化物中毒

3. 干咳

干咳	——（成年猪）尼帕病毒病
病初阵发短促干性痛咳，而后变湿性长咳，按捏喉部，连续不断咳嗽	——（急性）支气管炎
咳嗽，初干咳带痛，后变弱湿咳，声嘶哑，叩诊肺部引起咳嗽	——小叶性肺炎
频发痛咳，溶解期变为强咳	——大叶性肺炎

4. 痉挛性阵咳

咳嗽持续而剧烈，咳嗽声远距离也能听到，被称为"一英里咳"	——（断奶仔猪、肉猪）尼帕病毒病
病初有痉挛性干咳，后成湿性痛咳	——（胸膜肺炎型）猪肺疫
一般咳嗽少而低沉，有时也有阵发性痉咳	——（急性）气喘病
有痉挛性咳嗽	——流行性感冒
严重感染时发生强烈阵咳，一次能咳40～60声，咳停时有吞咽动作	——后圆线虫病（肺丝虫病）
吃食时咳嗽，单声或连声咳嗽，咳出痰后咳嗽减轻，继而又发生连续咳嗽	——波氏杆菌病
2～4周龄猪气喘，断奶仔猪持续咳嗽和呼吸困难	——猪放线菌病

有时咳嗽剧烈，清早吸入冷空气时亦发生咳嗽 —— （慢性）支气管炎

偶有咳嗽，40～90 千克猪连声咳嗽 —— 克雷伯氏菌病

5. 间或咳嗽

间或咳嗽 —— 焦虫病

病变延及气管、肺时，则咳嗽 —— 坏死性鼻炎

幼虫移行至肺时有咳嗽，咳后有吞咽动作 —— 蛔虫病

偶有咳嗽
—— （架子猪）衣原体病
—— 断奶仔猪多系统功能衰竭综合征

时有咳嗽
—— （急性）非洲猪瘟
—— （肺感染）放线菌病

有时咳嗽 —— （8～10 日龄猪）弓形虫病

后期咳嗽 —— （亚急性、慢性）狗屎豆中毒

初显间歇性咳嗽 —— 仔猪先天性膈疝

咳嗽严重的咯血 —— （4～6 月龄猪）尼帕病毒病

气喘，咳嗽 —— （断奶前后仔猪）衣原体病

呼吸急促，时有咳嗽 —— （急性型）非洲猪瘟

| 呼吸加快，咳嗽 | ——猪肠病毒感染（肺炎、心包炎、心肌炎） |

| 少数有咳嗽 | ——（慢性）链球菌病
——棒状杆菌感染
（结肠炎型）沙门氏菌病（副伤寒） |

| 少见咳嗽 | ——猪圆环病毒2型感染（断奶后仔猪多系统功能衰竭综合征） |

| 3～10周龄，主要表现为咳嗽，清晨赶猪、喂食或运动后咳嗽最明显。严重成痉咳，仅咳1～2周或无限期咳嗽 | ——（慢性）气喘病 |

6. 继发肺炎

| 气管炎、肺炎 | ——钴缺乏症 |

| 虫体寄生喉时，可听到呼噜声，叫声嘶哑 | ——囊尾蚴病（囊虫病） |

| 肺炎、胸膜炎、心包炎 | ——（断奶前后仔猪）衣原体病 |

| 肺炎 | ——猪圆环病毒2型感染（肺炎） |

| 断奶猪发生肺炎 | ——猪放线菌病 |

三、呼吸迫促、呼吸困难

　　猪在正常平静状态下，呼吸是平稳的，每分钟10～20次。吸入氧气、呼出二氧化碳有赖于肋间肌、膈肌的机械性收缩和舒张来完成，同时由于迷走神经对吸气的一种类似呼吸中枢引起的抑制作用，肺内紧张感受器由于容量的增加而兴奋，从而限制了吸气的深度。迷走神经黑—伯氏反射，对呼吸运动的正常规律性交替所起的作用，比呼吸调节中枢的反馈机制更重要。

当支气管、小支气管因炎性肿胀及黏膜分泌物增多致使管腔变窄，或因红细胞减少（溶血病、原虫病破坏红细胞）致随血流带进的氧气少，带出的二氧化碳也少，形成贫血性缺氧，均能导致呼吸增数，呼吸频率和深度增加。常见于上呼吸道疾病及影响上呼吸道的传染病和中毒病。

呼吸急促，表现呼吸快而浅的喘气型呼吸，主要是呼吸频率增加。

呼吸困难，是费力的呼吸状态，大多因肺有水肿、气肿，或因肺有炎性渗出物充满大部分或部分肺泡，致吸气、呼气不能满足生理需要，而且呼与吸均比较困难，不能侧卧（影响肋间肌活动），而只能像犬一样伏卧（犬卧）或犬坐（前肢撑地，后肢屈曲臀部着地），有的呈腹式呼吸，两肷配合呼吸扇动，更严重时张口呼吸，有的如拉风箱。多发生于侵害肺的传染病。有的咽喉部发生炎症（如咽喉型猪肺疫），由于咽喉受到压迫而狭窄，引起呼吸困难。大多见于一些传染病、中毒病。一般出现呼吸困难，显示病情已很严重，预后不良。

呼吸器官发生病变，尤其是支气管和肺有炎症或其他病变时，听诊是必要的，但由于病猪常不能安静接受听诊，所以常被忽略。但为了诊知肺部变化，仍应尽量安抚病猪使之安静接受听诊，这将有助于诊断分析。

干啰音：支气管分泌物黏稠或支气管黏膜肿胀，气流通过时发出咝咝声、蜂鸣声、笛声，见于急性支气管炎初期、慢性支气管炎的后期。

湿啰音：支气管分泌物稀薄，空气通过时会发出含漱声，如同水泡破裂或水沸腾的音响，多见于慢性支气管炎初期、急性支气管炎发病 3~4 天后、肺炎、肺水肿、肺充血。

捻发音：支气管分泌物黏稠，气流通过时发出类似捻发的声音，多见于肺炎的初、末期，或肺水肿。

摩擦音：类似粗糙皮革摩擦的声音，多见于猪肺疫、传染性胸膜肺炎及其他病引起的胸膜炎。

当猪患胸膜炎型猪肺疫、传染性胸膜炎时，叩诊表现疼痛并伴有咳嗽。如有胸水时，叩诊显水平浊音。如肺有气肿，叩诊显过清音，叩诊界向后扩大。

1. 呼吸加快

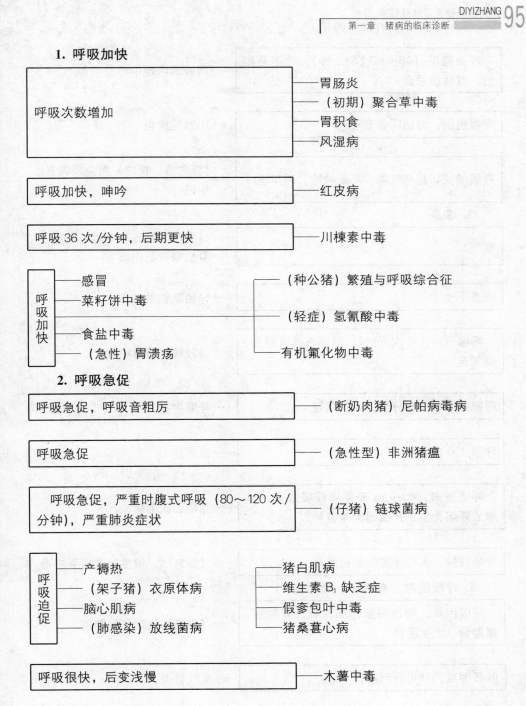

呼吸次数增加
—— 胃肠炎
—— （初期）聚合草中毒
—— 胃积食
—— 风湿病

呼吸加快，呻吟 —— 红皮病

呼吸 36 次 /分钟，后期更快 —— 川楝素中毒

呼吸加快
—— 感冒
—— 菜籽饼中毒
—— 食盐中毒
—— （急性）胃溃疡

—— （种公猪）繁殖与呼吸综合征
—— （轻症）氢氰酸中毒
—— 有机氟化物中毒

2. 呼吸急促

呼吸急促，呼吸音粗厉 —— （断奶肉猪）尼帕病毒病

呼吸急促 —— （急性型）非洲猪瘟

呼吸急促，严重时腹式呼吸（80～120 次/分钟），严重肺炎症状 —— （仔猪）链球菌病

呼吸迫促
—— 产褥热
—— （架子猪）衣原体病
—— 脑心肌病
—— （肺感染）放线菌病

—— 猪白肌病
—— 维生素 B_1 缺乏症
—— 假参包叶中毒
—— 猪桑葚心病

呼吸很快，后变浅慢 —— 木薯中毒

呼吸迫促（40～80 次/分钟），肺泡音粗厉，有轻度啰音 —— 丙硫苯咪唑中毒

呼吸迫促，肺部听诊有啰音 —— 小叶性肺炎

呼吸加快，甚至气喘，不断呻吟，叫声哑 —— （亚急性、慢性）黄曲霉毒素中毒

3. 喘息

喘气 —— （急性）霉玉米中毒
—— 有机磷农药中毒

喘息不止 —— 仔猪缺铁性贫血

呼吸 80～110 次/分钟，肺部听诊有啰音、喘气音 —— （轻症）蓖麻中毒

呼吸 60～80 次/分钟，如拉风箱 —— 桎麻中毒

呼吸 100 次/分钟 —— 应激症

呼吸浅表，40～90 千克猪呼吸急促，以腹式呼吸为主，严重时犬坐姿势 —— 克雷伯氏菌病

呼吸浅快，大母猪发喘如拉风箱 —— （亚急性、慢性）狗屎豆中毒

4. 呼吸困难，有啰音、摩擦音

呼吸困难，叩诊胸部疼痛，听诊有啰音、摩擦音，犬坐姿势 —— （胸膜肺炎型）猪肺疫

呼吸困难，肺可听到啰音 —— 支气管炎

| 虫体至肺时引起肺炎、支气管炎，胸膜肺炎（体温升高），呼吸困难 | ——仔猪类圆线虫病（杆虫病） |

| 呼吸困难，肺部有啰音 | ——后圆线虫病（肺丝虫病） |

| 呼吸粗厉、困难 | ——（4～6 月龄猪）尼帕病毒病 |

| 呼吸困难，叫声嘶哑 | ——肉毒梭菌毒素中毒 |

5. 呼吸困难

呼吸困难
- ——猪多发性浆膜炎与关节炎 ——尼帕病毒病
- ——（最急性、急性）链球菌病 ——猪肺疫
- ——（亚急性）弓形虫病 ——感光过敏
- ——（30 日龄猪）蓝眼病 ——坏死性鼻炎（慢性）
- ——猪细胞巨化病毒感染 ——（急性）酒糟中毒
- ——（败血型）李氏杆菌病 ——兰氏 Q 群链球菌病
- ——（重症）住肉孢子虫病 ——（重症）氢氰酸中毒
- ——猪圆环病毒 2 型感染（断奶后仔猪多系统功能衰竭综合征）
- ——（急性）接触性传染性胸膜肺炎
- ——（脑脊髓炎型）血细胞凝集性脑脊髓炎
- ——（急性严重时）无机氟化物中毒
- ——（急性）支气管炎、硝酸盐和亚硝酸盐中毒

| 肺感染时呼吸困难 | ——赤霉菌毒素（T-2）中毒 |

| 呼吸快，部分呼吸困难 | ——（急性）非洲猪瘟 |

| 呼吸加快，甚至呼吸困难 | ——（慢性）非洲猪瘟 |

| 呼吸微弱，困难 | ——（重症）马铃薯中毒 |

| 个别呼吸困难 | ——（2～3 日龄猪）猪丹毒 |

喘气，呼吸困难 —— 传染性萎缩性鼻炎
—— 毒芹中毒

呼吸迫促，呼吸困难，有的发生怪叫 —— 安妥中毒

呼吸迫促，鼻翼扇动，后期呼吸微弱，呼吸极度困难 —— 苦楝中毒

有些呼吸加快，并表现呼吸困难 —— 断奶仔猪多系统功能衰竭综合征

呼吸增数（50～70 次/分钟），严重时呼吸困难 —— 灰灰菜中毒

慢性呼吸困难 —— （肺感染）棘头蚴病（包虫病）

后期呼吸困难 —— （肺感染）放线菌病

喉部发病时，身体蜷缩，呼吸困难 —— （急性）鼻腔支原体病

出现呼吸困难时，怕冷喜卧 —— 棒状杆菌感染

虫体入胸腔时，呼吸困难 —— 细颈囊尾蚴病

呼吸加快，轻度呼吸困难 —— （育成猪）繁殖与呼吸综合征

不同程度呼吸困难 —— （孕猪）繁殖与呼吸综合征

呼吸加快，呼吸困难 —— 破伤风

呼吸迫促，呼吸困难 —— （慢性）铜中毒
—— 恶性高温综合征
—— 棉籽饼中毒

6. 呼吸困难，腹式呼吸

呼吸困难，有时腹式呼吸 —— （哺乳仔猪）繁殖与呼吸综合征

呼吸困难（98～110次/分钟），呈腹式呼吸，发生气喘 —— （仔猪）黑斑病甘薯中毒

呼吸增快，呈胸膜混合式呼吸，伴有肺炎症状 —— 猪心脏浆膜丝虫病

呼吸次数增加，日龄大时多呈腹式呼吸，严重时呼吸困难，犬坐姿势，张口呼吸 —— 仔猪先天性膈疝

侵害肺时，听诊有啰音，呼吸浅快，严重时呼吸困难，吸气深，呼气短，常呈腹式呼吸，最后呼吸越来越困难 —— （急性期）弓形虫病

呼吸增数，呼吸困难，腹式呼吸，病重张口呼吸，喘气，听诊充血水肿期肺泡呼吸音增强，干啰音、捻发音，而后肺泡音减弱，湿啰音。肝变期，肺泡呼吸音消失，出现支气管呼吸音。溶解期支气管呼吸音消失，再出现啰音、捻发音 —— 大叶性肺炎

呈腹式呼吸 —— （8～10日龄猪）弓形虫病
—— （中期）聚合草中毒

腹式呼吸，喘息（42～87次/分钟），肺听诊有啰音、口哨音、漱口音 —— （慢性）支气管炎
—— 焦虫病

腹式呼吸，呼吸困难	——啤酒糟中毒
呼吸增快，个别呼吸迫促，间歇呼吸困难，气喘。继发感染，严重时，呼吸困难，犬坐，腹式呼吸	——波氏杆菌病
呼吸急促，气喘，腹式呼吸	——流行性感冒
早期呼吸迫促，腹式呼吸	——霉菌性肺炎
呼吸困难，张口呼吸	——（白猪）荞麦中毒
呼吸困难，犬坐姿势	——（咽喉型）炭疽

7. 呼吸困难，张口呼吸

初期呼吸无明显变化，后期呼吸高度困难，张口呼吸，常呈犬坐姿势	（最急性）接触性传染性胸膜肺炎
气喘，呼吸困难，有的犬坐姿势，张口呼吸	——附红细胞体病
呼吸困难，呼吸迫促，犬坐姿势，张口流涎	——日射病及热射病
呼吸次数增多，张口呼吸，呈腹式呼吸	——（注射）土霉素中毒
呼吸次数剧增（80～120次/分钟），呼吸困难，严重时张口呼吸，呼吸声如拉风箱	——（急性）气喘病

第十二节　检查循环系统临床表现

　　猪循环系统的疾病比其他系统的疾病要少得多，但其他疾病在病程中也能使心脏受到损害，所以在临床诊断时对心脏的检查是具有重要意义的。但由于病猪逃避、挣扎，在临床检查时比较困难，必须予以安抚，使病猪安静接受听诊。

健康猪在平静状态下心跳每分钟 60～80 次，第一心音和第二心音节律正常。如心跳每分钟超过 100 次，容易导致心脏衰竭，是病情危急的征兆，多出现于中毒病、一些传染病和严重的普通病。如超 120 次以上时，难挽救。

在听诊心跳时，除计数外，还应注意心音的强弱和节律。第一心音增强，多见于急性热性病、心脏衰弱、心肌炎、贫血。第二心音增强，见于肺炎、肺气肿、肾炎等。两个心音间有杂音，说明心脏瓣膜患有慢性心内膜炎（如猪丹毒）。如发现心音低弱，除肥猪因皮下脂肪层厚隔音因素外，一般显示为心肌衰弱、心脏肥大、肺气肿、胸腔积水、重剧热性病。

心跳节律不齐，是心肌受到侵害收缩显现不规则所致，多出现于中毒病、热性病、寄生虫病。

1. 心跳增速

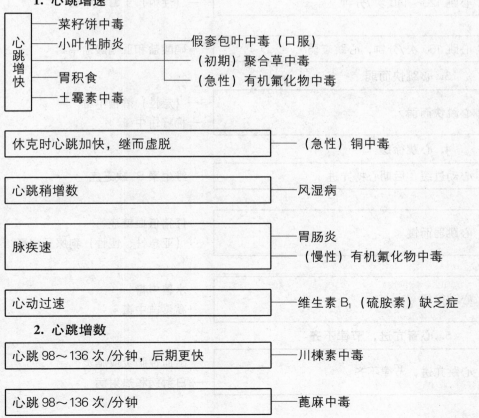

```
心跳增快 ─── 菜籽饼中毒
         ─── 小叶性肺炎 ─── 假参包叶中毒（口服）
                        ─── （初期）聚合草中毒
         ─── 胃积食        ─── （急性）有机氟化物中毒
         ─── 土霉素中毒
```

| 休克时心跳加快，继而虚脱 | ── （急性）铜中毒 |

| 心跳稍增数 | ── 风湿病 |

| 脉疾速 | ── 胃肠炎 |
| | ── （慢性）有机氟化物中毒 |

| 心动过速 | ── 维生素 B_1（硫胺素）缺乏症 |

2. 心跳增数

| 心跳 98～136 次/分钟，后期更快 | ── 川楝素中毒 |

| 心跳 98～136 次/分钟 | ── 蓖麻中毒 |

心跳 100 次/分钟以上 ——— 苦楝中毒

心跳加快至 100 次/分钟，甚至 120 次/分 ——— 产褥热

心跳 108～121 次/分钟 ——— 日本乙型脑炎

心跳 100～120 次/分钟 ——— 食盐中毒

心跳 120 次/分钟 ——— 桎麻中毒

心跳 120～140 次/分钟 ——— （注射）土霉素中毒

心跳 160 次/分钟，心跳衰弱 ——— 硝酸盐和亚硝酸盐中毒

3. 心跳快而弱

心跳快而弱 ——— （急性）酒糟中毒
——— 棉籽饼中毒

4. 心跳徐缓

心动过缓，后期心搏亢进 ——— 维生素 B_1 缺乏症

心跳弱而慢 ——— 仔猪低血糖症
——— （亚急性、慢性）狗屎豆中毒

心动徐缓 ——— 木薯中毒
——— 高粱苗中毒

5. 心音亢进，节律不齐

心跳亢进，节律不齐 ——— 出血性肺炎或脑炎
——— 日射病和热射病

心跳 66～142 次 /分钟，心悸，心律不齐 —— 焦虫病

心律不齐，心区疼痛，易产生恐怖，心悸，汗分泌多 —— 心脏浆膜丝虫病

6. 心跳过速，节律不齐

心跳增数（100～128 次 /分钟），节律不齐 —— （仔猪）黑斑病甘薯中毒

心肌炎，心跳快，节律不齐 —— 硒—维生素 E 缺乏症

心动过速，节律不齐 —— 肉毒梭菌毒素中毒

心跳 80～120 次 /分钟，临近死亡时心音分裂 —— 丙硫苯咪唑中毒

7. 心音弱，节律不齐

心跳快而弱，节律不齐 —— 猪白肌病

心跳 80～125 次 /分钟，心律不齐，心音弱 —— 有机磷农药中毒

8. 血液稀薄

心搏快速，血液稀薄，采血时流血不止，滴血于掌心，侧掌时血流去不留痕迹。后期血稠，紫褐色 —— 附红细胞体病

心跳增快，稍加活动即心悸，血稀色淡，不易凝固 —— 仔猪缺铁性贫血

第十三节　检查神经系统临床表现

神经系统是动物在生命活动中起主导作用的整合和调节机构。神经系统分中枢神经系统和外周神经系统两部分。中枢神经系统包括大脑（嗅脑、纹状

体、大脑皮层）、中脑（四叠体和大脑脚）、后脑（脑桥和小脑）、间脑（上丘脑、丘脑、下丘脑、底丘脑）、末脑（延髓）、脊髓（分颈、胸、腰、荐四部分），外周神经系统包括脑与脊髓相连的脑神经、脊神经与植物神经。外周神经系统在中枢神经系统和外周的效应器与感受器之间起着联络通信的作用，在结构上和功能上是不可分割的。

植物神经系统分交感神经（从脊髓胸段、前腰段发出的内脏运动神经）和副交感神经（从脑部和脊髓荐段发出的内脏神经）。一般，二者互相协作，保持平衡，使内脏比较稳定地活动，但在某些情况下二者相互制约，打破原来的平衡状态，迅速改变内脏的活动情况，使机体内外环境发生变化。

神经系统使机体各部分的活动相互联系起来，并使机体与外部环境联系起来。只有在神经系统的控制和调节下，机体各器官的活动才能密切配合和协调。神经系统活动的基本形式是反射。所谓反射，是机体在神经系统参与下，对刺激所产生的全部应答性反应。从本质上说，是神经系统内部的兴奋过程和抑制过程这对矛盾的对立统一斗争。反射分非条件反射（是生来就有的先天反射）和条件反射（是后天形成的，如见到食物即引起胃液分泌）。

神经系统疾病的病因是极其复杂的。外因有物理因素，如日射、电击、过劳、受寒、击伤、挫伤、震伤等；化学因素，如有毒的化学药品；生物因素，如病原微生物。内因方面，体内各种毒素、异常代谢产物对中枢神经系统的影响，肺脏疾病、肝脏疾病、肾脏疾病、自体中毒、内分泌紊乱、新陈代谢障碍等所产生的有害产物，均能破坏神经系统的正常生理机能。

家畜神经系统疾病通常表现为意识障碍、精神异常、沉郁、嗜眠、昏睡、昏迷、狂躁不安、姿态反常、反射亢进或消失，有的心律变化、呕吐。

一、精神兴奋

炎性变化，颅内压升高，自体中毒，有毒饲料或药物添加剂中的毒物的毒害等，使大脑神经受到严重侵害，致病猪表现出兴奋、狂躁、极度运动冲动如神志紊乱、精神兴奋、狂躁不安、癫狂冲撞、攻击人和动物。

1. 兴奋狂躁、直冲乱撞

狂躁不安，到处乱跑

——赤霉菌毒（T-2）中毒

狂躁兴奋，在圈内无休止地盲目走动，遇墙才转弯或作圆圈运动，嘶叫，磨牙，抽搐

——脑膜脑炎

突然发作，兴奋不安，横冲直撞，叫声嘶哑，攻击人畜，流涎，反复用鼻拱物 ——— 狂犬病

有时兴奋能拱倒墙壁，后期狂躁，甚至角弓反张 ——— 黄曲霉毒素中毒

狂奔乱跑，共济失调，遇障碍或水坑不知躲避 ——— （慢性）有机氟化物中毒

有时向前直冲，遇障碍而止，头靠障碍物向前挣扎 ——— （急性）食盐中毒

肌肉震颤，向前奔跑，继而昏睡（两天内死亡） ——— （最急性）食盐中毒

惊恐尖叫，向前直冲，不避障碍 ——— （急性）有机氟化物中毒

死前狂躁不安，盲目乱窜，共济失调 ——— （大猪）红肠病（魏氏梭菌病）

有的兴奋不安，无目的奔走，共济失调，颤抖，痉挛，后躯麻痹，有的好斗，最后昏睡 ——— 感光过敏

重剧时，低头抵墙或盲目前进，有的死前发狂或抽搐 ——— （仔猪）黑斑病甘薯中毒

最后视力减弱，乱冲乱撞 ——— 日本乙型脑炎

盲目前进或转圈运动 ——— 猪水肿病

有的点头，有的在圈内盲目行走 ——— （初生猪）猪丹毒

多数有脑炎症状，初意识障碍，兴奋，肌肉震颤，无目的走动或转圈，口吐白沫或不自主后退，或头抵地呆立。有的头颈后仰呈观星姿势。严重时侧卧抽搐，四肢划动，遇刺激惊叫。病程 3～7 天 —— （败血型）李氏杆菌病

2. 兴奋不安

兴奋 —— （轻症）氢氰酸中毒

兴奋不安 —— 毒芹中毒
—— 安妥中毒

兴奋不安，常卧地痉挛 —— （急性）狗屎豆中毒

突然不安 —— 硝酸盐和亚硝酸盐中毒

初期兴奋不安，狂躁 —— （重症）马铃薯中毒

不安 —— （重症）住肉孢子虫病

食后 30 分钟即兴奋不安 —— 木薯中毒

病初兴奋不安，以后沉郁 —— 有机磷农药中毒

狂躁不安，全身痉挛，肌肉震颤，后站立如木马 —— （注射）土霉素中毒

高度兴奋，高声尖叫，共济失调，肌肉痉挛，姿态异常 —— （30 日龄猪）蓝眼病

病初兴奋，狂躁不安，步态不稳，肌肉震颤甚至抽搐 —— （急性）酒糟中毒

轻度不安 —— 高粱苗中毒

摇头甩鼻液，摩鼻表现不安 —— （急性）鼻炎

运动或兴奋后突然死亡 —— （最急性）胃溃疡

兴奋、抑制交替出现，烦躁 —— （急性）霉玉米中毒

二、意识障碍

大脑兴奋性降低时出现意识障碍，病猪表现不注意身外的一切活动，对呼唤或音响无回应，嗜眠，昏迷，晕厥，前进不避障碍，头抵墙。多出现于中毒病和一些传染病。

意识障碍 —— 日射病和热射病

病初意识障碍，运动失常，作圆圈运动或盲目行走，或不自主后退，或低头抵地 —— （脑膜炎型）李氏杆菌病

有的昏睡，磨牙，共济失调 —— （溶血型）链球菌病

瞳孔散大，失明耳聋，不注意事物，步态不稳 —— （急性）食盐中毒

严重时，瞳孔散大，意识障碍，瘫卧，随后痉挛，抽搐，常反复发生 —— 脑震荡

卧不愿起，驱之站立，肌肉震颤，走路蹒跚，头抵墙或抵地 —— （轻症）蓖麻中毒

嗜眠，不愿运动，继而共济失调，后肢强直，肌肉震颤 —— （2～15 日龄猪）蓝眼病

站立不稳，易摔倒，甚至卧地不起 —— （白猪）荞麦中毒

肌肉震颤，走时四肢颤抖，蹒跚，盲目游走 —— 仔猪低血糖症

严重的面部麻痹，头歪向一侧 —— （仔猪）维生素 A 缺乏症

也有的单侧面神经麻痹 —— （脑膜炎型）李氏杆菌病

三、动态异常

当疾病致大脑运动区调节机能障碍时，可看到猪全身或肢体的皮肤和肌肉发生颤抖，病情增重时，病猪表现全身、半身、一肢、某一肌群发生强直性或阵发性痉挛性收缩，呈癫痫样动作。有的四肢、头颈呈现不自主地频频伸缩，形成抽搐，有时持续，有时呈间歇性。多见于一些传染病、中毒病、元素缺乏病、脑病和自体中毒。

1. 震颤

震颤 —— 脑心肌病

全身或前躯震颤 —— 猪瘟

全身震颤 —— 硝酸盐和亚硝酸盐中毒
—— （溶血型）猪链球菌病

全身颤抖 —————— （急性）霉玉米中毒

全身肌肉颤抖，肩部最明显。严重的卧地不起，强迫站立，头触地，前肢下跪，后肢站立，姿势异常，仅能维持十几秒即卧倒 —————— 川楝素中毒

严重时，全身肌肉震颤，有的阵发痉挛 —————— （白猪）荞麦中毒

日龄大时，全身肌肉震颤 —————— 仔猪先天性膈疝

猪表现不安，肌肉不随意震颤 —————— 青霉毒素中毒

局部或全身震颤，甚至痉挛或昏睡 —————— （重症）胃肠炎

肌肉颤抖
—————— 猪桑葚心病
—————— 大叶性肺炎
—————— （最急性）食盐中毒
—————— 棉籽饼中毒

肌肉震颤，随后衰竭 —————— （最急性）黄曲霉毒素中毒

初生仔猪发生震颤 —————— 猪圆环病毒 2 型感染（先天性震颤）

初期肌肉颤抖，尾发抖 —————— 恶性高温综合征

颤抖 —————— （孕猪）繁殖与呼吸综合征

全身颤抖，站立不稳，起卧不安 —————— （轻症）水浮莲中毒

肌肉震颤，运动失调，很快出现鸣叫兴奋，步态蹒跚，易摔倒，后肢无力，犬坐。四肢不能站立 ——— 痢特灵中毒

四肢无力，发抖 ——— 红皮病

有的即使能站立，也站立不稳，颤抖，尾垂不动 ——— 肉毒梭菌毒素中毒

2. 局部肌群震颤

不同骨骼肌群有节奏地震颤，无法站立，被迫躺卧，卧后症状减轻或停止，再站立又震颤，或后躯震颤如跳跃状 ——— 仔猪先天性肌阵挛病

肌肉震颤、强硬，颈、颊部更明显 ——— （脑膜炎型）李氏杆菌病

特别是颈、臀部肌肉震颤明显。有的嘴、眼睑、四肢、肩部肌肉呈纤维性震颤 ——— 有机磷农药中毒

病初，颈部、前肢肌肉颤抖 ——— （慢性）链球菌病

3. 痉挛

全身痉挛，站立不稳，卧地不起，强迫行走，四肢发抖，强迫站立，头触地，前肢跪下，后肢弯曲 ——— 苦楝中毒

突然倒地，四肢痉挛，头向后仰，不停嘶叫，肌肉震颤 ——— （重症）蓖麻中毒

全身痉挛，后肢麻痹，叫声嘶哑（也有的不叫） ——— （重症）闹羊花中毒

四肢痉挛 ——— 木薯中毒

肌肉痉挛、震颤、抽搐 ——— （4～6 月龄猪）尼帕病毒病

痉挛、惊厥、牙关紧闭 ——— （轻症）氢氰酸中毒

肌肉发生痉挛性收缩，头向后仰 ——— 赤霉菌毒素（T-2）中毒

4. 强直性痉挛

四肢强直性痉挛，牙关紧闭 ——— 高粱苗中毒

后期发生强直性痉挛 ——— 食盐中毒

有的发生强直性痉挛或麻痹，卧地不起 ——— 啤酒糟中毒

后肢痉挛收缩，病加重时，全身肌肉僵硬 ——— 恶性高热综合征

一般先从头部肌肉开始痉挛，叫声细小，瞬膜外露，牙关紧闭，耳直立，尾翘起向后伸直，头微仰，音响、强光、触摸均可加重痉挛，随后四肢僵硬，强迫行走，步态强拘，以蹄尖着地奔跑，随后行走困难，卧倒，角弓反张 ——— 破伤风

痉挛，后期犬坐，侧卧，常发生强直性痉挛 ——— 安妥中毒

5. 剧烈腹痛

有剧烈疝痛，拱背蜷腹，前肢跪地，后躯抬高，严重时突然倒地，四肢划动或打滚，不断嘶叫、呻吟 ——— 肠套叠

起卧不安，甚至打滚，嘶叫，疼痛剧烈时翻滚，四肢乱蹬 —— 肠扭转和缠结

疝孔肠嵌顿时，腹痛剧烈，起卧不安 —— 肠嵌顿

间或有阵发性腹痛 —— 伪裸头绦虫病

颈侧、腹下、股内侧局部出汗 —— 丙硫苯咪唑中毒

如虫体入胆管，在肝脏中成长，则因疝痛滚动不安，四肢乱蹬，而后卧地不起 —— 蛔虫病

6. 阵发性痉挛

抽风，阵发性痉挛 —— 维生素 B_1（硫胺素）缺乏症

腹部阵发性痉挛，直至死亡，破伤风状痉挛，空嚼 —— （母猪、公猪）尼帕病毒病

有的表现阵发性痉挛 —— （脑膜炎型）李氏杆菌病

如侵害脑，发生癫痫性痉挛 —— （亚急性）弓形虫病

一般强直性痉挛持续 30 秒，减弱转为局部痉挛，经几十秒至十几分钟后停止，即能起立恢复正常。过一段时间又会复发，间隔时间逐次缩短 —— 癫痫

有时癫痫发作，每次先从鼻端挛缩，继而颈肌收缩，头向上抬，体躯向后移动或作圆圈运动 —— （急性）食盐中毒

| 呈现周期性癫痫性惊厥 | 维生素 B_6（吡哆醇）缺乏症 |

7. 颤抖、惊厥

| 颤抖，惊厥，肌肉痉挛、抽搐，后肢软弱麻痹，行走步伐不协调，全身疼痛 | （断奶、肉猪）尼帕病毒病 |

| 惊厥，运动失调，昏迷 | 维生素 B_2（核黄素）缺乏症 |

| 后肢软弱无力，肌肉颤抖，惊厥 | （哺乳猪）尼帕病毒病 |

| 神经变性，发生惊厥 | 维生素 B_3（泛酸）缺乏症 |

8. 转圈

| 有时作圆圈运动，不避障碍物 | （重症）水浮莲中毒 |

| 转圈 | （仔猪）链球菌病 |

9. 抽搐

| 抽搐 | （重症）马铃薯中毒 |

| 全身抽搐，步态蹒跚 | 毒芹中毒 |

| 抽搐，颤抖 | （黑猪）荞麦中毒 |

| 阵发性抽搐，先四肢，后全身强直性痉挛，站立不稳，犬坐，头向一侧歪斜 | （重症）水浮莲中毒 |

| 严重时，行走时尖叫，突然倒地，四肢抽搐，有的作游泳动作 | 有机磷农药中毒 |

| 后期严重，间歇性抽搐 | （亚急性、慢性）狗屎豆中毒 |

| 严重时，抽搐，昏迷 | —— （急性）无机氟化物中毒 |

| 卧地不起，震颤，抽搐 | —— 硝酸盐和亚硝酸盐中毒 |

| 后期横卧，昏睡抽搐。有的间歇抽搐 | —— （慢性）霉玉米中毒 |

| 后肢无力，抽搐 | —— （哺乳猪）尼帕病毒病 |

| 生长迅速、体况良好的仔猪突然抽搐嘶叫，几分钟即死亡 | —— 白肌病 |

10. 角弓反张

| 倒地，角弓反张 | —— 痢特灵中毒 |

| 突然倒地，口吐白沫，肌肉颤抖，四肢划动，角弓反张 | —— （大猪）红肠病（魏氏梭菌病） |

| 随后运动失调，严重病例眼球震颤，惊厥，角弓反张和昏迷，最后瘫痪。毒力较弱时，引起良性地方性偏瘫（称泰法病） | —— 猪肠病毒感染（脑脊髓灰质炎） |

| 有的颈后仰，前肢与后肢张开，呈典型的观星姿势 | —— （脑膜炎型）李氏杆菌病 |

| 头颈后仰 | —— 赤霉菌毒素（T-2）中毒 |

| 中毒，全身震颤，角弓反张，反射消失 | —— 亚麻籽饼中毒 |

| 全身震颤，四肢抽搐，突然倒地，角弓反张 | —— （急性）有机氟化物中毒 |

进一步步样蹒跚，共济失调，不久倒地尖叫，继而角弓反张，抽搐 —— （仔猪）维生素 A 缺乏症

后肢失调后，有时发生转圈，因不能站立易跌倒，继而眼球震颤，强烈的阵发痉挛。受刺激时引起强烈角弓反张，大声尖叫，惊厥期持续 24～36 小时 —— （急性）传染性脑脊髓炎

偶有角弓反张 —— （急性）食盐中毒

11. 游泳动作（四肢划动）

轻症时，初期处于昏迷状态，不久醒来仍能走动，稍显不稳和盲目。不久又倒地作游泳动作。之后又醒，经一段时间又反复 —— 脑震荡

卧地，四肢划动
- —— （脑膜炎型）李氏杆菌病
- —— 日射病和热射病
- —— （急性）食盐中毒
- —— 兰氏 Q 群链球菌病

后期四肢不断划动 —— 川楝素中毒

四肢作游泳动作 —— （脑脊髓炎）血细胞凝集性脑脊髓炎

有的四肢作游泳动作 —— 痢特灵中毒

死前常呈现游泳动作 —— （急性）猪瘟

最后卧地不起，四肢划动，叫声无力，直至死亡 —— （初生仔猪）猪丹毒

肌肉震颤，不时抽搐，四肢作游泳动作，呻吟 —— 猪水肿病

卧地不起，最后惊厥，空嚼，流涎，作游泳动作，角弓反张 —— 仔猪低血糖症

转圈、磨牙、仰卧，后肢麻痹，前肢爬行，四肢作游泳动作 —— （脑膜炎型）链球菌病

进一步发展，知觉麻痹，皮肤反射消失，卧地四肢划动，进而昏迷 —— （急性）传染性脑脊髓炎

有的抽搐，作游泳动作 —— （重症）硝酸盐和亚硝酸盐中毒

卧地，四肢作游泳动作，呈半昏迷状态，可反复发作 —— 水浮莲中毒

有的后肢不全麻痹，以腹贴地爬行或卧地不起，四肢划动 —— （急性）有机氟化物中毒

后期体温升高，叫声嘶哑，卧地，四肢划动，呻吟而死 —— （亚急性）狗屎豆中毒

有的转圈，痉挛，四肢划动 —— 焦虫病

四肢做间歇性游泳动作 —— （仔猪）维生素 A 缺乏症

突然倒地四肢划动，尖叫，全身肌肉剧烈震颤 —— 断乳仔猪应激症

常一前肢或一后肢出现拐或拖地爬，步态不稳，继而后肢麻痹前肢爬行，四肢游泳状划动或昏迷不醒 —— （仔猪）链球菌病

有时伴有震颤或呈划水动作 —— （2～4 周龄猪）放线菌病

驱赶时亢奋，尖叫，划水样移步 —— （2～15 日龄猪）蓝眼病

12. 对音响敏感

多数对响声和触摸过敏，尖叫 —— 血细胞凝集性脑脊髓炎

对响声、光线、触摸均敏感 —— 破伤风

一听响声即跃起，无目的乱跑并吞食异物 —— 狂犬病

全身肌肉颤抖，抽搐，对声音敏感，在原地转圈，不断怪叫或呻吟，惊恐 —— 出血性肺炎或脑炎

感觉过敏 —— （亚急性）传染性脑脊髓炎

感觉过敏 —— 维生素 K 缺乏症

13. 眼球震颤

失明，眼球震颤 —— 血细胞凝集性脑脊髓炎

眼球震颤 —— （2～15 日龄猪）蓝眼病
—— （成年猪）尼帕病毒病

眼结膜鲜红，眼球震颤 —— 高粱苗中毒

| 耳竖立，眼斜视 | ——水浮莲中毒 |

| 眼球突出 | ——安妥中毒 |

| 目光凝视，瞬膜外露，可见夜盲症 | ——（仔猪）维生素A缺乏症 |

| 目光呆滞，流泪 | ——（2月龄猪）硒中毒 |

14. 磨牙空嚼

| 伸舌，磨牙 | ——柽麻中毒 |

| 不断出现空嚼，先干嚼，后带白色泡沫。卧时空嚼减少或停止，驱赶又空嚼。当走近食槽时，边吃食边空嚼，或口含食物空嚼 | ——（轻症）水浮莲中毒 |

| 空嚼，流涎，口吐白沫，舌伸于外，有攻击性 | ——（成年猪）尼帕病毒病 |

| 站一隅磨牙呻吟 | ——啤酒糟中毒 |

| 有的不断空嚼 | ——有机磷农药中毒 |

| 磨牙，不安 | ——（急性）胃溃疡 |

| 不断空嚼，流泡沫 | ——食盐中毒 |

| 磨牙 | ——闹羊花中毒
——（黑猪）荞麦中毒
——（仔猪）链球菌病 |

四、运动失调、肢体麻痹

当大脑皮层及皮层下中枢神经和脑干的运动区受到损伤时，原有的自动性运动减弱，随意运动困难，病畜的姿势以及运动的方向、次序、速度与强度等都发生变化，如站立不稳、步态蹒跚。在有些传染病、中毒病、寄生虫病及一些营养障碍造成的普通病均能出现运动失调。

1. 步态蹒跚

蹒跚如醉酒，运步歪歪扭扭。

卧地不起，强行驱赶步态蹒跚，跛行，触之尖叫	（溶血型）链球菌病
四肢软弱，步态蹒跚，卧地不起	桎麻中毒
步态蹒跚	肝营养不良
行走时后肢张开，后躯摇摆跟跄	（轻症）闹羊花中毒
后躯软弱，步态蹒跚	（急性）霉玉米中毒
步态蹒跚	赤霉菌毒素（T-2）中毒
运动障碍，步态不稳	黑斑病甘薯中毒
后期行走跟跄	姜片吸虫病
勉强驱赶前进时，后肢张开，蹒跚前进	产后膀胱弛缓
走路蹒跚易摔倒，有的前肢张开，鼻抵地	（慢性）铜中毒

后肢无力，有时行走蹒跚，抵墙不动 —— （亚急性、慢性）黄曲霉毒素中毒

2. 共济失调

四肢步态不协调，各肢落地次序、速度不正常、不稳定。

共济失调 —— 猪多发性浆膜炎与关节炎

共济失调，行走不稳，步态踉跄。有的转圈后退 —— 有机磷农药中毒

后肢及肌肉震颤，共济失调 —— （哺乳仔猪）繁殖与呼吸综合征

有的身体摇晃，共济失调，步态强拘 —— （较大猪）李氏杆菌病

运动失调 —— 猪桑葚心病

共济失调，向后退着走，犬坐 —— （亚急性）传染性脑脊髓炎

站立时四肢软弱，站立不稳，共济失调 —— （亚急性）狗屎豆中毒

行走不稳 —— （慢性）胃溃疡

后肢动作失调。四肢僵硬，前肢前移，后肢后移，不能站立 —— （急性）传染性脑脊髓炎

新产仔猪表现矮小、衰弱、活动性差，行走蹒跚，共济失调，站立困难 —— （新生仔猪）锰缺乏症

走路摇摆，行动缓慢，愿单独伏卧，从后腿内侧皮薄处可摸到滑动的包囊 —— 猪囊尾蚴病（囊虫病）

3. 站立困难，运步摇晃

当中枢神经、脑干的运动区受到损伤，甚至运动神经通路中断，形成外周神经麻痹所辖部位时，肌肉的随意运动和反射运动都消失，肌肉弛缓、萎缩，兴奋性减低。如中枢神经麻痹，肌肉随意运动消失，紧张性增高，腱反射亢进，但肌肉不萎缩。单一肢体麻痹称单瘫，发于两前肢或两后肢称截瘫，发于一侧称偏瘫，发于体躯两侧称四肢瘫痪。

（1）前肢麻痹站立不稳

前肢麻痹，站立不稳，后肢麻痹，不能起立	猪水肿病
病初前肢麻痹，后期后肢麻痹，站立不稳，呈犬坐而不行走	（黑猪）荞麦中毒
前肢张开站立，或犬坐，驱赶时不愿走动	（肺感染）放线菌病
有的两前肢或四肢麻痹，不能站立	（脑膜炎型）李氏杆菌病
步行强拘，站立困难，常呈前肢跪下，或犬坐，继而四肢麻痹	白肌病

（2）后肢麻痹不能站立（后躯无力）

后期，后躯不完全麻痹或完全麻痹	食盐中毒
如侵害脑，后躯麻痹，运动障碍，斜颈	（亚急性）弓形虫病
后肢麻痹，共济失调，犬坐	(脑脊髓炎型) 血细胞凝集性脑脊髓炎
有的后肢轻度麻痹或麻痹	日本乙型脑炎
后躯麻痹，步态不稳，后期不能站立，针刺皮肤反射消失或减退	（成年猪）维生素 A 缺乏症

有的后肢麻痹，不能站立，拖地而行 —— （较大猪）李氏杆菌病

前肢屈曲，后肢麻痹，步态不稳 —— （孕猪）繁殖与呼吸综合征

后期后肢麻痹，反射消失，肌肉松弛 —— 苦楝中毒

后肢麻痹，站立不稳 —— 克雷伯氏菌病

后肢无力，共济失调 —— （重症）马铃薯中毒

后肢无力，行走时后躯摇摆，喜躺卧。有时后肢麻痹或僵硬，不能站立，拖地而行 —— 冠尾线虫病（肾虫病）

后肢软弱，走路摇晃 —— 棉籽饼中毒

腰无力，后肢僵硬，或短期瘫痪 —— （重症）住肉孢子虫病

后躯无力，走路摇晃 —— （亚急性、温和型）猪瘟

仔猪、母猪后肢软弱，行动不稳，严重时四肢伸展，卧地不起 —— 亚麻子饼中毒

全身震颤，两后肢抬举困难，站立不稳，叫声嘶哑 —— 附红细胞体病

初期行走，摇摆或跛行，严重时后肢瘫痪，前肢跪地而行，强制起立，肌肉震颤，常尖叫 —— （骨骼肌型）硒—维生素E缺乏症

软弱无力，站立困难，趴卧，后肢向外伸展 —— 先天性缺硒症

步态摇晃，后肢蹲下 ——— 青霉毒素中毒

应激增加，运动失调，后肢软弱 ——— 维生素 B_{12} 缺乏症

较大的猪共济失调，步态强拘，有的后肢麻痹，不能起立或拖地行走 ——— （败血型）李氏杆菌病

后躯运动不灵活或瘫痪 ——— 细小病毒病

静卧一隅不愿走动，强制行走，步态艰难，张口喘气，少数有侧头及反应性增加，后腿无力 ——— 霉菌性肺炎

有的麻痹，瘫痪，行走摇摆，共济失调，后肢跛行，抽风，甚至四肢麻痹 ——— 维生素 B_1 缺乏症

后肢无力，步态不稳，局部痉挛或麻痹，跛行 ——— （4~6月龄猪）尼帕病毒病

后肢摇摆 ——— 高粱苗中毒

（3）四肢麻痹

步行不稳，四肢逐渐麻痹 ——— （慢性）传染性脑脊髓炎

最后四肢麻痹，卧地不起，昏迷 ——— （急性）酒糟中毒

后肢瘫痪，平衡失调，四肢麻痹 ——— 维生素 B_5（烟酸）缺乏症

后肢不能站立，呈犬坐姿势，四肢无力，左右摇摆 ——— 菜籽饼中毒

站立时拱腰、发抖，行走时四肢无力 —— 猪水肿病

四肢无力，走路摇晃 —— 硝酸盐和亚硝酸盐中毒

（4）全身无力或麻痹

随后全身进行性麻痹 —— （重症）马铃薯中毒

主要是肌肉进行性衰弱和麻痹，从头开始，迅速向后发展。吞咽困难、流涎，两耳下垂、无力，反射运动弛缓。继则前肢无力，行动困难，趴在地上，随之后肢麻痹，伏卧，不能起立 —— 肉毒梭菌毒素中毒

卧地，呈麻痹状态，常呈右侧卧。若使左侧卧，高声鸣叫，恢复右侧卧即安静 —— 毒芹中毒

全身无力，行走摇摆不稳 —— （急性）猪瘟

最后，行走时腰部摇晃，不能站立，卧地不起 —— （急性期）弓形虫病

站立困难，步态不稳 —— （8～10日龄猪）弓形虫病

配种后数小时后躯无力，不愿站立，卧地不起，反应迟钝 —— 母猪精液过敏

步态蹒跚，麻痹 —— 脑心肌病

第十四节　检查生殖系统临床表现

猪生殖系统的临床检查，主要检查公猪的阴囊、睾丸、附睾、尿鞘，母猪

的阴户和乳房，并了解母猪发情和流产状况。

一、公猪

在正常情况下，公猪的阴囊左右大小一致。当被阉割过的公猪阴囊出现肿大时，如按压阴囊可以瘪下去，则是因小肠经鼠蹊孔进入阴囊，同时并可在同侧用手指戳到比正常大的鼠蹊孔。说明这是阴囊疝。如阴囊肿大发紫，按压阴囊内容物不能还纳腹腔，有腹痛，则是阴囊疝继发肠嵌顿。另外，作者曾见数例病猪，吃食正常，阴囊肿大坚实，切开内容物为粪，清洗后见后腹壁有两个小孔，处理方法是切开腹壁取出两断肠端进行肠吻合。

种公猪阴囊如发现肿大、潮红，触诊疼痛，为阴囊炎。如阴囊肿大、不红不痛，按捏睾丸或附睾有疼痛，阴囊有时有积水，为睾丸炎或附睾炎。睾丸炎也见于日本乙型脑炎（多为单侧）、布鲁氏菌病、衣原体病；如睾丸萎缩，则见于赤霉菌毒素中毒、维生素 A 缺乏症、布鲁氏菌病（病程长时）。

按捏公猪尿鞘，若发现有黄色积尿，则为附红细胞体病；若有恶臭、白色分泌物则为猪瘟。

另外，有的种公猪性欲减退，靠近发情母猪也不爬跨，见于锌缺乏症、冠尾线虫病。

1. 阴囊肿大

阴囊明显肿胀，触痛	—— （公猪）鼻腔支原体病

阴囊一侧肿胀、柔软，无热痛，按挤阴囊内容物可消失。如粘连，则内容物不能消失，在同侧鼠蹊部可摸到腹壁裂孔。如内容物为膀胱，挤压时尿道滴尿。如嵌顿，皮肤发紫	—— 阴囊疝

多数一侧性，阴囊肿胀、硬、红、痛。外伤性则阴囊积液增加，捏睾丸不痛	—— 阴囊炎

阴囊积水，阴囊皮肤热、痛较轻，捏睾丸痛。如转为慢性，症状减轻，睾丸变硬。如进一步恶化，则发生坏疽	—— 睾丸炎

2. 睾丸炎

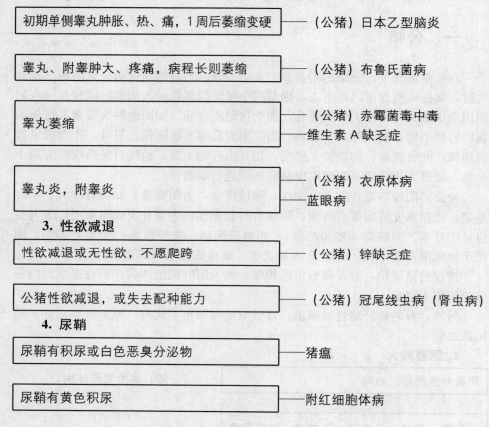

初期单侧睾丸肿胀、热、痛，1 周后萎缩变硬	—— （公猪）日本乙型脑炎
睾丸、附睾肿大、疼痛，病程长则萎缩	—— （公猪）布鲁氏菌病
睾丸萎缩	—— （公猪）赤霉菌毒中毒 ／ 维生素 A 缺乏症
睾丸炎，附睾炎	—— （公猪）衣原体病 ／ 蓝眼病

3. 性欲减退

性欲减退或无性欲，不愿爬跨	—— （公猪）锌缺乏症
公猪性欲减退，或失去配种能力	—— （公猪）冠尾线虫病（肾虫病）

4. 尿鞘

尿鞘有积尿或白色恶臭分泌物	—— 猪瘟
尿鞘有黄色积尿	—— 附红细胞体病

二、母猪

母猪发情周期平均为 21 天，发情持续时间为 42～72 小时，发情开始后 35～45 小时排卵。有些母猪在产后数日内第一次发情，但此时配种很少能受胎。哺乳结束后至开始发情间隔 7～9 天，但个别差异很大。母猪发情时表现食欲忽高忽低，阴户肿胀，阴道黏膜充血并有黏液流出，出现爬跨别的母猪或任别的母猪爬跨，并发出音调柔和的"哼哼"声，频频排尿。当公猪接近或管理人员抚摸其背时，即静立不动，摆出等待交配的姿势。这是最适宜配种的时候。

若产后发情周期正常，但数次配种不孕，最常见的原因是子宫有炎症。在分娩后 3～5 日内发高热，首先应考虑子宫炎，并且应该及时治疗，以免引起败血症。

在正常情况下，阴户清洁、不肿胀，只是发情时才肿胀和流出分泌物。如在非发情期间阴户出现肿胀和流出黏液，阴户周围及尾根有黏液污染或附有黏液干结物即是发病的表现。如布鲁氏菌病（流黏液性、脓性分泌物，或红色分泌物）；毛滴虫病（阴户红肿，流灰白色或白色絮状分泌物，有的恶臭，阴道黏膜粗糙如纱布）；慢性棒状杆菌感染（脓性分泌物）；产褥热（流褐色、恶臭液，含有组织碎片）；急性子宫炎（流污红、腥臭分泌物）；赤霉菌毒素中毒（阴户肿胀哆开）；慢性子宫炎（分泌物灰白色、白色或黄色）；子宫炎型链球菌病（在发情期和产后初期阴户流出灰白色、半透明分泌物，后为灰黄色、不透明）。

如发现乳房肿胀、潮红、逐渐变紫，触诊热痛，表现为乳房炎。如乳头被仔猪咬伤，易感染化脓，如已化脓，触诊有波动。如多数乳房发炎、变紫，易继发败血症。棒状杆菌感染，也有引起乳房发炎化脓的。

有的产后无乳，如无乳综合征（多数乳房变硬，按压疼痛、留有指痕，乳汁变黄变稠，有的水样，乳腺逐渐萎缩），产后缺乳或少乳（乳房皮肤松弛，挤不出奶）。母猪因无乳或缺乳常伏卧、拒绝哺乳，仔猪因吮不到奶而嗷叫，甚至追随母猪嗷叫。

1. 发情期延长

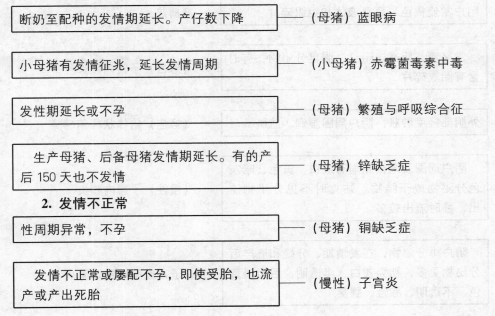

断奶至配种的发情期延长。产仔数下降	—— （母猪）蓝眼病
小母猪有发情征兆，延长发情周期	—— （小母猪）赤霉菌毒素中毒
发性期延长或不孕	—— （母猪）繁殖与呼吸综合征
生产母猪、后备母猪发情期延长。有的产后 150 天也不发情	—— （母猪）锌缺乏症

2. 发情不正常

性周期异常，不孕	—— （母猪）铜缺乏症
发情不正常或屡配不孕，即使受胎，也流产或产出死胎	—— （慢性）子宫炎

发情不正常，久配不孕 ——（母猪）细小病毒病

性周期紊乱，发情期延长，不易受胎 ——（母猪）锰缺乏症

3. 阴户肿胀

阴户肿胀（光滑、坚实），阴唇哆开，阴道黏膜轻度充血和发红，严重时阴道黏膜肿胀，甚至突出阴户外 ——赤霉菌毒素中毒

阴唇肿胀，流黏液或脓性分泌物或红色分泌物 ——布鲁氏菌病

阴户红肿，阴道流出灰白色或乳白色黏性分泌物，并带有絮状物，有的有恶臭，阴道黏膜粗糙，可见大小不等的结节 ——（母猪）毛滴虫病

外阴部有脓性分泌物 ——（慢性）棒状杆菌感染

阴户常流褐色、恶臭液体和组织碎片 ——产褥热

常努责，阴道流污红、腥臭分泌物，有时含有胎衣碎片 ——（急性）子宫内膜炎

外阴部轻度肿胀，阴户周围湿润、肮脏 ——（轻症）猪棒状杆菌感染

阴户周围及尾根黏附有灰白、黄色、暗灰色分泌物或干结物。站立时不见分泌物流出，卧时流出较多 ——（慢性）子宫内膜炎

阴户排分泌物，在发情期、分娩和流产后分泌物更多，初为灰白、半透明，后为淡黄色、不透明、脓性，腥臭 ——（子宫炎型）链球菌病

4. 乳房病变

> 个别乳房肿胀，初红，渐变紫，质硬，并向四周扩大，有热、痛，奶中含有絮状物，或有灰褐色或粉红色乳汁排出。有时混有血液。随后肿胀灶变软化脓，流出恶臭脓液。有时仅前几个乳房发炎。如全乳区发炎，则全部乳房硬结、发红、疼痛，分泌黄稠或水样脓液

——乳房炎

> 多个乳房变硬，严重时乳房及周围组织变硬，按压疼痛、留指痕，白猪乳腺潮红，泌乳下降，乳汁变黄浓稠。有的水样，含有碎组织，乳房逐渐退化萎缩

——母猪无乳综合征

> 乳房充血，泌乳不足，乳房皮肤松弛，乳头小，挤不出奶

——棒状杆菌感染

三、流产

　　母猪在妊娠期满（115 天），即正常分娩产出全部胎儿，如妊娠期未满而产出胎儿称流产（产出死胎称小产，产出活仔称早产）。因饲养管理不当而发生流产的称管理性流产。因机能障碍、医疗不当和因病发生的流产称症状性流产。因胎儿、胎膜反常发生的流产称自发性流产。因传染病引起的流产称传染性流产。因寄生虫病引起的流产称寄生虫性流产。全部胎儿流产时称全部流产。母猪分娩时，部分胎儿正常产出，部分死亡胎儿也随之排出，称部分流产。

　　有的病可引起孕母猪妊娠早期流产，如维生素 B_2 缺乏症（死胎，新生仔猪无毛，有的畸形，生后 48 小时死亡），细小病毒病（母猪妊娠 50～60 天感染出现死胎，70 天感染流产，多能产弱仔，仔猪生后有出血瘀斑，皮肤发紫），布鲁氏菌病（妊娠 4～12 周流产，或接近预产期时早产或流产或正产）、衣原体病（死胎、木乃伊胎、弱仔）。

　　有的病则引起母猪妊娠晚期流产，如繁殖与呼吸综合征（也有在预产期前

2～8 天流产的，产死胎、木乃伊胎、弱仔）、日本乙型脑炎（常超过预产期数日才分娩，产死胎、大头畸形胎、木乃伊胎）。

有些传染病也引起流产，如猪细胞巨化病毒感染（产死胎、木乃伊胎、弱仔，产后无症状死亡），蓝眼病（空怀增加，产死胎、木乃伊胎），以及接触性传染性胸膜肺炎、尼帕病毒病、猪多发性浆膜炎与关节炎、放线菌病等。

有些中毒病也引起流产，如赤霉菌毒素中毒（产死胎、畸形胎、木乃伊胎），柽麻中毒，黄曲霉毒素中毒，慢性酒精中毒，棉籽饼中毒，假参包叶中毒，无机氟化物中毒（产死胎、弱仔，阴道流血），青霉毒素中毒，慢性狗屎豆中毒（临产母猪常急性死亡），硒中毒。

有的寄生虫病也会引起流产，如弓形虫病（产死胎，产出的活仔猪易急性死亡或发育不全），冠尾线虫病。

某些元素缺乏也能引起流产，如维生素 B_3 缺乏症（未被吸收胎儿畸形），维生素 B_{12} 缺乏症（产仔数少，产死胎，弱仔不久即死），维生素 A 缺乏症（产死胎、畸形胎，活仔猪眼瞎或一大一小，甚至独眼），锰缺乏症（未被吸收胎儿为死胎、弱胎），锌缺乏症（产死胎、畸形胎、木乃伊胎）。

1. 流产，部分胎儿被吸收

胎儿被吸收，母猪流产、产死胎、畸形胎、木乃伊胎 ——赤霉菌毒素（T-2）中毒

胎儿被吸收，母猪流产，产死胎、弱胎 ——锰缺乏症

母猪妊娠前期感染，产仔数减少，胚胎死亡后被吸收；母猪妊娠中期和后期感染，胎儿死亡 20%～50%，死亡胎儿腐败、木乃伊胎或呈新鲜尸体，存活胎儿畸形、水肿；存活仔猪表现虚弱，常在出生后几天死亡；经产母猪不表现任何症状；未妊娠母猪感染后，可获得免疫力，以后可妊娠、生产 ——猪肠病毒感染（母猪繁殖障碍）

有时出现胎儿被吸收、畸形，母猪不育 ——维生素 B_3（泛酸）缺乏症

2. 早期流产

妊娠 50～60 天感染时多出现死胎，70 天感染时常流产，70 天以上感染时能产仔，弱仔生后半小时先在耳后、颈、腹下、胸、四肢上端出现瘀血、出血斑，半天内全部皮肤变紫色；妊娠 1～70 天感染，胎儿死亡，骨质溶解，胎儿有被溶解吸收现象，胎儿腐败、黑化。子宫内膜轻度炎症，胎盘部分钙化。大多数死胎、死仔或弱仔皮下充血或水肿，胸腔有淡红或淡黄色渗出液，肝、脾、肾有时肿大，脆弱或萎缩、发暗，个别皮下出血 ——— 细小病毒病

流产发生在妊娠后 4～12 周（有的第 2～3 周），有的接近预产期时早产或流产或正产，产死胎、木乃伊胎、弱仔、正常仔。胎儿皮下水肿，脐部尤为明显，水肿液体被血液染成红色，有时有败血变化。胃内容物有的正常，有的有浅黄色浑浊黏液，含有絮状物。脾和淋巴结肿大，胸腔有浆性渗出液。皮下有出血性浸润。胎盘显著肥厚，水肿成冻肉状，布满出血点，有的病灶呈坏死结痂 ——— 布鲁氏菌病

感染后引起早产、胎衣不下、不孕症，产死胎、弱仔或木乃伊胎。流产前无症状。

感染母猪所产仔猪，皮肤瘀血性炎症，发绀，寒战，尖叫，吮乳无力，沉郁，步态不稳，应激性高，体温升高，严重时黏膜苍白、干燥，恶性腹泻，体温降至 37℃ 以下，多于 3～5 天内死亡。流产胎儿和新生仔猪头、胸、肩胛等皮下组织水肿，有的胶样浸润，头顶和四肢有弥漫性出血。心肺常有浆膜点状出血，肺卡他性炎，肺泡间隙淋巴组织细胞浸润，毛细血管暗灰色，胎衣暗红色，表面覆有一层水样物质，胎衣黏膜表面有坏死区，其周围呈水肿状态 ——— （母猪）衣原体病

妊娠猪早产，产死胎。新生仔猪有的无毛，有的畸形，衰弱，一般生后48小时内死亡 ——— 维生素 B₂ 缺乏症

3. 晚期流产

妊娠晚期流产，产死胎（大多黑色，也有白色）、木乃伊胎、弱仔，也有提前 2～8 天早产。死胎、木乃伊胎皮肤棕色，腹腔有淡黄色积液。有的皮下水肿，心包积液 ——— 猪繁殖与呼吸综合征

母猪多数超过预产期数日才分娩，产死胎、畸形胎（头大）、木乃伊胎，也有产下弱仔。有的弱仔产后不久死亡，而存活的高度衰弱，有震颤、抽搐、癫痫等症状。也有因木乃伊胎的胎衣滞留而引起子宫内膜炎导致繁殖障碍。

胎盘有炎症，胎儿大小不一，多呈黑褐色。小的干缩而变硬，中等的呈茶褐色、暗褐色，皮下有出血性胶样浸润。发育至正常大小的死胎常因脑水肿而头部大，皮下弥漫性水肿，腹水增量，肌肉呈熟肉样，各实质器官变性，有点状出血，血液稀薄、不凝固，黏膜充血，散在出血点，脑脊髓膜散在出血点。

出生后存活弱仔，脑内水肿，颅腔及脑室内脑脊髓液增加，大脑皮层变薄，皮下水肿，体腔积液，肝、脾、肾可见多发性坏死灶 ——— 日本乙型脑炎

4. 传染性流产

妊娠猪可发生流产 ——— 猪多发性浆膜炎与关节炎

妊娠猪有流产现象 ——— （亚急性型）非洲猪瘟

可发生乳房炎和流产 ——— （母猪）猪放线菌病

有的产死胎、木乃伊胎或弱仔，有的弱仔生后不久无症状死亡，仔猪颈、胸下、腹及跗关节附近出现不同程度水肿 —— 猪细胞巨化病毒感染

感染母猪繁殖障碍表现流产，产死胎、木乃伊胎、弱仔。仔猪断奶前感染，死亡率高 —— 猪圆环病毒2型感染（繁殖障碍）

最初发现本病时，可能见到流产 —— 接触性传染性胸膜肺炎

母猪空怀增加，有时不孕，妊娠猪流产，产死胎、木乃伊胎 —— 蓝眼病

在感染24小时无症状死亡，妊娠母猪早期可能早产死胎 —— （母猪）尼帕病毒病

5. 寄生虫性流产

高热废食，昏睡几天后流产或产死胎，即使产出活仔，活仔也可能急性死亡或发育不全，不会吮奶或畸形。母猪在分娩后自愈 —— 弓形虫病

母猪不孕或流产 —— 冠尾线虫病（肾虫病）

6. 中毒流产

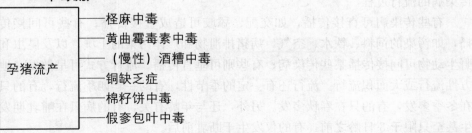

孕猪流产
- 柽麻中毒
- 黄曲霉毒素中毒
- （慢性）酒糟中毒
- 铜缺乏症
- 棉籽饼中毒
- 假参包叶中毒

妊娠猪产死胎或弱仔，产后阴道流血 —— 无机氟化物中毒

妊娠猪流产，临产母猪常急性死亡 —— （亚急性、慢性）狗屎豆中毒

妊娠猪流产，产死胎、弱仔，弱仔几天死亡，或发育不良 ——硒中毒

妊娠猪中毒后，7～10 天流产 ——青霉毒素中毒

7. 元素缺乏性流产

妊娠猪常流产或产死胎、畸形胎，甚至木乃伊胎 ——锌缺乏症

妊娠猪常出现流产，产死胎、弱胎、畸形胎（瞎眼、独眼、小眼、眼一大一小、兔唇、副耳、隐睾等） ——维生素 A 缺乏症

妊娠猪易发生流产，产仔数减少，胎儿死亡、发育不良或畸形，存活仔猪活动减弱，出生不久死亡 ——维生素 B_{12} 缺乏症

第十五节　流行病学

　　通过流行病学调查，可了解传染病的传染源、传染途径、猪群的易感性及传染病的流行过程。

　　有些传染病可直接传播，如交配、舐咬可造成直接传播；有些可间接传播，如污染的饲料、饮水、空气，病猪排泄物和尸体污染的土壤，以及昆虫和野生动物可间接传播某些传染病；有些则可垂直传播。流行方式可呈散发、地方性流行或大面积流行。流行还有一定的季节性，有的一年四季流行，有的只在冬季多发，有的只在春秋多发。另外，还与年龄有关，有的病只在哺乳期发生甚至只限于 3 日龄之前，有的仅发生于断乳前后。

　　因此，在临诊时，对传染性疾病，如能考虑传染途径、季节、年龄、卫生条件等因素，根据现实病情进行综合分析，将有助于作出比较正确的判断。

　　就发病季节而言，有的传染病一年四季都可发生，如沙门氏菌病（卫生差、阴雨天），猪肺疫（气候剧变、潮湿），猪喘气病（冬春潮湿寒冷），猪瘟，

李氏杆菌病（冬春多发），猪痘（春秋、卫生差、阴冷、营养不良），克雷伯氏菌病（气温20℃发病增多，20℃以下少发），猪痢疾（以4、5、9、10月多发），伪狂犬病（冬春产仔期多发），猪丹毒（北方夏季、南方冬春多发），链球菌病（5～11月多发）。

　　有的多发于炎热的夏季，如猪水疱病，猪心性急死病，应激性肌病（夏季多发，冬季少），弓形虫病（当年7月至次年2月多发），日本乙型脑炎（7～9月多发），附红细胞体病（多发于7～9月，气温20℃以上，湿度70%左右；气候干旱少发），仔猪小孢子霉菌病，日射病和热射病（夏季常暴发）。

　　有的病多发于春秋季节，如流行性感冒（多发于早春和晚秋，气候骤变，湿度大），接触性传染性胸膜肺炎（4～5月和9～11月易发），感冒（早春、初秋仔猪易发），猪水肿病，硒-维生素E缺乏症（2～5月多发）。

　　有的病多发于冬春季节，如猪传染性胃肠炎（当年12月至次年4月多发，夏季少发），猪轮状病毒病（多发于晚冬和早春），耶尔森氏菌病（多发于冬春，夏季少发），猪口蹄疫（秋末、冬、春常发，夏季少发）。

　　因为不同年龄的猪对传染病病原体的感受性有所不同，所以在诊病时应注意考虑病猪的年龄。有些病多发于哺乳期间的仔猪，如仔猪红痢（主要侵害1～3日龄仔猪，1周龄以上少发），黄痢（主要侵害1～3日龄仔猪，1周龄以上少发），蓝眼病（2～15日龄最易感），白痢（6～12日龄多发，3日龄以下、30日龄以上少发），传染性胃肠炎（各种年龄均易感，15日龄发病100%死亡，断奶猪发病率40%、死亡率20%），猪血细胞凝集性脑脊髓炎（1～3周龄发病），猪细胞巨化病毒感染（1～3周龄易感，主要发生于10日龄仔猪），克雷伯氏菌病（一般多发生于10～15日龄仔猪），猪渗出性皮炎（多发生于1月龄以内仔猪）。

　　有的病多发于仔猪断奶前后，如鼻腔支原体病（3～5周龄发病），猪痘（常发于3～5周龄，断奶猪也感染），滑液支原体病（4～8月龄发病），猪淋巴脓肿（多发于仔猪，6～8月龄也发生），猪痢疾（1.5～4月龄最常见），猪圆环病毒2型感染（5～12周龄发病，一般断奶后2～3天至1周开始发病），小孢子霉菌病（仔猪易感），传染性萎缩性鼻炎（各种年龄易感，以幼猪的病变更严重），仔猪皮癣菌病（仔猪易感），坏死性皮炎仔猪易感，坏死性口炎（仔猪易感），坏死性鼻炎（仔猪易感），仔猪类圆线虫病（1月龄感染最严重），猪水疱病（小猪较大猪易感），猪钩端螺旋体病，猪肠病毒感染（各种年龄均易发，以幼龄猪多发），格拉泽氏病（断奶猪多发），猪水肿病（小至几日龄，大至4月龄，主要见于断奶仔猪），猪多发性浆膜炎与关节炎（2～4月龄最易感，断奶10日左右易感），恶性水肿和破伤风（断尾、去势、分娩手术后创伤感染)。

有的病多见母猪易感,如放线菌病、棒状杆菌感染(常于配种或分娩后发生)。

有的病多发生于架子猪,如尼帕病毒病(哺乳仔猪、断奶仔猪,公猪、母猪均发),链球菌病(多发于架子猪,6～8月龄也发生),波氏杆菌病(60～90日龄最易感),小袋纤毛虫病(主要见于2～2.5月龄猪),接触性传染性胸膜肺炎(6周至6月龄易病,多发于育肥后期),沙门氏菌病(2～4月龄多发,6月龄以上少发),葡萄球菌病(3～5月龄多发,也有发生于出生4天的),猪蛔虫病(3～6月龄较重),弓形虫病(50千克以上猪多发,哺乳仔猪也有发病的),猪霉菌性肺炎(中猪发病率高,母猪、哺乳仔猪不发病,断奶仔猪吃发霉饲料易发),腐蹄病(多发于种猪和育肥猪)。

寄生虫病的流行,多因猪吞食了有感染性虫卵、幼虫或卵囊附着的水生植物、小鱼虾、甲壳虫(金龟虫)及其幼虫(蛴螬)、赤拟谷盗、黑粉虫、脊胸露尾甲,或被含虫犬、猫、鼠粪尿污染的饲料、饮水。

猪因吞食附有幼虫的水生植物和动物而感染的寄生虫病,如泡首线虫病(吞食水蚤、鱼类、爬行动物),后圆线虫病(拱食蚯蚓),猪大棘头虫病(春夏吞食蛴螬、甲壳虫,8～10月感染严重),旋毛虫病(吞食含有包囊的蝇蛆、步行虫,或吞食有旋毛虫的碎肉),弓形虫病(吞食猫、鼠粪污染的饲料或饮水,或吞食含有卵囊的粪),华支睾吸虫病(吞食田螺、死鱼虾),姜片吸虫病(吞食附有囊蚴的螺或水浮莲等水生植物),伪裸头绦虫病(吞食阴暗潮湿处滋生的赤拟谷盗、黑粉虫、黄粉虫、脊胸露尾甲等粮食害虫)。

猪因吞食含虫犬、猫、鼠粪尿污染的饲料和饮水,而感染寄生虫病。如猪蛔虫病(3～5月龄最易感),猪毛首线虫病(一年四季发生,4月龄感染率最高,有的1.5月龄仔猪粪检即有虫卵,14月龄少感染),猪球虫病(仔猪发病,成年猪不发病),小袋纤毛虫病(发病多为仔猪),类圆线虫病(母猪乳头被污染,1月龄仔猪最严重),冠尾线虫病,食道口线虫病(夏季感染率最高,其次是春秋季),猪红色圆线虫病(主要危害仔猪、架子猪、母猪),附红细胞体病(多发于初夏雨后,干旱少发生,昆虫可传播本病),猪囊虫病,细颈囊虫病,棘头虫病,住肉孢子虫病。

1. 一年四季都发病

一年四季都发生	——猪瘟

一年四季均发生。卫生差,阴雨天易诱发	——猪沙门氏菌病

一年四季发生。气候剧变，潮湿期多发	猪肺疫

无季节性，主要发生在冬春	李氏杆菌病

可发于任何季节。春秋阴冷，卫生差，营养不良时流行严重	猪痘

一年四季均发。冬春发病严重	猪喘气病

一年四季均发生，以冬春季产仔旺季多发	猪伪狂犬病

一年四季都发，北方夏季、南方冬春季多发	猪丹毒

一年四季都发，5～11月多发	猪链球菌病

无明显季节性，气温20℃发病增多，20℃以下少发	克雷伯氏菌病

无明显季节性，但以4、5、9、10月多发	猪痢疾

2. 多发生于春秋季节

多发于春季和秋季	猪水肿病

早春、初秋仔猪易发	感冒

2～5月多发	硒—维生素E缺乏症

多发于晚秋，早春寒冬气候骤变、湿度大易诱发	流行性感冒

4～5月和9～11月易发 ——— 接触性传染性胸膜肺炎

3. 多发生于夏季

多发于夏季，秋初（7～8月），秋末平息 ——— 猪水疱性口炎

夏季多发 ——— 猪心性急死病

夏季多发，冬季少 ——— 应激性肌病

当年7月至次年2月多发，夏季较多发 ——— 弓形虫病

7～9月间多发 ——— 日本乙型脑炎

多发于7～9月，气温20℃以上、湿度70％左右易发，干旱少发 ——— 附红细胞体病

夏季常暴发 ——— 仔猪小孢子霉菌病

4. 多发生在冬春

多发于冬春季节，夏季少见 ——— 耶尔森氏菌病

秋末冬春为常发季节，夏季少发 ——— 口蹄疫

每年12月至次年4月多发，夏季少发 ——— 猪传染性胃肠炎

多发于晚冬和早春 ——— 猪轮状病毒病

5. 发生于哺乳期

出生即现症状 ——— 锰缺乏症

生后数小时即现症状 ——— 仔猪先天性肌阵挛病

| 出生吮奶 24 小时后发病 | —— 仔猪溶血病 |

| 1～3 日龄仔猪多发，1 周龄以上少发 | —— 红痢 |

| 1～3 日龄仔猪多发，1 周龄以上少发 | —— 黄痢 |

| 2～15 日龄最易感 | —— 蓝眼病 |

| 6～12 日龄多发，3 日龄以下、30 日龄以上少发 | —— 白痢 |

| 出生后 8～9 天出现症状 | —— 仔猪缺铁性贫血 |

| 1 周龄以内同窝猪 30%～70% 发病 | —— 仔猪低血糖病 |

| 4 日龄发病，15 日龄发病 100% 死亡，断奶仔猪发病率 40%，死亡率 20% | —— 伪狂犬病 |

| 各种年龄均易感。10 日龄以内最敏感，感染、死亡率均 100% | —— 传染性胃肠炎 |

| 14 日龄以下易感 | —— 猪球虫病 |

| 20 日龄内致死性感染 | —— 脑心肌病 |

| 一般多发生于 15～20 日龄仔猪 | —— 克雷伯氏菌病 |

| 1～3 周龄猪发病 | —— 猪红细胞凝集性脑脊髓炎 |

1～3 周最易感染，常在 2～5 周龄并群时暴发 —— 猪细胞巨化病毒感染

1～4 周龄易感，主要发生于 10 日龄仔猪 —— 轮状病毒病

多发于 1 月龄以内仔猪 —— 猪渗出性皮炎

2～4 周龄最易感，断奶 10 日左右亦易感 —— 猪多发性浆膜炎与关节炎

1 月龄感染较重 —— 仔猪类圆线虫病

6. 多发于母猪

妊娠猪易感 —— 猪衣原体病

母猪、公猪、初生仔猪均可发生 —— 心性急死症

多发于母猪 —— 猪放线菌病

常于配种后或分娩后发生 —— 猪棒状杆菌感染

母猪、幼猪易感 —— 李氏杆菌病

7. 多发于断奶前后

仔猪易发
—— 小孢子霉菌病
—— 仔猪皮癣菌病
—— 坏死性皮炎
—— 坏死性口炎
—— 坏死性鼻炎

各种年龄猪均易得，而以幼猪的病变最严重 —— 传染性萎缩性鼻炎

多发于 3～4 周龄 —— 钴缺乏症

3～5周龄发病 —— 鼻腔支原体病

常发于3～5周龄，断奶猪也感染 —— 猪痘

4～8周龄发病 —— 滑液支原体关节炎

各种年龄猪均发，以幼猪多发 —— 猪钩端螺旋体病
—— 猪肠病毒感染

小至几日龄，大至4月龄，多发于断奶仔猪 —— 仔猪水肿病

多发于仔猪，6～8周龄也有发病 —— 猪淋巴结脓肿

1.5～4月龄最常见 —— 猪痢疾

5～12周龄发病，一般断奶后2～3天至1周开始发病 —— 猪圆环病毒2型感染

幼龄猪多发 —— 硒—维生素E缺乏症

小猪较大猪易感，规模猪场易发，家庭散养猪少发 —— 猪水疱病

8. 多发于架子猪

50千克以上的猪多发，哺乳仔猪也有发病 —— 弓形虫病

中猪发病率高，母猪和哺乳仔猪不发病，断乳仔猪吃发霉饲料易发病 —— 猪霉菌性肺炎

多发于种猪和育肥猪 —— 猪腐蹄病

多发于架子猪，6～8周龄也发生 —— 链球菌病

2～4月龄猪多发，6月龄以上少发 —— 猪沙门氏菌病

60～90日龄猪最易感 —— 波氏杆菌病

主要见于2～2.5月龄猪 —— 小袋纤毛虫病

6周龄至6月龄易感，多发于育肥后期 —— 接触性传染性胸膜肺炎

主要发生于3～4月龄膘好的仔猪 —— 猪桑葚心病

3～5月龄多发，也有出生4天即发 —— 葡萄球菌病

3～6月龄较重 —— 猪蛔虫病

哺乳仔猪、断乳仔猪、母猪、公猪均易发病 —— 尼帕病毒病

9. 吞食含有包囊（感染卵、幼虫）的动物和水生植物而感染寄生虫病

吞食附有感染幼虫的剑水蚤、鱼类、爬行类动物 —— 泡首线虫病（胃虫病）

拱食蚯蚓而感染 —— 猪后圆线虫病（肺丝虫病）

春夏季节发病，在牧场拱食蛴螬或甲壳虫而感染，8～10月感染严重 —— 猪大棘头虫病（钩头虫病）

吞食带有旋毛虫包囊的蝇蛆、步行虫，或吞食含旋毛虫的碎肉、残肉汤而感染 —— 猪旋毛虫病

吞食被弓形虫卵囊污染的饲料、饮水，或含有卵囊的粪而感染 ——— 弓形虫病

吞食田塘边附有尾蚴的螺、鱼虾 ——— 华支睾吸虫病

吞食附有囊蚴的螺、水生植物（水浮莲、假水仙）而感染。一般秋夏发病，5～7月开始流行，6～9月达高峰 ——— 姜片吸虫病

吞食滋生赤拟谷盗、脊胸露尾甲、黑粉虫、黄粉虫的饲料而感染 ——— 伪裸头绦虫病

10. 吞食包囊、感染卵污染的饲料和饮水而感染寄生虫病

吞食虫卵污染的饲料和饮水而感染，3～5月龄猪最易感染，病情较重 ——— 猪蛔虫病

吞食含有有钩绦虫的人、犬粪污染的饲料和饮水 ——— 猪囊尾蚴病（囊虫病）

不卫生的猪场一年四季均可发生，4月龄猪感染率最高，1.5月龄猪即见粪中有虫卵，14月龄猪很少感染。 ——— 猪毛首线虫病（鞭虫病）

主要因卫生条件差，猪吞食被卵囊污染的饲料和饮水而感染，仔猪发病，成年猪不发病，为带虫者 ——— 猪球虫病

吞食被包囊污染的饲料和饮水而感染，发病多为仔猪 ——— 猪小纤毛虫病

在牧场或放牧时吞食含有泡状带绦虫虫卵或被污染的饲料和饮水而感染	细颈囊尾蚴病
在牧场吞食被细颈棘球绦虫虫卵污染的饲料和饮水而感染	棘球蚴病
因卫生差，母猪乳头被污染，仔猪吃奶时感染，以1月龄仔猪感染最严重	猪类圆线虫病（杆虫病）
吞食被幼虫污染的饲料或饮水，或拱土吞食幼虫，或卧于病猪排尿处经皮肤感染	猪冠尾线虫病（肾虫病）
夏季最易感染，其次是晚春、秋季，在不勤换垫草和清晨多雾放牧时易感染	猪食道口线虫病（结节虫病）
各种年龄猪均易感。本病主要危害仔猪、架子猪、哺乳母猪。在运动场、牧场吞食了潮湿环境中的青草及幼虫而感染	猪红色圆线虫病
含有米氏囊粪便污染的饲料和饮水而感染	住肉孢子虫病
多发于初夏，雨后多发生，干旱少发生。吸血昆虫可传播本病	附红细胞体病

第十六节　猪病的病程和死亡

　　病猪的病程长短，随疾病的性质而有差异。一般最急性的传染病、急性或重剧中毒病程都很短。有的病程几十分钟或几个小时，有的病猪表现为头天晚上吃食正常，第二天即已死在圈中，有的未经治疗即死亡，一般称之为猝死。对这类未看清症状即死亡的猪，通过问诊，了解有无毒药污染饲料或误吃有毒植物以及有无可能是传染病。如无法确诊，则通过剖检并将病料送实验室诊断，以求明确病情、及时防治，以杜绝该病再次发生。值得注意的是，有些元素缺乏症病猪能很长时间状似正常（能吃能喝），也有的突然死亡。有的病程仅1天或两三天，长的1周或几周，甚至几个月。病程越短，越要快速诊断、及时治疗，如果拖延时间，就会失去抢救的机会，而造成损失。即使病程较长，相对而言在治疗方面有较充裕的时间，也应及时确诊治疗，以防机体器官的病理变化随时间的延长而加剧，使康复困难，甚至康复无望。

一、急性死亡（猝死）

有些疾病致猪从发病到死亡仅十几分钟至几小时，如最急性的猪丹毒，猪肺疫，链球菌病，败血型炭疽（尸僵不全，鼻、肛门流血，血液凝固不良），最急性血痢（少数不见血痢即死），脑心肌病（往往在吃食或兴奋时突然死亡），大猪魏氏梭菌病（多突然死亡或出现神经症状后1～3小时死亡），兰氏Q群链球菌病（常无任何症状死亡），啤酒糟中毒（临产时急性死亡），重症氢氰酸中毒和亚麻籽饼中毒（均突然倒地鸣叫后几分钟死亡），木薯中毒（呼吸浅表而死，有的倒地狂叫几分钟即死），高粱苗中毒（倒地死亡），有机磷农药中毒（几分钟死亡），心脏浆膜丝虫病（突然倒地抽搐死亡），肝营养不良（多见于3～4周龄猪，有时发现病时即死亡，有时死前呼吸困难），猪白肌病（有的常无任何先兆，突然抽搐嘶叫几分钟后死亡，也有延长1～2周死亡），硒—维生素E缺乏症（有的无前驱症状即死，有25%因恶劣天气或应激死亡），猪桑葚心病（常呈暴发性发生，突然死亡，病程稍长时，3周内死亡），最急性胃溃疡（运动兴奋后突然死亡，尸体极度苍白），出血性肺炎或脑炎（惊恐横冲直撞地死亡，有的从发病到死亡约30分钟）。

二、12小时内死亡

有些疾病导致猪12小时内死亡，如胃溃疡（如发生胃穿孔，则1～2小时死亡，胃出血1～2天死亡），日射病和热射病（病程短的2～3小时死亡，病轻的，治疗后可痊愈），脑震荡（病情重的，在撞击瞬间即死亡），先天性缺硒（多在病后3～4小时死亡），仔猪碘缺乏症（生后几小时死亡），猪水肿病（病程短的几小时，一般1～2天，最长7天，病死率90%），初生仔猪伪狂犬病（病程最短的几小时，大多2～3天，最长5天），急性钩端螺旋体病（有时几小时内惊厥死亡，病死率 50％以上），最急性黄曲霉毒素中毒（急性多在 12 小时内死亡），狗屎豆中毒（病程最短的仅几小时死亡，最长 1 周死亡），安妥中毒（最后窒息而死，如发病 12 小时后存活，常恢复），细小病毒病（患病母猪所产弱仔 12 小时内死亡）。

三、1～2 天内死亡

有些疾病导致猪 1～2 天内死亡，如最急性猪痢疾（病程 12～24 小时，病猪抽搐死亡，个别不表现症状即死亡），桎麻中毒（最短 24 小时内死亡，一般 2～5 天），脑膜脑炎（严重的 24 小时内死亡，轻者病初给予治疗可痊愈），仔猪血清病（衰竭而死，病程 24 小时），毒芹中毒（多数在 24 小时内死亡），咽喉型炭疽（病程 1～2 天，病猪多数在数小时内死亡），最急性接触性传染性胸膜肺炎（24～36 小时死亡，病死率 80％～100％，个别死前不显症状），急性有机氟化物中毒，急性铜中毒和仔猪溶血病（均 1～2 天死亡），咽喉型猪肺疫（1～2 天死亡），脑膜脑炎型链球菌病和土霉素中毒（1～2 天死亡，长的可达 3～5 天），溶血性链球菌病（病程 24～48 小时），妊娠母猪衣原体病（患病母猪所产仔猪 1～2 天死亡），败血型沙门氏菌病（24 小时内或 1～2 天死亡），葡萄球菌病（母猪所产 4 日龄仔猪一般出现症状后 1～2 天死亡），肠扭转和肠套叠（1～2 天死亡），恶性水肿（多在 1～2 天内死亡，死前用力吸气，呻吟），闹羊花中毒（病轻者 1～2 天康复，重剧者易死亡），假荸包叶中毒（急性 1～2 天死亡，一般 2～3 天）。

四、1～3 天内死亡

有些疾病导致猪 1～3 天死亡，如败血型李氏杆菌病（脑膜脑炎型 1～4 天，长的 7～9 天），气肿疽，亚急性猪瘟（1 天至数天，死亡）。

五、3 天至 1 周死亡

有些疾病导致猪 3 天至 1 周死亡，如小袋纤毛虫病（2～3 天死亡，慢性可持续数周或数月），急性仔猪红痢（一般维持 2 天，第 3 天死亡，亚急性生后 5～7 天死亡），胃肠炎（多数 2～3 天死亡），狂犬病和重症马铃薯中毒（均在麻痹后 2～4 天死亡），食盐中毒（最急性 2 天内死亡，一般 5～6 天），1 周龄猪流行性腹泻（常在腹泻后 2～4 天死亡），传染性胃肠炎（10 日龄内仔猪 2～7 天死亡），渗出性皮炎（最急性 3～4 天，急性 4～5 天，亚急性 2～3 周或更长，病死率 5%～90%），肺感染放线菌病（一般 3～5 天），衣原体病（病母猪所产仔猪多数 3～5 天死亡），棒状杆菌感染的化脓性肺炎（病程 3～5 天，最长 7～8 天），8～10 日龄猪弓形虫病（4～5 天死亡），急性霉玉米中毒（多在几天内死亡，短的突然死亡），水浮莲中毒（病程一般 3～7 天，病死率 1%～5%），红皮病（病程一般 3～7 天）。

六、病程 1～2 周

有些疾病病程长达 1～2 周，如亚急性/慢性接触性传染性胸膜肺炎（经数天至 1 周死亡），霉菌性肺炎（急性 5～7 天死亡，亚急性的 10 天左右，少数拖至 30～40 天，有些慢性病例虽然逐渐好转，但可复发甚至死亡），胸膜炎型猪肺疫（5～8 天，病猪若存活，则转为慢性），急性猪痢疾（7～10 天，有的死亡，有的转为慢性，亚急性 2～3 周，慢性 4 周以上），流行性感冒（一般 6～7 天可康复，病死率 1%～4%，如继发大叶性肺炎或胃肠炎易死亡，病死率 10%，如转为慢性，也常引起死亡），气喘病（1～2 周，病死率较高），重症毛首线虫病（5～15 天，最后呼吸困难，体温下降，衰竭死亡），水疱性口炎（2 周，转归良好），口蹄疫（年龄越小病情越严重，通常因胃肠炎、肺炎、心肌炎死亡，大猪很少死亡，一般 1 周左右痊愈），破伤风（1～2 周，病死率高，发展缓慢时多可治愈），呕吐—消瘦型血细胞凝集性脑脊髓炎（有些 1～2 周死亡）。

七、病程 2 周至数月

有些疾病病程比较长，从几十天到几个月，如慢性链球菌病（10～50 天不等），亚急性猪瘟（21～30 天），慢性霉玉米中毒和慢性黄曲霉毒素中毒（可达数月之久）。

八、病死率

疾病的病死率有高有低，因而可据此进行区别。如滑液支原体病（病程 2～3 周，病死率 1%～5%），轮状病毒病（1～3 周龄病死率 7%～20%），青霉毒素中毒（病死率 20%～25%），结肠炎型沙门氏菌病（病程 10～20 天，病死率 25%～50%），聚合草中毒（发病率 30%，病死率 40%），尼帕病毒病（哺乳仔猪死亡率 40%，4～6 月龄仔猪 7～10 天死亡，母猪感染 24 小时无症状死亡），慢性猪肺疫（病死率 60%～70%），亚急性和慢性钩端螺旋体病（病程十几天或 1 个多月不等，病死率 50%～100%），伪狂犬病（20 日龄至断奶仔猪病死率 100%），断奶仔猪多系统功能衰竭综合征（发病率 50%，病死率 100%），仔猪类圆线虫病（3～4 周龄猪病死率 50%），猪血凝集性脑脊髓炎（病程 10 天，病死率 100%）。

九、猪濒死表现

有些疾病致病猪在濒死时有不同表现，如肉毒梭菌毒素中毒（呼吸麻痹、窒息），断奶仔猪应激症，水疱性疹，灰灰菜中毒，波氏杆菌病（因呼吸麻痹、窒息而死），日本乙型脑炎，产前瘫痪，产后瘫痪，急性酒糟中毒，狂犬病（因麻痹而死），后圆线虫病，急性无机氟化物中毒，维生素 B_1 缺乏症（因呼吸、血液循环衰竭而死），仔猪低血糖症（昏迷而死），仔猪黑斑病甘薯中毒，痢特灵中毒，猪白肌病（抽搐而死），恶性高温综合征（肌肉僵硬而死），肠型炭疽，仔猪毛霉菌病，球虫病（因下痢不止而死），急性期弓形虫病，重症蓖麻中毒，焦虫病（濒死时体温下降），丙硫苯咪唑中毒（濒死时心音分裂），肠嵌顿（因肠坏死而死），重症大棘头虫病（因肠穿孔而亡），母猪葡萄球菌病（母猪乳房化脓时，10 日龄仔猪多发生死亡），假丝酵母菌和藻菌病（继发感染可导致猪死亡），大猪黑斑病甘薯中毒（有自然恢复的，重剧时也有死亡），保育期繁殖与呼吸综合征（偶有死亡）。

1. 急性死亡（猝死）

头天晚上吃食正常，早晨已死亡	—（败血型最急性）链球菌病 —（最急性）猪丹毒 —（最急性、咽喉型）猪肺疫

多突然死亡，或出现神经症状后 1～3 小时死亡	—（大猪）魏氏梭菌病（红肠病）

惊恐，横冲直撞，倒地死亡。有的从病到死亡约 30 分钟	—出血性肺炎或脑炎

突然倒地抽搐死亡 ——— 心脏浆膜丝虫病

突然死亡 ——— 心性急死病

常无任何症状突然死亡，多窒息死亡 ——— 兰氏 Q 群链球菌病

突然倒地鸣叫，几分钟死亡 ——— （重症）氢氰酸中毒
——— 亚麻籽饼中毒

呼吸浅表而死，有的倒地狂叫几分钟即死 ——— 木薯中毒

运动兴奋后突然死亡，尸体极度苍白 ——— （最急性）胃溃疡

常呈暴发性发生和突然死亡。病程稍长者在 3 周内死亡 ——— 猪桑葚心病

临产母猪常急性死亡 ——— 啤酒糟中毒

少数不见血痢即死亡 ——— （最急性）红痢

多见于 3~4 周龄猪，有些猪发现病时即已死亡，有些死前出现呼吸困难 ——— 肝营养不良

往往在吃食或兴奋时突然倒地死亡 ——— 脑心肌病

有的常无任何先兆，突然抽搐嘶叫几分钟后死亡，有的延长 1~2 周 ——— 猪白肌病

有的无前驱症状即死，有 25% 因恶劣天气或应激死亡 ——— 硒—维生素 E 缺乏症

最后窒息死亡。严重中毒时，出现症状后几分钟或几十分钟死亡 ——— 硝酸盐和亚硝酸盐中毒

最后倒地死亡 ——— 高粱苗中毒

几分钟恢复或死亡 ——— 有机磷农药中毒

常突然死亡。死后尸僵不全，明显膨胀，鼻孔、肛门流暗黑色血液，凝固不良，肛门外翻 ——— （败血型）炭疽

2. 12 小时内死亡

如发生胃穿孔，则 1～2 小时死亡；胃出血 1～2 天死亡 ——— 胃溃疡

病程短的 2～3 小时死亡，病轻者，治疗后可以痊愈。 ——— 日射热和热射病

病情重剧的常在撞击瞬间即死亡 ——— 脑震荡

多在病后 3～5 小时死亡 ——— 先天性缺硒症

仔猪常在生后数小时死亡 ——— 碘缺乏症

病程短的几小时，一般 1～2 天，长的 7 天，病死率 90% ——— 猪水肿病

病程最短的几小时，大多数 2～3 天，最长 5 天 ——— （初生仔猪）伪狂犬病

有时几小时内惊厥而死，病死率50％以上 ——（急性）钩端螺旋体病

多在几小时内死亡 ——（最急性）黄曲霉毒素中毒

病程短的几小时死亡，长的1周死亡 ——狗屎豆中毒

多在12小时内死亡 ——（急性）黄曲霉毒素中毒

最后窒息而死。如发病12小时后存活，常可恢复 ——安妥中毒

感染母猪所产弱仔12小时内死亡 ——细小病毒病

3. 1～2天内死亡

病程12～24小时，病猪抽搐死亡，个别不显症状即死 ——（最急性）猪痢疾

最短24小时内死亡，一般2～5天 ——桱麻中毒

严重者24小时内死亡，轻者病初给予治疗可痊愈 ——脑膜脑炎

多数在24小时内死亡 ——毒芹中毒

急性中毒1～2天内死亡，一般2～3天死亡 ——假参包叶中毒

一般出现症状，1～2天死亡 ——（出生4天后仔猪）葡萄球菌病

多在 1～2 天内死亡，死前用力吸气，呻吟	——恶性水肿
病程 1～2 天，病猪多在数小时内死亡	——（咽喉型）炭疽
24～36 小时死亡，病死率 80%～100%，个别死前不显症状	——（最急性）接触性传染性胸膜肺炎
1～2 天死亡	——（急性）有机氟化物中毒
通常 1～2 天死亡	——（急性）铜中毒 ——仔猪溶血病
如治疗不及时，1～2 天死亡	——（急性）接触性传染性胸膜肺炎
病程 1～2 天，死亡	——（咽喉型）猪肺疫
1～2 天死亡，长者可达 3～5 天	——（脑膜炎型）链球菌病 ——土霉素中毒
病程 24～48 小时	——（溶血型）链球菌病
患病母猪所产仔猪 1～2 天死亡	——（妊娠母猪）衣原体病
24 小时内或 1～2 天死亡	——（败血型）沙门氏菌病（副伤寒）
1～2 天死亡	——肠扭转和缠结 ——肠套叠
病轻者 1～2 天康复，重剧者易死亡	——闹羊花中毒

4. 1～3 天内死亡

| 病程 1～3 天 | ——（败血型）李氏杆菌病 |

| 常在 1～3 天内死亡 | ——气肿疽 |

| 一般 1～4 天死亡，长的可达 7～9 天 | ——（脑膜脑炎）李氏杆菌病 |

| 病程 1 天至数天，死亡 | ——（亚急性）猪瘟 |

5. 3 天至 1 周死亡

| 病程一般 3～7 天，病死率 1%～5% | ——水浮莲中毒 |

| 一般 3～7 天，体温下降时恢复正常 | ——红皮病 |

| 急性 2～3 天死亡，慢性可持续数周或数月 | ——小袋纤毛虫病 |

| 一般维持 2 天，生后第 3 天死亡 | ——（急性）仔猪红痢 |

| 最后麻痹，经 2～4 天死亡 | ——狂犬病 |
| | ——（重症）马铃薯中毒 |

| 最急性 2 天内死亡，一般 5～6 天 | ——食盐中毒 |

| 病程 2～3 天，多数预后不良 | ——胃肠炎 |

| 最急性 3～4 天，急性 4～8 天，亚急性 2～3 周或更长，病死率 5%～90% | ——渗出性皮炎 |

| 10 日龄内仔猪 2～7 天死亡 | ——传染性胃肠炎 |

1 周龄仔猪常在腹泻后 2～4 天死亡	流行性腹泻

一般 3～5 天死亡	（肺感染）放线菌病

多数 3～5 天死亡	（感染母猪所产仔猪）衣原体病

病程 3～5 天，长的 7～8 天，病猪多以死亡告终	（化脓性肺炎）棒状杆菌感染

仔猪 4～5 天死亡，病死率 30%～40%，甚至 60% 以上	(8～10 日龄猪) 弓形虫病

病程 4～7 天，病死率 90%～100%，体温降至常温下时死亡	（急性）非洲猪瘟

一般出生后 5～7 天死亡	（亚急性）仔猪红痢

多在几天内死亡，病程短的突然死亡	（急性）霉玉米中毒

一般病程 5～6 天，也有发病后 1～2 天死亡的	仔猪白痢

6. 病程 1～2 周

经过数天或 1 周死亡	（亚急性、慢性）接触性传染性胸膜肺炎

急性 5～7 天死亡，亚急性 10 天左右，少数拖至 30～40 天，有些慢性病例虽然逐渐好转，但可能复发甚至死亡	霉菌性肺炎

病程5～8天，病猪若存活，则转为慢性	（胸膜肺炎型）猪肺疫
一般6～7天可康复，病死率1%～4%，如继发大叶性肺炎或胃肠炎，则易死亡（病死率10%）；如转为慢性也常引起死亡	流行性感冒
病程7～10天，有的死亡，有的转为慢性	（急性）猪痢疾
病程1～2周，病死率较高	气喘病
病程5～15天，最后呼吸困难，脱水，体温下降	（重症）毛首线虫病（鞭虫病）
病程1～2周，病死率高，发展缓慢时多数可治愈	破伤风
有些1～2周死亡	（呕吐—消瘦型）血细胞凝集性脑脊髓炎
病程约2周，转归良好	水疱性口炎
年龄越小，病情越重，通常因胃肠炎、肺炎、心肌炎死亡，大猪很少死亡，一般1周左右痊愈	口蹄疫

7. 病程2周至数月

病程10～50天不等	（慢性）链球菌病
病程21～30天	（亚急性）猪瘟

病程 2～3 周，最后衰竭死亡	——（慢性）沙门氏菌病（副伤寒）
病程 2～3 周，慢性 4 周以上	——亚急性猪痢疾
多在 3 周后死亡	——（亚急性）黄曲霉毒素中毒
经 3～4 周，可在奔跑中突然死亡	——仔猪缺铁性贫血
病程数周至数月	——（慢性）非洲猪瘟
可延至数月之久	——（慢性）黄曲霉毒素中毒
病程可达几个月	——（慢性）霉玉米中毒

8. 病死率

病程 2～3 周，可康复，但可复发，猪群发病率 1%～5%，病死率不超过 10%	——滑液支原体病
1～3 周龄猪病死率 7%～20%	——轮状病毒病
有些猪群发病率 50%，病死率 100%	——断奶仔猪多系统功能衰竭综合征
病死率 20%～25%	——青霉毒素中毒
病程 10～20 天，病死率 25%～50%	——（结肠炎型）沙门氏菌病（副伤寒）
自然发病率 30% 以上，病死率 40%	——聚合草中毒

哺乳猪死亡率 40%，4～6 月龄仔猪 7～10 天死亡，母猪感染 24 小时无症状死亡 ——— 尼帕病毒病

如不及时治疗，经 2 周后衰竭死亡，病死率 60%～70% ——— （慢性）猪肺疫

病程十几天或 1 个多月不等，病死率 50%～100% ——— （亚急性、慢性）钩端螺旋体病

3～4 周龄猪病死率 50% ——— 仔猪类圆线虫病（杆虫病）

病死率 100% ——— (20 日龄至断奶仔猪) 伪狂犬病
——— 断奶仔猪多系统功能衰竭综合征

断奶前病死率 30%～50%，个别可达 80%～100% ——— （哺乳仔猪）繁殖与呼吸综合征

病程 10 天，病死率 100% ——— （脑脊髓炎型）血细胞凝集性脑脊髓炎

9. 猪濒死表现

呼吸麻痹，窒息死亡，不死经数周或数月才能恢复 ——— 肉毒梭菌毒素中毒

终因窒息而死亡 ——— 断乳仔猪应激症

严重时卧地不起，体表发凉，呼吸困难，最后死亡 ——— 灰灰菜中毒

一般成年猪死亡率低，仔猪可因鼻孔形成水疱，窒息死亡 ——— 水疱性疹

最后心跳、呼吸加快，或因呼吸困难而死亡 —— 苦楝中毒
—— 川楝素中毒

后期消瘦，腹式呼吸，因败血而死亡 —— 波氏杆菌病

最后四肢麻痹，昏迷死亡 —— （急性）酒糟中毒

最后麻痹，经2~4天死亡 —— 狂犬病

在乱冲乱撞后，后肢麻痹死亡 —— 日本乙型脑炎

产前瘫痪，败血死亡 —— 产前瘫痪

产后瘫痪，逐渐消瘦死亡 —— 产后瘫痪

常败血死亡 —— 产褥热
—— （全区）乳房炎

如口腔、咽喉、气管、支气管发生病灶或继发感染时，常引起败血症死亡 —— 猪痘

严重感染时常因绝食而死 —— 后圆线虫病（肺丝虫病）

最后呼吸、循环衰竭而死 —— （急性）无机氟化物中毒

最终衰竭死亡 —— 维生素 B_1 缺乏症

严重时昏迷不醒，死亡 —— 仔猪低血糖症

约1周后恢复健康，重剧的抽搐死亡 —— （仔猪）黑斑病甘薯中毒

抽搐死亡 ——————— 痢特灵中毒

卧地不起，强迫行走立即死亡，或突发抽搐死亡 ——————— 猪白肌病

病情加重时，体温过高，肌肉僵硬，最后死亡 ——————— 恶性高温综合征

发生呕吐、血痢后，死亡 ——————— (肠型) 炭疽

用氯霉素不能止痢，最后死亡 ——————— 仔猪毛霉菌病

一般均能自行耐过，逐渐恢复。当下痢严重时，可能引起死亡 ——————— 球虫病

最后体温下降死亡 ——————— (急性期) 弓形虫病

体温降至 37℃ 以下，最终死亡 ——————— (重症) 蓖麻中毒

死前体温降至 35～36℃，少数狂躁死亡 ——————— 焦虫病

临近死亡时，心音分裂 ——————— 丙硫苯咪唑中毒

如不及时治疗，嵌顿肠段坏死，预后不良 ——————— 肠嵌顿

肠穿孔，最后死亡 ——————— (重症) 大棘头虫病

如母猪乳房脓肿破溃，可引起仔猪死亡 ——————— (10 日龄猪) 葡萄球菌病

| 猪很少康复，继发性感染导致死亡 | —— 假丝酵母菌和藻菌病 |

| 有自然恢复的，重剧的也有死亡 | —— （大猪）黑斑病甘薯中毒 |

| 偶尔死亡 | —— （保育期）繁殖与呼吸综合征 |

第十七节 混合感染病例的临床症状

猪传染病的诊断本来就比较难，而当两种传染病（或寄生虫病）混合感染时，其症状和病理变化更加复杂，因此，笔者总结经验，在此介绍几十则混合感染病例（其病原体均经专门机构实验诊断所确认）以供参考。

1. 猪链球菌病与葡萄球菌病混合感染

［临床症状］多数仔猪突然发病，体温 40～42℃，沉郁，减食，全身衰弱。多数眼睑水肿，眼结膜潮红，流泪。下痢，粪灰白色，后变黄色。部分猪出现共济失调、空嚼、侧卧、四肢连续划动，甚至昏迷。多数耳尖及边缘、颈、背、腹下皮肤呈广泛性充血、潮红。常突然死亡，病死率 80%～90%［范伟兴等，中国兽医科技，1997 (9)］。

2. 猪附红细胞体病与链球菌病混合感染

［临床症状］沉郁，瞌睡，先减食后绝食。体温 41.5～42℃。有的寒战、抽搐，关节肿胀，站立不稳，不愿走动。有的全身皮肤苍白、贫血，有的发红，特别是耳尖、鼻端、四肢、尾部呈紫红色斑。可视黏膜黄染，呈犬坐姿势。后期尿茶色，粪酱油色［丁左梅等，畜牧与兽医，2004 (6)］。

3. 传染性胸膜炎与猪瘟并发

［临床症状］体温 41.5℃或以上，沉郁，不食，呼吸困难、咳嗽，常站立或呈犬坐姿势，口、鼻流泡沫分泌物。被毛逆立寒战，喜挤堆。眼结膜潮红。食欲增加，后期皮肤发绀，极度瘦弱，步态不稳，最后衰竭死亡［邢兰君，畜牧与兽医，2004 (6)］。

4. 猪伪狂犬病与大肠杆菌病混合感染

［临床症状］仔猪生后几小时排灰白色或淡黄色水样稀粪、恶臭。精神不振，起卧不安，不断摇尾以臀擦地。畏寒挤堆。部分高热，口吐白沫、呕吐，并有呼吸困难。口、鼻、耳发绀，运动失调，颤抖、倒地，四肢抽搐。一窝猪

一头发病，迅速波及全窝，一般病程 5～6 天。

部分妊娠猪流产，产死胎、木乃伊胎［万来金，中国兽医杂志，2000（11）］。

5. 链球菌病与鞭虫病混合感染

［临床症状］体温 41～43℃，饮食不振或废食。部分出现关节炎性肿胀，跛行。有的共济失调。少数腹泻。急性几小时或十几小时内死亡［张明晖等，中国兽医杂志，2000（10）］。

6. 猪瘟与链球菌病混合感染

［临床症状］体温 40.5～41.5℃，减食或废食，精神沉郁，眼结膜发炎，有眼眵。怕冷，喜喝冷水，腹泻，粪恶臭。个别转圈，头偏向一侧。腹股沟淋巴结明显肿大。腹下、腹侧、四肢内侧皮肤有出血斑点。用抗生素治疗后，部分猪病情好转，但停药后症状更严重［唐慧稳，中国兽医杂志，2003（1）］。

7. 猪肺疫与副伤寒混合感染

［临床症状］有的不表现症状即死亡。体温 41℃以上，减食或废食，腹泻，排暗绿色或淡黄色恶臭粪。呼吸困难，后躯运动障碍［张庆茹等，中国兽医杂志，2003（3）］。

8. 仔猪附红细胞体病与副伤寒混合感染

［临床症状］厌食 3～5 天后，体温达 41～42℃。可视黏膜苍白。初便秘，3～5 天后腹泻，粪初灰白后灰绿。中期全身皮肤特别是耳、腹下、四肢发红，而后出现不规则紫斑，指压不褪色。随后消瘦、衰竭死亡［陈学风等，中国兽医杂志，2000（10）］。

9. 猪流感并发繁殖与呼吸综合征

［临床症状］母猪先发病，发病率为 80%，以后迅速波及仔猪。厌食或废食，体温 41～42℃，皮肤、眼结膜潮红，眼睑肿胀，流浆性及黏性鼻液，呼吸迫促，腹式呼吸。嗜睡，反应迟钝。粪干燥成粒状，有的外附黏液。后期妊娠猪流产或产死胎、木乃伊胎，无乳。部分仔猪死前有神经症状［母维素等，中国兽医科技 2002（4）］。

10. 猪伪狂犬病与传染性胸膜肺炎混合感染

［临床症状］初生仔猪毛粗乱，体表苍白，委顿消瘦，气喘，腹泻，排黄色水样粪。体温 40～41.5℃。少数转圈、发抖，上肢划动。育肥猪呈犬坐姿势，腹式呼吸、气喘。全身发绀，严重时口吐白沫，四肢划动、鸣叫，最后衰竭死亡［王贵平，中国兽医杂志，2004（4）］。

11. 猪痘与大肠杆菌病混合感染

［临床症状］多发于 4～6 周龄和断奶仔猪。体温高，精神不振，减食，饮

水正常。背、体侧有深红色痘疹，呈半球状凸出于皮肤，稍硬，不见水疱即成脓疱，很快结成黑色痂。脱落后留白色斑。下颌淋巴结水肿。腹泻，排黄白色稀粪。消瘦，继而发生死亡 [陈杰等，中国兽医杂志，2004（9）]。

12. 附红细胞体病与大肠杆菌病混合感染

[临床症状] 发病急，死亡快，个别小猪生下几小时即死亡。体温 41～42℃，精神沉郁，减食，可视黏膜苍白、黄染，消瘦，脱水。畏寒发抖，扎堆喜卧。部分猪呼吸困难，喘气。剧烈腹泻，排黄色水样稀粪，含有气泡，腥臭。耐过仔猪仅占 20% [宋庆华等，中国兽医杂志，2003（1）]。

13. 猪瘟与猪副伤寒混合感染

[临床症状] 体温 41～42℃。耳、四肢、全身皮肤呈紫色。腹泻，前期连续，后期间断。眼有眵，有的睁不开。个别有神经症状 [王庆普，中国兽医杂志，2000（10）]。

14. 猪附红细胞体病和弓形虫病混合感染

[临床症状] 精神不振，绝食。病初间歇性咳嗽。体温 41℃，稽留 3～5天下降。呼吸呈"吱吱"声。部分呕吐黄色腥臭液，腹泻。伴有耳瘀血，肛门、包皮、飞节以下均有大片瘀血斑。5%病猪瘫痪。8%出现痘疹，拉黄色稀粪。2%颈下部及肛周发生炎性水肿。濒死前极度衰竭，眼球突出，全身皮肤黄染 [沈阳等，畜牧与兽医，2004（10）]。

15. 猪伪狂犬病与链球菌病并发

[临床症状]（10 日龄左右猪）减食，不食，体温 41℃以下，全身震颤，口吐白沫，精神沉郁，呼吸困难。兴奋不安，头向前冲，四肢运动失调，步态不稳，有的卧地四肢划动，有的转圈，常伴有癫痫发作，嗜睡。经 3 天 100%很快死亡。妊娠猪流产，产死胎、木乃伊胎、弱仔 [黎满香，畜牧与兽医，2004（1）]。

16. 猪瘟和细小病毒病混合感染

[临床症状] 产后 24～48 小时体温 40.1～41℃，精神沉郁，卧地后不愿起立。泌乳减少或停乳。有的母猪产干尸化胎儿、弱仔。产后 3～5 天恢复正常。仔猪生后 2～3 天体温 40.5～41℃，不吮奶，腹泻，排灰白色糊状粪，精神沉郁，卧地不起，四肢发抖，痉挛抽搐或作游泳动作，之后昏迷死亡，病程 24～48 小时。死亡仔猪身、嘴、四肢、腹下皮肤瘀血 [赵咏中等，中国兽医科技，2003（10）]。

17. 非典型猪瘟和猪附红细胞体病混合感染同时伴有缺硒症

[临床症状] 初期猪群表现减食，精神沉郁，喜卧。24 小时后皮肤开始发

红，体温 39.8～40.5℃，不食，尿黄，叫声嘶哑。2～3 天后食欲减退，体温 40～41℃，粪干，眼结膜发炎，个别有眼眵，皮肤和可视黏膜苍白，个别有黄染。喘、咳嗽，流鼻液。挤卧，站立不稳，消瘦，尿棕色。个别耳尖、腹下、股内侧皮肤有瘀血斑或紫斑及出血点。心跳 100 次/分，体表淋巴结肿大。病程 3～7 天，个别 14 天。尿检个别潜血，肌红蛋白尿，尿中有白细胞。粪表有黏液，个别潜血，血检红细胞每立方毫米 500 万以下［白风鸣等，辽宁省畜禽传染病研究会论文集，2003（5）］。

18. 猪附红细胞体病并发砷中毒

［临床症状］全群 400 头青年猪 3 天内全发病，表现高热、精神沉郁、绝食、粪干，当地怀疑附红细胞体病，给阿散酸每千克体重 150 毫克拌料内服 3 天，症状未减轻，加大药物剂量至每千克体重 1 000 毫克（不应超过 100 毫克）。体温 40～42℃，稽留热，沉郁，不愿走动，喜卧，食减或废食，耳发绀，耳尖干，黏膜苍白、黄染。结膜炎，粪干、外包黏液，个别黏附血液。尿浑浊，有的深红色。全身皮肤发红或发白，呼吸迫促，心音亢进［周国华等，中国兽医杂志，2005（3）］。

19. 猪弓形虫病与猪肺疫混合感染

［临床症状］体温 40.5～42℃，稽留热。精神沉郁，减食，步态不稳。眼结膜充血，尿黄，可视黏膜发绀。呼吸增数，咳嗽，心跳快，明显腹式呼吸。有的耳根、颈、腹下皮肤有红斑，指压褪色。有的皮肤有出血斑。消瘦。病程 6～8 天，发病率 68%，病死率 10%［周元军，中国兽医杂志，2004（2）］。

20. 猪传染性胸膜肺炎和多发性关节炎及浆膜炎混合感染

［临床症状］精神委顿，减食，呼吸困难，发绀，消瘦，腹式呼吸，呈犬坐姿势。有的关节肿大，跛行，站立不稳。病程 2～3 周。发病率 4.3%，病死率 37%［徐共和等，中国兽医杂志，2005（1）］。

21. 猪瘟和弓形虫病混合感染

［临床症状］体温 40.5～41.5℃，稽留热，怕冷扎堆。呼吸困难，有时咳嗽，流少量鼻液，多呈腹式呼吸，呈犬坐姿势。有脓性眼眵。粪干硬、黑，也有的腹泻。鼻、耳下、腹下、四肢末端皮肤发绀，严重时全身皮肤暗红色并有小出血斑点，指压不褪色，尤以腹下、耳、背侧为重。耳、鼻、四肢初热后凉，可视黏膜发绀。一半病例后躯麻痹，运动失调［吴长德等，中国兽医杂志，2005（4）；龚冬尧，畜牧与兽医，2004（4）］。

22. 猪瘟与牛病毒性腹泻混合感染

［临床症状］初生仔猪萎靡，食欲差，背毛竖立，动作迟缓，畏寒颤抖，

喜扎堆，严重的全身震颤，体温40～41.5℃，30日龄以内仔猪精神沉郁，减食，有时仅嗅而不食。体温有的升高，有的正常。鼻、耳、尾、四肢皮肤常有红或紫色出血点或出血斑，有的皮肤有坏死区。消瘦，毛乱，下痢，呕吐。部分有磨牙，局部麻痹，运动障碍，嗜睡［吴健敏，中国兽医杂志，2003（1）］。

23. 猪伪狂犬病和附红细胞体病混合感染

［临床症状］母猪出现流产、死产。3～4月龄猪体温40.5～42℃，稽留热。精神不振，减食或绝食，吐沫，腹泻。震颤发抖，呆立，转圈，抽搐，共济失调。耳、鼻、四肢、腹下皮肤暗红或紫红。有的皮肤苍白，眼睑水肿。用猪瘟疫苗接种无效，大多数死亡［李星等，中国兽医科技，2002（9）；陈少平等，畜牧与兽医，2002（2）］。

24. 仔猪伪狂犬病和附红细胞体病混合感染

［临床症状］震颤发抖，吐沫，腹泻，皮肤苍白，体温40.5℃左右，哺乳和断奶后仔猪耳缘发绀，四肢末端发紫，毛逆立，皮肤苍白，有黄疸，皮炎。多数乳猪衰竭而死。自然康复者生长发育受阻而成僵猪，毛粗乱，减食或废食，消瘦。并有神经症状，表现呆立不动、转圈、抽搐。部分母猪表现隐性乳房炎，缺奶，产死胎、弱仔［余文广等，中国兽医杂志，2007（3）］。

25. 猪瘟和附红细胞体病并发感染

［临床症状］体温40～42℃，稽留热，精神沉郁，畏寒颤抖，扎堆，减食或绝食，眼角有脓性分泌物，初便秘后腹泻，有的粪干带黏液。全身皮肤发红，耳边缘、四肢、腹下和尾根发绀。有的皮肤、黏膜苍白、黄染。气喘、咳嗽，呼吸困难，叫声嘶哑，衰竭死亡［李永森等，畜牧与兽医，2004（2）；邢兰君，畜牧与兽医，2004（8）］。

26. 猪伪狂犬病并发李氏杆菌病

［临床症状］委顿，厌食，体温40～41℃，流鼻液，咳嗽，呼吸急促。有时呕吐或腹泻，有的震颤，运动失调。有的不自主前冲后退。有的转圈、流涎、四肢强直、抽搐，最终衰弱死亡［王自然，畜牧与兽医，2004（12）］。

27. 猪伪狂犬病合并水肿病的诊治

［临床症状］体温39.9～40.5℃。两耳后倾，叫声嘶哑，呼吸困难，口流白沫，眼圈发红，明显水肿，眼球外突。病初走路时后躯摇摆，后退易跌倒，站立不稳，卧地四肢划动。有的转圈。多发于断奶后5～10天，3～5天全窝死亡［王永婵等，中国兽医杂志，2005（2）］。

28. 猪肺丝虫病并发猪肺疫

［临床症状］减食，毛乱，体温41～42℃，强烈阵咳，呼吸困难，咽喉部

肿硬，发热，腹式呼吸，鼻流黏液，可视黏膜发绀，眼有脓眵。颈、腹下皮肤有红斑和出血点。初便秘，后腹泻。多因窒息死亡[陈建国等，畜牧与兽医，2005（3）]。

29. 猪繁殖与呼吸综合征并发巴氏杆菌感染

[临床症状] 母猪相继出现高热，精神沉郁，减食，呼吸困难。耳尖、头颈发绀，临产及生产母猪发生早产、流产、死产、产弱仔。仔猪体温 40.5～41℃，呼吸困难，气喘。耳、鼻、臀、下腹部皮肤发红，耳尖发绀。粪较稀[刘占通等，中国兽医杂志，2005（7）]。

30. 传染性萎缩性鼻炎与猪瘟和附红细胞体病混合感染

[临床症状] 某猪场陆续引进 158 头母猪分给农户饲养，自 10 月 3 日至 11 月 17 日死亡 25 头，4 头病重。该场 6 月曾暴发传染性萎缩性鼻炎，9～10 月发生附红细胞体病，病猪出场前曾 3 次注射猪瘟疫苗。

病猪精神沉郁，不食，打喷嚏，鼻镜歪曲，鼻腔分泌物黏稠，有时带血。体温 39℃左右，最高 40℃，便秘与腹泻交替进行，尿黄，严重者可见红色。眼结膜苍白或黄染。病后期皮肤发黄，个别发红，腹下有出血点或出血斑[方英等，中国兽医杂志，2007（8）]。

31. 外购苗猪引发猪肺疫和仔猪副伤寒混合感染

[临床症状] 外购仔猪 125 头，15 天后发病。体温 41～42℃，精神沉郁，厌食，呼吸困难。耳郭、颈部、腹下、四肢内侧及会阴部发生大面积紫红斑块，体表淋巴结肿胀。眼结膜潮红，有黏性分泌物。下痢，排恶臭的液状粪便。严重的呈犬坐姿势或趴卧，全身皮肤发紫，叫声嘶哑，衰竭死亡[江新等，畜牧与兽医，2007（7）]。

32. 仔猪白痢并发球虫病

[临床症状] 31 头 5～9 日龄仔猪发病，毛粗乱，萎靡，吮奶减少。腹泻，排灰白、灰色浆状、糊状粪（有的带黏性气泡，随着病情加重发出腐败的酸腥臭气），后躯沾满粪便。个别猪拱背，行走迟缓，随后卧地不起。脱水，增重速度减缓乃至消瘦。最后衰竭昏迷死亡[李振，中国兽医杂志，2006（12）]。

33. 猪伪狂犬病与细小病毒病混合感染

[临床症状] 某猪场母猪流产有死胎、弱仔、木乃伊胎，2～3 日龄至 4 周龄仔猪发病。体温 41～42℃，厌食，口流大量泡沫状唾液，出现呕吐，腹泻，行走不稳，后退、转圈运动，时有间歇性抽搐、癫痫样发作，角弓反张，四肢呈游泳动作等神经症状。最后死亡[赵丽等，中国兽医杂志，2006（12）]。

34. 猪蓝耳病并发多种细菌（大肠杆菌、B 溶血性链球菌、胸膜肺炎放线菌）感染

［临床症状］体温 42℃，全身皮肤发红。注射退热药后体温下降，不久又上升。喘、咳嗽，严重的呈犬坐姿势，食欲减退或废绝。有的还出现关节肿胀，跛行。濒死猪结膜发绀，颌下、颈下、四肢末端皮肤紫红色，有出血斑点。个别猪出现血尿或口、鼻流淡红色泡沫状液体［李清武，中国兽医杂志，2006（12）］。

35. 猪繁殖与呼吸综合征与结肠小袋虫病混合感染

［临床症状］40～100 日龄猪多发，病程最多 7 天。断奶仔猪首先出现呼吸困难。随后育肥猪耳部黑紫色。气喘，下痢，消瘦。妊娠母猪可见不同阶段的流产［胡冬梅，中国兽医杂志，2007（1）］。

36. 猪圆环病毒病（病原为猪圆环病毒 2 型）和副猪嗜血杆菌病混合感染

［临床症状］外购 621 头 45 日龄仔猪，1 月后部分发病。曾死亡 45 头。体温 40℃左右，咳嗽，严重的犬坐呼吸。排黄色稀粪，黄尿。部分跗关节肿胀，跛行。毛粗乱，消瘦，背脊突出，肋骨可数［李伟生等，中国兽医杂志，2007（4）］。

37. 猪链球菌病和化脓性棒状杆菌病混合感染

［临床症状］外购 2 月龄仔猪 400 头，进场后个别发病，逐渐增多，用青霉素、庆大霉素治疗无效。体温初 40℃，后升至 42℃。减食或废食，喜饮，精神沉郁，呆立，昏睡，起立困难。流泪，呼吸迫促，间有咳嗽，初流清水鼻液，后脓性，呼吸困难。个别猪后肢瘫痪，后期口周围、耳内侧、眼周、四肢内侧皮肤暗红色［魏栋选，中国兽医杂志，2005（10）］。

38. 猪鞭虫和猪痢疾混合感染

［临床症状］从各地收购 90 日龄左右、体重 20～35 千克的仔猪 203 头，发病 67 头，死亡 21 头。初病精神不振，减食，消瘦，粪便表面附有黏液和血液，之后很快下痢，色黄稀软，或水样混有黏液或血液。毛粗乱，皮肤苍白，大部分腹痛不安。体温 39～40.5℃，后期精神沉郁，体温下降，粪恶臭、有组织碎片。拱背缩腹，起立无力，极度衰竭而死［邓博文等，中国兽医杂志，2007（12）］。

39. 仔猪猪瘟和猪肺疫混合感染

［临床症状］购进 10～15 千克重仔猪 50 头，3 天后开始发病，用青霉素、庆大霉素治疗无效。体温 40～41.5℃，呈稽留热，食减或废食，初便秘后腹泻，恶臭带血并混有白色黏液。全身发红，耳尖、颈部、腹部、四肢皮肤有紫

斑，指压不褪色。公猪包皮有浑浊尿液。颈部肿胀坚硬，触之敏感。咳嗽，呼吸困难，叫声嘶哑，鼻流浆液性或黏液性液体，个别流血色泡沫。严重的呈犬坐姿势，张口呼吸，最终窒息死亡［邢兰君，中国兽医杂志，2007（11）］。

40. 猪支原体肺炎继发巴氏杆菌病

［临床症状］断乳前仔猪膘情良好，体温41～43℃，精神不振，头下垂，食欲很差或废绝，呼吸增数，伸颈呼吸，甚至呈犬坐姿势，腹壁起伏明显，不时发出哮喘声。口、鼻流出泡沫。可视黏膜发绀，耳根、腹侧、四肢内侧皮肤出现紫红色斑。体表淋巴结肿大，咽喉发热、肿胀，有痛感［王友天，中国兽医杂志，2007（3）］。

41. 猪小袋纤毛虫病并发副伤寒

［临床症状］病初腹泻，粪糊糊状、灰绿色，后呈水样腹泻，常有白色黏膜碎片，有恶臭。饮食减退或废绝，精神不振，寒战，喜钻草窝。病初体温39℃，后期40.8℃。后期机体严重脱水，消瘦。可视黏膜浑浊，尿黄。四肢无力，行走不稳、摇摆。最后体温下降，倒地、衰竭死亡［陈松林等，中国兽医杂志2008（4）］。

42. 猪瘟与猪水肿病混合感染

［临床症状］50日龄仔猪突然发病，精神沉郁，发抖，体温40～41℃，呼吸加快，绝食。四肢、耳缘、腹下皮肤发绀、出血。叫声嘶哑，共济失调，步态不稳，盲目行走或转圈。继而后肢麻痹，倒地侧卧，四肢划动，呼吸困难，间歇性痉挛而死。发病率70.8%，病死率14.6%［邢兰君，中国兽医杂志，2008（6）］。

43. 猪链球菌病与猪水疱病混合感染

［临床症状］哺乳母猪体温42℃，眼结膜潮红，鼻镜有少量水珠，粪尿正常，乳房有面积不一、边缘不整的水疱，大的9厘米²，小的4厘米²。有的水疱破溃，露出鲜红色溃疡面，但无血液流出。

40日龄仔猪体温40.5～41.5℃，个别达42℃，精神沉郁，喜两前肢前伸趴卧。呼吸迫促，呈腹式呼吸，鼻镜干燥，个别有清亮鼻液。眼结膜潮红，废食，尿红褐色，粪正常。蹄冠上方0.5～1厘米处有针尖大至绿豆大的小水疱，有破溃的底部鲜红色，边缘不整齐。个别蹄底有破裂，蹄匣无脱落，跛行，无死亡［银少华等，中国兽医杂志，2007（9）］。

44. 猪繁殖与呼吸综合征继发附红细胞体病

［临床症状］各日龄猪均发病，用青霉素、链霉素、黄芪多糖、恩诺沙星、氧氟沙星无效。体温40.2～42℃，稽留热，精神沉郁，妊娠猪流产或产死胎。

有的皮肤有出血斑点。耳尖发紫，皮肤苍白，毛粗乱。呼吸困难，呈腹式呼吸。四肢软弱无力，后肢拖地，不能走动。有咳嗽，呕吐，腹泻，尿黄。眼睑肿胀，苍白，喜饮水。初生仔猪衰弱，吮奶无力或不吃奶〔邬吉强等，畜牧与兽医，2008（9）〕。

45. 猪繁殖与呼吸综合征与猪瘟混合感染

〔临床症状〕仔猪病初全身粉红，随着病的发展变紫，尤其在耳部、眼周、四肢及腹下皮肤明显。体温 40.5～42℃。共济失调，后肢麻痹，站立不稳。精神和饮食大幅下降，喜卧扎堆，呼吸困难，腹式呼吸，咳嗽，个别皮肤发白，消瘦，贫血，腹泻〔潘宗海等，畜牧与兽医，2008（10）〕。

46. 猪圆环病毒病与支原体病混合感染

〔临床症状〕发病猪多为断奶后 10～15 天的仔猪，断奶前生长发育良好。突然发病，精神不振，毛粗乱。有的皮肤和可视黏膜苍白或黄染，生长明显迟缓，体重减轻，畏寒挤堆。呼吸增数，伸颈呼吸，甚至呈犬坐姿势，不时发出哮喘声。体温多在 40℃左右。腹股沟淋巴结明显增大，大约有鸡蛋大小。病猪后躯、后肢和腹部皮肤有不规则斑点状丘疹，周边红色或紫色，中央有黄豆大的黑色坏死灶〔邬吉强等，畜牧与兽医，2008（9）〕。

第二章

猪病病理变化的检查与诊断

　　猪病病理变化的检查与诊断是运用兽医病理学理论与技术确认猪病的一种手段，临床上以病猪尸体为主要研究对象，通过尸体病变的检查、识别与判断，对未知的或临床上难以确诊的单发或群发性猪病进行病性的确定，进而阐明发病机理，探讨死因和病因，以达到为诊断疾病和临诊防治提供依据的目的。

　　不同病因引起的猪病，绝大多数具有特异的病变，尤其生物性病因引起的特异性病变，为病理诊断提供了依据，如猪瘟、猪肺疫、猪丹毒、仔猪副伤寒等。病变的特殊性受病原体的毒力，猪体的营养状态、年龄、品种，以及病程快慢、用药情况等诸多因素的影响。此外，猪病常有混合感染或继发感染，会增加病理诊断的难度。

　　当有群发性猪病时应多剖检几个病例，如有可能，应选择具有典型症状的重病猪宰杀检查。观察病变力求全面、客观，对各器官组织病变进行多方位观察时要做到定性、定位和定量，找出具有证病性和致死性的病变，同时要特别注意排除病猪死后尸体变化的干扰。在分析病变、探讨死因与病因的过程中，要注意各病变之间的关系，如病变新旧、大小与病程发展的关系，局部病变与全身病变的主从关系，病变特点与临床资料之间的关系等。

　　病猪在死亡后，因神经麻痹，肌肉松弛柔软，经 1 小时后即出现尸僵，按头→颈→前躯→胸部→腹部→后躯顺序，经 12～24 小时尸僵发展完全，持续 24～48 小时后由前向后顺序解僵。急死和死前痉挛的猪尸僵出现早，僵直强度强，持续时间长，老弱或恶病质病猪次之，败血症尸僵不全。病死猪尸体体表温度先下降，最后与环境温度相近，在室温情况下平均每 1～2 小时下降 1～2℃，小猪比肥猪快，由此可判断死亡时间。

　　因心脏和大动脉临终收缩，血液挤向静脉，致侧卧形成尸斑，组织呈暗红色，死后 20～30 分钟出现早期尸斑（血液在血管内），指压可消失，随后血液向组织渗出，斑纹扩大，指压不再消失。约 2 小时后，血液凝固，尸斑呈现青紫或灰蓝色，时间越久颜色越深。冻死或冷藏尸体，因低温组织耗氧少，尸斑鲜红，一氧化碳中毒尸斑呈淡红色。

死后的组织细胞受到自身的酶和消化酶的作用而引起自体消化，且因死后体内抗酶物质消失而引起自溶，在这一过程中加上厌气菌的大量繁殖、分解产生的化合物引起尸体腐败。腐败产生大量的气体，使各脏器呈污绿色，腐败的尸体产生尸臭。营养差而瘦弱的猪尸体自溶和腐败的进度缓慢，体质较肥或死于细菌性败血症的则较快。腐败的出现，对识别原有疾病的病变现象产生很大影响。因此，当病猪死亡后应及早剖检。

剖检最好在白天光线好的地方进行，以有利于辨别病变颜色。有条件的地方应在解剖室内进行，以便于消毒。如无此条件，应选离猪圈较远的地方并先挖一个深坑，以便剖检后就地在弃尸坑中消毒、深埋。

剖检时要注意各脏器的病理变化，并适当描述其特征，如发现病灶则说明是炎性灶、出血灶、坏死灶、脓灶、梗死灶；对需要计量的应用法定计量单位，如计重用克、千克，液体用毫升、升，计长度用毫米、厘米等。对病变体积的大小，也可用实物比喻，如用鹅卵、鸡卵、鸽卵、麻雀卵、核桃、豌豆、黄豆、高粱、大米、绿豆、粟等形容。对病变的颜色用鲜红、深红、红、粉红、樱桃红、玫瑰、暗红、紫红、紫（绀）、黄、橙黄、淡黄、黄绿、灰黄、白、灰白等描述。器官的黏膜、浆膜表面，用平滑、粗糙、凸出、凹陷、棉絮状、纤毛样、网状、条纹状、斑点、虎斑样、花瓣样等描述。器官、淋巴结切面，用平坦、稍实、颗粒状、大理石状、肉样、脂肪样等描述，以便利于综合判断分析。

在剖检前，应了解猪群发病和病死情况、防疫情况、发病猪临床症状、病程和治疗过程，以便做到心中有数，可有重点地找到主要检查目标。当看到某一脏器有某病变时，联想哪种病会有此病变，必然另一些器官会有相应的病变，但不可凭主观臆想牵强附会，以免步入歧路得出不正确结论。如发现脾边有梗死灶，是猪瘟指征之一，但败血型链球菌病、钩端螺旋体病（肝有坏死灶）、葡萄球菌病（梗死面积小，背面有坏死灶）、黄曲霉毒素中毒（仅少数有梗死灶）、急性霉玉米中毒有的也有梗死灶（脾樱桃红色）；联系到肠系膜淋巴结的变化，猪瘟的充血出血呈紫红色，脑膜炎型、败血型链球菌病也充血、出血，钩端螺旋体病的肿大、灰白色，葡萄球菌病的肿大、切面多汁；急性猪瘟的肾稍肿、土黄色，表面有密集小的出血点，链球菌病的肿大、出血，钩端螺旋体病的肿大、瘀血、有灰白色坏死灶，仔猪葡萄球菌病的肿胀、瘀血，个别表面和肾盂有化脓灶；猪瘟的膀胱黏膜有出血点，钩端螺旋体病的膀胱黏膜有散在出血点，膀胱内积有血红蛋白尿或浓茶样尿，输尿管有灰白色坏死灶。如此联想追踪，不仅会检查得更仔细，而且有利于对病情的分析判断。

第一节 皮肤、皮下病理变化

一、皮肤

对未作生前检查即行剖检的病尸，观察皮肤病变是不可忽视的。正常健康猪的皮肤是白净的。当有些传染病、中毒及元素缺乏症导致皮肤毛细血管充血、出血时，皮肤局部即出现红斑或出血点，甚至全身皮肤都呈红色，形成所谓"大红袍"（败血型猪丹毒即有此现象）。如果形成轻度瘀血，皮肤呈紫红色，如猪肺疫、弓形虫病。如瘀血严重，皮肤呈现紫色或发绀，一些传染病、硝酸盐中毒和亚硝酸盐中毒会出现这一现象。当红细胞在疾病过程中遭到大量破坏，而且胆色素转化有障碍时，皮肤会出现黄疸或黄染。如钩端螺旋体病、附红细胞体病、青霉毒素中毒等。当皮肤感染冠尾线虫时，皮肤会出现血疹和小结节。猪圆环病毒2型（皮炎和肾病综合征）可造成猪全身皮肤出现坏死性皮炎。

1. 皮肤发红

颈、腹、四肢内侧皮肤发红	兰氏Q群链球菌病

白毛猪皮肤初呈粉红色，逐渐变成紫红或苍白色，颌下、胸下、四肢内侧皮肤发绀	硒—维生素E缺乏症

四肢、胸下、腹下皮肤发红	（初生仔猪）先天性缺硒症

腹下、股内侧皮肤有红斑	蓖麻中毒

全身皮肤各处均现红斑，可融成一片	（急性败血型）猪丹毒

耳根、颈、腹部、腹股沟、四肢内侧皮肤初充血呈淡红色，后红色加深。病久有明显小出血点，出血点融合成扁豆大紫红色斑块。更久，形成坏死灶并结黑色干痂	（急性）猪瘟

皮肤不同程度发炎 ——— 感光过敏

2. 皮肤紫红

吻突、皮肤紫红色 ——— 苦楝中毒

腹下、耳根、四肢内侧有紫红斑块 ——— (咽喉型) 猪肺疫

股内侧皮肤有不规则紫红色斑点，有时遍及全身 ——— 桑葚心病

耳、胸腹下、四肢内侧皮肤有出血斑 ——— (败血型) 链球菌病

耳郭、耳根、下腹、下肢、股内侧皮肤可见紫红斑，间有小出血点，与健康部位界限分明 ——— 弓形虫病

3. 皮肤发紫 (发绀)

耳、胸、腹部皮肤发绀 ——— 肝营养不良

腹下、大腿内侧皮肤有出血性紫块，切开皮肤凝血不良 ——— (溶血型) 链球菌病

半数耳尖边缘发绀 ——— (断奶仔猪人工接钟) 猪繁殖与呼吸综合征

头、颈、耳、腹下皮肤有大面积蓝紫斑 ——— (败血型) 沙门氏菌病 (副伤寒)

皮肤有紫斑、小出血点 ——— (胸膜肺炎型) 猪肺疫

耳、鼻、腋、腹等无毛部位发绀，界限明显。四肢、腹等处有出血点或出血块，中央黑色，四周干枯 —— 非洲猪瘟

皮肤青紫色 —— 硝酸盐或亚硝酸盐中毒

腹部和末梢部位皮肤出现紫斑，腹下、腿内侧常有豌豆大暗红或褐色痘样皮疹 —— （结肠炎型）沙门氏菌病（副伤寒）

皮肤棕色 —— （仔猪死胎）猪繁殖与呼吸综合征

4. 皮肤黄疸、黄染

皮肤黄疸 —— 青霉毒素中毒
—— 铜中毒

皮肤色淡（蜡黄色） —— 猪繁殖与呼吸综合征

全身性黄疸，皮肤、黏膜、皮下组织黄染和不同程度出血 —— （急性）钩端螺旋体病

全身皮肤黄染，黏膜苍白、黄染 —— 黄曲霉毒素中毒

全身皮肤黄染，且有大小不等的紫色出血点或出血斑，四肢末梢及耳尖、腹下大面积紫红色斑，有的全身紫红 —— 附红细胞体病

皮肤、黏膜苍白、黄染 —— 仔猪缺铁性贫血

5. 皮肤小结节、颗粒脓肿

皮肤上有丘疹和小结节 —— 冠尾线虫病（肾虫病）

耳郭、乳房发生肿瘤，切面平滑，肥肉样结缔组织硬固，内有黄白或黄色砂粒样颗粒脓液 —— （肿瘤）放线菌病

后肢、会阴乃至全身出现坏死性皮炎 —— 猪圆环病毒 2 型感染（皮炎和肾病综合征）

部分皮肤水肿，四肢内侧有出血斑点（慢性显著） —— 焦虫病

皮肤有出血，日龄较大的猪可见粟粒状脓肿 —— 猪放线菌病

二、皮下组织

猪的皮下结缔组织因积贮有大量脂肪颗粒而显得洁白。当仔猪皮下脂肪少或因病消瘦致皮下脂肪不丰满时，容易发现皮下水肿或浆液浸润（按捏有液体渗出），常见于仔猪低血糖、初生仔猪红痢或中毒。

皮下组织有出血点、出血斑、出血、瘀血，多出现于一些传染病和中毒病。

皮下组织黄疸或黄染，多出现于钩端螺旋体病、附红细胞体病、焦虫病、溶血病等，也出现于一些中毒病。

有的皮下组织有坏死灶或脓肿。

1. 皮下水肿

全身皮下明显水肿 —— 猪细胞巨化病毒感染

身体各部组织水肿，以颈、胸腹壁、四肢最明显 —— （亚急性、慢性）钩端螺旋体病

全身皮下水肿，股、胯、腹壁、颌下、颈、肩水肿可达 1~2 厘米厚，局部肌肉大量浸润，水肿液清亮如水，暴露空气中不凝固 —— 初生仔猪急性缺硒症

体下侧、颌下、颈下、胸腹下水肿 ——仔猪低血糖症

部分颈部皮下胶样水肿 ——兰氏Q群链球菌病

皮下水肿 ——（死胎弱仔）猪繁殖与呼吸综合征

皮下脂肪苍白，有的皮下水肿 ——（初生仔猪）猪丹毒

皮下胶样浸润 ——仔猪红痢

全身水肿、充血 ——（急性）棉籽饼中毒

皮下有不同程度水肿，皮肤有出血点 ——仔猪红痢

2. 皮下水肿黄染

皮下组织水肿，全身黄染 ——感光过敏

皮下脂肪较黄，稍有水肿 ——猪繁殖与呼吸综合征

额至腹下皮下组织呈黄色浆液性浸润 ——克雷伯氏菌病

颌下、胸腹部皮下有浅黄色胶样浸润或水肿 ——仔猪红痢

3. 皮下组织黄染

皮肤及皮下脂肪呈浅黄色 ——猪钩端螺旋体病

皮下组织黄染 ——仔猪溶血病

皮下组织淡黄色或米黄色 —— 假参包叶中毒

皮下脂肪少，黄色 —— 硒中毒

全身脂肪黄染 —— 聚合草中毒

体内脂肪黄或黄褐色，肾周、下腹、骨盆、口周、耳根、眼周、舌根、股内侧脂肪更黄，黄脂有鱼腥或腥臭味 —— 猪黄脂病

4. 皮下黄染、出血

皮下血管瘀血，稍肿，皮下脂肪黄染。全身肌肉出血，肩、背、腰部严重，呈黑褐糜烂状 —— 焦虫病

皮下脂肪有黄染、出血斑，全身肌肉色淡 —— 附红细胞体病

皮下脂肪黄染和出血 —— （败血型）钩端螺旋体病

黏膜苍白略黄染，皮肤紫红，尸僵不全 —— 马铃薯中毒

5. 皮下浸润、出血

皮下组织胶样浸润，有出血 —— 猪气肿疽

咽、颈皮下出血性胶样浸润 —— （咽型）炭疽

四肢和躯干结缔组织有浆液浸润。浆膜、黏膜有出血点 —— 破伤风

6. 皮下组织出血

皮下有出血	——毒芹中毒

全身皮下、黏膜和浆膜有不同程度的瘀斑、瘀点和水肿，皮下脂肪多呈黄色，有的大出血	——黄曲霉毒素中毒

皮下脂肪瘀血	——蓖麻中毒

全身皮下组织、黏膜、浆膜有大量出血点	——（最急性）猪肺疫

有的全身皮下、黏膜、肌肉有出血点或出血斑	——（母猪）霉玉米中毒

皮下组织、脂肪、肌肉出血	——（急性）猪瘟

7. 皮下异样病变

皮下组织见有坏死灶	——（慢性）猪肺疫

有的胸侧皮下有鸭蛋大的脓肿	——（急性）棒状杆菌感染

皮下干燥	——流行性腹泻

切开患部，见皮下和肌肉间有多量黄红或红褐色含有气泡的酸臭液流出，并布满出血点。肌肉暗红或灰黄色、松软易碎，肌纤维间多半含有气泡。尸体易腐败，血液凝固不良	——（创伤感染）恶性水肿

病灶位于颌下，肿块椭圆，有的扩散到胃浆膜、肝及淋巴结	——（育肥猪）毛霉菌病

严重时，皮下脂肪中有米粒至豌豆大囊尾蚴 —— 囊尾蚴病（囊虫病）

第二节 腹膜、腹腔病理变化

一、腹膜

剖开腹壁可见到腹膜，腹膜是一个有光泽的薄浆膜。有些传染病可引起腹膜炎。当大棘头虫的头部穿透肠壁或胃溃疡穿孔时也会引起腹膜炎。有些病可使腹膜发生纤维素性炎，致腹膜附有纤维性蛋白，甚至导致腹膜与腹腔脏器粘连。有些中毒病还会引起腹膜出血。

1. 腹膜炎

腹膜炎（程度不等） —— （急性）鼻腔支原体病

继发细菌感染时出现腹膜炎 —— 猪圆环病毒 2 型感染（断奶猪多系统功能衰竭综合征）

2. 纤维素性腹膜炎

部分纤维素性腹膜炎，往往腹膜与内脏粘连 —— （败血性）链球菌病

腹膜有纤维素性炎 —— （脑膜炎型）链球菌病
—— （架子猪）衣原体病

腹膜炎，有浆液性纤维蛋白性或脓性纤维蛋白性渗出物 —— 格拉泽氏病

坏死如波及浆膜层，可引起纤维素性腹膜炎 —— （结肠炎型）沙门氏菌病

3. 腹膜出血

腹膜有出血点	——葡萄状穗霉毒素中毒
腹膜出血和瘀血	——荞麦中毒
腹膜有出血斑点	——蓖麻中毒

4. 腹膜绒毛病变

腹膜粗糙如绒毛增生	——猪心脏浆膜丝虫病

二、腹腔

　　腹腔是体腔中最大的腔，内有一层浆液为内脏活动的滑润剂。在正常健康状况下，腹腔液体很少，只可使腹腔内脏器表面湿润。当发生某些传染病和住肉孢子虫病时，腹腔积液增多。有些中毒病、寄生虫病引起腹腔积液呈黄色，桑葚心病的腹水呈橙黄色。有些传染病和中毒病可引起血液渗入腹腔，使腹水呈暗红（马铃薯中毒）、红色（棉籽饼中毒、柽麻中毒）、淡红色（大猪魏氏梭菌病）、樱桃红色（仔猪红痢）。有些传染病的腹水中含有纤维蛋白，甚至发生脏器与腹膜的粘连。霉菌性肺炎、桑葚心病的腹水接触空气后即凝成胶冻样。发生细颈囊尾蚴病时，在腹腔可见俗称"水铃铛"的包囊。发生冠尾线虫病时，可在腹水中见到冠尾线虫成虫。

1. 腹腔有积液

少数腹腔有积液	——（初生及哺乳仔猪）猪丹毒
病程长者，腹腔液明显增多	——伪狂犬病
腹水增加	——猪住肉孢子虫病
腹腔积液较多	——（大猪）繁殖与呼吸综合征

腹腔积液达 500 毫升 ——（急性）非洲猪瘟

2. 腹腔有黄色渗出液

腹腔有淡黄色渗出液 ——猪毛首线虫病（猪鞭虫病）

腹腔有大量透明黄色液 ——（慢性）霉玉米中毒

腹腔有黄色液体 ——猪脑心肌病
——狗屎豆中毒
——丙硫苯咪唑中毒

腹腔有黄色积液（死胎，弱仔） ——猪繁殖与呼吸综合征

腹水明显增量、透明、橙黄色 ——桑葚心病

腹水增多，色黄浑浊而黏稠 ——苦楝中毒

腹腔积水，黄色透明，有的浑浊 ——弓形虫病

3. 腹水含血液

腹腔有暗红色液体 ——马铃薯中毒
——猪气肿疽

腹腔有红色渗出液 ——（肠型）炭疽
——（慢性）棉籽饼中毒

腹腔有多量红色渗出液 ——榁麻中毒

腹腔积液樱桃红色 ——仔猪红痢

有的腹腔内有淡红色渗出液 ——（大猪）魏氏梭菌病（红肠病）

腹水增量，黄红色 ——蓖麻中毒

4. 腹水中含有纤维素

腹腔积液增多，有时有纤维蛋白渗出 ——（急性）猪肺疫

腹腔积液，有浆液性及纤维蛋白 ——仔猪缺铁性贫血

腹腔有黄色液体，部分有纤维素性腹膜炎，往往腹膜与内脏粘连 ——（急性败血型）链球菌病

腹腔有黄色液，混有白色纤维蛋白 ——（溶血型）链球菌病

腹腔有过量草黄色液体与纤维蛋白 ——（亚急性）钩端螺旋体病

腹腔有纤维性炎 ——（脑膜炎型）链球菌病

5. 腹水接触空气即成胶冻样

腹腔液草黄色，暴露于空气凝结成块 ——猪桑葚心病

腹腔积血色液体，接触空气凝成胶冻样 ——霉菌性肺炎

6. 腹水中有寄生虫

有时见到急性腹膜炎，腹水中混有血液，其中含有幼小的囊尾蚴体（俗称"水铃铛"） ——（急性）猪细颈囊尾蚴病

腹腔内腹水增多，并可见有成虫 ——冠尾线虫病（肾虫病）

第三节　胃的病理变化

　　猪胃贲门周围有一四边形区，构造与食管相同，称食管区，缺腺体，有皱褶，与外围组织有明显分界线；线的外侧部黏膜柔软而含有腺体，称贲门腺区，黏膜薄，呈苍白色；胃底腺区黏膜壁厚，呈斑点状褐色；幽门区黏膜较胃底腺区薄，呈灰白色。食物进入胃，引起胃的条件反射与非条件反射，在胃平滑肌的收缩和舒张过程中，食物与胃液充分混合、消化后，向幽门部移动进入十二指肠。饮水直接由贲门经小弯进入十二指肠。液体粥状饲料很快离开胃，粗糙较硬饲料在胃内停留时间较长，有的甚至停留 24 小时。

　　若病猪病程短、病初能吃食或病程稍长但不断进食，则死后胃内会有食物。如系食物中毒则胃黏膜可能出现充血、出血，甚至黏膜脱落。仔猪断奶应激症的黏膜无变化。猪水肿病的胃底黏膜下层有胶冻样水肿浸润，严重时，可延及贲门区和幽门，厚达 2～3 厘米。

　　哺乳仔猪患某些传染病时，死后胃内容物有凝乳块，胃黏膜充血，有的仅有凝乳块和乳汁。仔猪黄痢的胃黏膜上皮变性、坏死。脑心肌病除黏膜充血外，胃大弯还有水肿。

　　有些中毒病，由于有毒物质直接对胃黏膜造成侵害，或者有些传染病产生的毒素作用，导致胃黏膜充血、出血。有些元素缺乏症也会出现胃黏膜充血、出血。

　　也有些胃黏膜厚度增加，如氢氰酸、蛔状线虫和泡首线虫直接对胃刺激而使胃壁增厚。胃型恶性水肿的胃黏膜肿胀似橡皮状（其中还有气泡），有酸味。

　　有一些中毒病、寄生虫病会使胃出现溃疡。狂犬病和败血型副伤寒、聚合草中毒的胃黏膜出现糜烂。

　　有些传染病或中毒病的胃黏膜上有凝固性坏死物、脓液附着。

　　有的胃有出血、水肿、痘疹或灶性病变。

1. 胃充满食物，黏膜充血、出血

胃充满荞麦残渣、气体和淡黄液体。胃底部黏膜充血	—— 荞麦中毒

胃充满刚吃下的食物，病稍久有弥漫性出血，甚至黏膜脱落	—— 硝酸盐和亚硝酸盐中毒

胃有酸性内容物，切开有大量气体排出，胃黏膜充血、出血 —— 马铃薯中毒

2. 胃充满食物，黏膜脱落

胃内有中等量食物，胃有卡他性炎。胃底黏膜脱落，弥漫性潮红，黏膜弥漫性出血，常伴有许多点状出血 —— (急性败血型) 猪丹毒

胃内充满食物，黏膜脱落 —— (大猪) 魏氏梭菌病 (红肠病)

胃内充满褐色食糜，黏膜剥落，胃壁黑褐色 —— 蓖麻中毒

胃内有酒糟，呈土褐色，有酒味。胃黏膜易剥离并有小出血点。幽门部重度炎症 —— 酒糟中毒

3. 胃充满食物，黏膜下水肿

胃内充满食物，胃壁水肿，黏膜潮红，有时出血，胃底黏膜下层有厚的透明水肿。有时带血的胶冻样水肿浸润，使黏膜与肌层分离，水肿严重的可达 2～3 厘米。严重时可波及幽门、贲门区 —— 猪水肿病

4. 胃充盈，黏膜无炎症

胃充盈，内容物新鲜，黏膜无炎症变化 —— 断奶仔猪应激症

5. 胃有凝乳块

胃内有大量黄白色凝乳块 —— 猪流行性腹泻

胃充满凝乳块和乳汁 —— 猪轮状病毒病

6. 胃有凝乳块，黏膜充血、出血

胃内容物鲜黄色，混有大量乳白色凝乳块，胃底潮红、充血，并有黏液覆盖，有小点或斑状出血。10 日龄以上猪 10% 有溃疡，近幽门区有较大坏死区 —— 传染性胃肠炎

胃内有少量凝乳块，胃黏膜充血、出血、水肿，表面附有数量不等的黏液，部分充满气体 —— 仔猪白痢

胃内有正常凝乳块，黏膜充血，胃大弯水肿 —— 猪脑心肌病

胃内有酸臭的凝乳块，胃黏膜上皮变性、坏死并膨胀，部分黏膜潮红、有出血斑 —— 仔猪黄痢

胃内鼓气，有未消化乳酪，胃内容物呈黄色，胃底、幽门部有出血斑，黏膜脱落 —— 痢特灵中毒

7. 胃黏膜充血、出血

胃肠黏膜充血 —— 猪住肉孢子虫病

胃内容物少，呈污黑色，部分黏膜潮红 —— 硒中毒

胃出血性炎，黏膜上有很多斑块性出血，黏膜下出血，水肿液黄红色 —— （急性）无机氟化物中毒

胃底幽门部红肿或出血 —— 猪痢疾

胃肠黏膜充血、出血 —— 啤酒糟中毒

胃空虚，黏膜充血、出血，有片状或条状脱落斑，斑面紫褐色 —— 丙硫苯咪唑中毒

胃瘀血、水肿，胃底黏膜弥漫性充血 —— 猪桑葚心病

胃黏膜重度充血、出血、肿胀 —— 毒芹中毒

胃黏膜肿胀、充血、出血，胃大弯更明显 —— 兰氏 Q 群链球菌病

胃黏膜充血、出血，有的呈蓝紫色 —— 铜中毒

胃底及幽门部卡他性炎较严重，黏膜发生弥漫性出血，常伴有许多小点出血 —— 猪丹毒

胃壁有轻重不等的暗红色出血性炎 —— 栎麻中毒

胃出血明显 —— （特急性）猪丹毒

胃底大面积出血 —— 伪狂犬病

胃黏膜有出斑点 —— 肉毒梭菌毒素中毒

胃黏膜弥漫性出血，黏膜易脱落，胃内容物如有马拉硫磷、甲基对硫磷等呈蒜臭味，有对硫磷呈韭菜或蒜味，有八甲磷呈胡椒味 —— 有机磷农药中毒

胃有出血性炎症 —— （急性）棉籽饼中毒

胃有出血 —— （口服）土霉素中毒

胃出血 —— 维生素 B$_5$（烟酸）缺乏症

胃出血十分严重，或针尖出血和弥漫性出血 —— （急性型）非洲猪瘟

胃贲门区出现小点出血，食道区形成白色假膜，有溃疡病灶 —— 猪念珠球菌病

胃黏膜严重出血，特别是大弯部 —— 猪流行性感冒

8. 胃充血、出血，黏膜脱落

胃黏膜易剥离，胃底部黏膜暗红色 —— 假参包叶中毒

胃壁增厚，黏膜充血、出血，表面有透明黏液，黏膜坏死脱落，胃中有血 —— 菜籽饼中毒

9. 胃黏膜增厚

胃内充满气体，有杏仁味，胃黏膜严重炎症，胃底黏膜增厚 —— 氢氰酸中毒

虫头钻入胃壁之处，形成一个小窝，内含淡红色液体，周围组织发炎，黏膜肥厚 —— 猪颚口线虫病

胃壁增厚，触之如橡胶状，黏膜潮红、肿胀，黏膜下层及肌层间被有气泡的淡红色有酸味的液体浸润 —— （胃型）恶性水肿

胃底部小点出血，有扁豆大圆形结节，上有黄色假膜，黏膜增厚，并形成不规则的皱褶，患部或虫体上有黏液，严重时胃底广泛糜烂，如糜烂向深处发展（母猪）形成胃穿孔。胃内可检出虫体，多混于食物中 —— 猪蛔状线虫病和泡首线虫病

10. 胃出血、水肿

| 胃出血、水肿 | ——猪繁殖与呼吸综合征 |

| 胃出现水肿 | ——（水肿型）钩端螺旋体病 |

| 胃黏膜水肿，弥漫性出血 | ——霉玉米中毒 |

11. 胃有溃疡

| 胃内广泛性出血，充满淡黄色粥状食糜。有的只充满血块和食物残渣。在贲门周围的食管区及胃底有大小不等（4 厘米×5 厘米，10 厘米×12 厘米）、边缘整齐的溃疡或糜烂。

急性出血时，胃及小肠有黑色液体。痊愈的溃疡呈星状瘢痕 | ——胃溃疡 |

| 胃大弯及幽门部严重弥漫性出血性胃炎和溃疡 | ——水浮莲中毒 |

| 胃黏膜有黄豆大纽扣状溃疡，棕黄色，有同心球状结构 | ——霉菌性肺炎 |

| 胃黏膜充血，脱落、坏死、溃疡 | ——有机氟化物中毒 |

| 胃底部幽门部严重出血，胃黏膜易脱落，且有部分组织坏死，形成黑色溃疡，深可达浆膜 | ——（大猪）黑斑病甘薯中毒 |

| 胃黏膜充血、卡他性增厚、出血和小溃疡，以胃底幽门部严重 | ——（急性败血型）猪瘟 |

胃黏膜卡他性炎，充血，黏膜下水肿，胃腺区增生，胃黏膜糜烂，胃溃疡，胃底部有小出血点，有大量黏液，胃腺肥大成扁豆大的扁平突起或圆结节，上覆黄色假膜，虫体游离于胃底部或部分钻入胃黏膜内 —— 红色猪线虫病

胃黏膜充血、出血，胃底严重，有的可见溃疡 —— 食盐中毒

胃黏膜充血、水肿，有时形成溃疡 —— 气肿疽

胃黏膜稍肿胀、潮红、充血，胃底部明显，并有针尖大出血点，胃壁轻度水肿，有的有小溃疡 —— 弓形虫病

胃黏膜脱落，并有少量溃疡 —— 安妥中毒

胃食管部苍白、水肿、非出血性溃疡 —— 猪圆环病毒 2 型感染（断奶猪多系统功能衰竭综合征）

个别胃底出血、溃烂 —— 聚合草中毒

12. 胃有糜烂

胃黏膜充血、出血和糜烂，如发病在圈外，胃内可见不消化异物（木片、羽毛、石片等） —— 狂犬病

胃黏膜严重瘀血和梗死，呈黑红色，病程超过 1 周时，黏膜内有浅表性糜烂 —— （败血型）沙门氏菌病（副伤寒）

13. 胃黏膜有附着物

胃贲门、幽门见有大的静脉梗塞，有的胃黏膜上有凝固性坏死物 ——— (小乳猪) 毛霉菌病

胃小弯近胰腺旁有肿块，切面灰白色，部分出血坏死，肿块边缘有一圈深紫色花边样出血带 ——— (仔猪) 毛霉菌病

胃黏膜上只见到有点状覆盖物 ——— 假丝酵母菌病和藻菌病

胃贲门区黏膜布满粟粒大灰白色中央凹陷的小点，幽门部黏膜如泥土色，有脱落现象 ——— 苦楝中毒

胃底充血，有脓样黏液附着 ——— 狗屎豆中毒

14. 胃有其他病变

胃发生痘疹 ——— (败血型) 猪痘

胃有灶性病变 ——— 仔猪缺铁性贫血病

胃空虚 ——— 仔猪先天性肌阵挛病

胃有慢性炎症 ——— (慢性) 棉籽饼中毒

第四节　胃肠、大小肠病理变化

在正常情况下小肠（十二指肠、空肠、回肠）、大肠（盲肠、结肠、直肠）肠腔内面的黏膜及外表的浆膜均呈玉白色、光滑。肠腔内容物：小肠内为液态，稍黄；大肠内稍稠，至结肠后段变干，并具固有的猪粪气味。

　　传染病、寄生虫病、中毒病以及毒素、有毒物质及寄生虫的刺激，可导致肠黏膜发生炎症，出现充血、出血，甚至发生糜烂和溃疡。有的表现回肠特别增厚，如增生性肠炎，致肠管直径增加，使肠黏膜被挤成纵向或横向皱褶。蓖麻中毒可致回肠肥大 4～5 倍，这是较突出的病例。回盲处纽扣状溃疡是猪瘟具有特征性的病理变化之一。狗屎豆中毒、桎麻中毒常导致盲肠肥大，也有类似猪瘟的溃疡。而弓形虫病盲肠的溃疡只是点状，假丝酵母菌病和藻菌病、维生素 B_3 缺乏症、副伤寒等也出现不同的溃疡，有的肠黏膜发生糜烂或溃烂，有的其上附有糠麸样覆盖物或痂皮。

　　当发生寄生虫病时，寄生虫寄生的部位常发生不同的黏膜炎症，甚至发生坏死、溃疡和糜烂。

　　肠嵌顿时可见肠管被嵌顿处瘀血、肿胀。肠套叠时可见肠管套叠形象。

　　肠内容物因病而异，有的肠腔充满红色液体（仔猪红痢）、多量暗红色液体（桎麻中毒），小肠内容物粥样红褐色，大肠红绿色、充满气体（马铃薯中毒），肠内容物有组织碎片和血块（衣原体病、黄曲霉毒素中毒）。胃肠炎的肠内容物混有血液、恶臭。猪痢疾的肠内容物含大量黏液、组织碎片、血液而成巧克力色，肠黏膜附有黄或灰色伪膜。仔猪黄痢肠腔内充满黄或黄白色稀薄内容物，有时有血液。仔猪白痢肠内容物为白或黄白色、有酸臭。痢特灵中毒小肠内容物为黄色。大猪魏氏梭菌病的肠内容充满泡沫状物，肠管樱桃红或暗红色，肠壁内有气泡。

　　肠系膜水肿或胶样浸润，见于中毒病、传染病、寄生虫病和元素缺乏症。肠系膜瘀血见于桎麻中毒、痢特灵中毒。肠系膜潮红、充血见于衣原体病、荞麦中毒、流行性腹泻。肠系膜出血见于狗屎豆中毒。肠系膜有结节见于结核病、食道口线虫。肠系膜附有包囊见于囊尾蚴病。

　　1. 胃肠有炎症

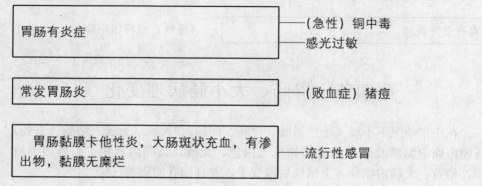

胃内充满食物，胃肠黏膜充血、发炎，直肠紫红色 —— 类感冒

2. 胃肠黏膜充血出血

胃肠道常见针尖大出血点和弥漫性出血 —— (急性型) 非洲猪瘟

胃肠炎性出血，黏膜易脱落 —— 猪焦虫病

胃和小肠充血、出血 —— (急性败血型) 链球菌病

胃肠充血、出血 —— (溶血型) 链球菌病

出血性胃肠炎 —— 蓖麻中毒
—— (最急性) 猪肺疫
—— 猪口蹄疫

3. 胃肠黏膜充血、出血、溃疡

胃肠道局灶性卡他性炎，回肠出血，肠黏膜潮红，小肠、结肠浆膜面有灰白色浆液性纤维素性覆盖物 —— (肠炎型) 衣原体病

胃黏膜肿胀、充血、潮红，或弥漫性出血，黏膜上附着厚稠混浊黏液，肠内容物常混有血液，恶臭。肠黏膜出血或有溢血斑、坏死。肠黏膜表面霜样、麸皮样覆盖物，黏膜下水肿，烂斑溃疡 —— 胃肠炎

胃肠道有急性局灶性卡他性炎症，回肠有出血性变化。肠黏膜发炎、潮红，小肠黏膜和浆膜有灰白色浆液性纤维素性覆盖物 —— (流产胎儿，新生仔猪) 肠炎型衣原体病

胃肠黏膜有卡他性炎，胃底部可见出血性溃疡灶，大肠、直肠黏膜孤立或集合淋巴滤泡肿胀、溃疡，常有大量出血点。回盲瓣口有纽扣状溃疡 —— （急性）猪瘟

胃肠黏膜有严重瘀血和梗死，呈黑红色 —— （急性）沙门氏菌病（副伤寒）

胃肠道有不同程度充血、出血和水肿，肠腔内有游离血块，肠黏膜呈乌紫色，有的黏膜脱落使肠壁变薄，胃贲门部可能有溃疡和坏死 —— 黄曲霉毒素中毒

胃肠黏膜有炎症、斑点状或弥漫性出血或溃疡 —— （急性）非洲猪瘟

4. 胃肠空虚

胃肠空虚 —— 仔猪先天性肌阵挛病

5. 小肠充血发炎

小肠黏膜充血 —— （接种仔猪）猪繁殖与呼吸综合征

小肠有卡他性炎 —— 铜中毒

十二指肠黏膜泥土色，内容物中有赭色气泡，空肠黏膜鲜红色，小肠后段乌红色 —— 苦楝中毒

小肠有黏膜性炎，水肿，肠壁变薄 —— 啤酒糟中毒

小肠黏膜紫红色 —— 假参包叶中毒

空肠、结肠充血、肿胀，呈紫红色 —— 有机氟化物中毒

腹泻，小肠黏膜充血和卡他性炎 —— 断奶仔猪应激症

肠瘀血、水肿，小肠黏膜充血 —— 猪桑葚心病

肠黏膜有较重炎症 —— 氢氰酸中毒

肠有慢性炎 —— （慢性）棉籽饼中毒

6. 小肠充血、出血

小肠充血、出血 —— 出血性肺炎或脑炎

肠出血 —— 土霉素中毒

小肠黏膜充血、出血，大肠黏膜脱落 —— 霉玉米中毒

十二指肠、空肠充血、出血，盲肠有轻度充血 —— 硝酸盐和亚硝酸盐中毒

十二指肠出血性炎症 —— 水浮莲中毒

小肠黏膜充血、水肿，大肠有斑块状出血 —— 伪狂犬病

肠黏膜充血，小肠黏膜菲薄，小肠、盲肠、结肠有出血 —— 荞麦中毒

十二指肠轻度充血，黏膜呈卡他性炎，回肠有弥漫性块状出血 —— （大猪）黑斑病甘薯中毒

十二指肠前段多数有卡他性出血性炎，大肠多数轻度卡他性炎 ——（急性败血型）猪丹毒

7. 回肠肥大

常见回肠，有时也见结肠和盲肠肠壁变厚，肠管直径显著增大，增厚的肠黏膜被挤成纵向或横向的皱褶，表面湿润无黏液，有时有颗粒状分泌物，浆膜、肠系膜水肿 ——猪增生性肠炎

肠黏膜脱落，肠壁褐色或紫红，盲肠、结肠内充满黏液和血块。回肠肥大4～5倍 ——蓖麻中毒

8. 肠黏膜充血、出血

肠黏膜重度充血、出血、肿胀 ——毒芹中毒

肠黏膜弥漫性出血 ——有机磷农药中毒

肠黏膜有出血斑点 ——肉毒梭菌毒素中毒

肠出血性炎症，黏膜上有斑点状出血，黏膜下水肿，水肿液呈黄红色 ——（急性）无机氟化物中毒

肠黏膜有瘀血斑和浆液性炎 ——日射病及热射病

回肠和结肠段肠壁变薄，肠管充满液体 ——猪圆环病毒2型感染（断奶仔猪多系统功能衰竭综合征）

9. 肠黏膜坏死、溃疡、糜烂

胃肠道可发现较小坏死灶 ——（败血型）李氏杆菌病

肠有灶性病变 —— 仔猪缺铁性贫血

大肠坏死灶与周围无明显界限 —— 葡萄状穗霉毒素中毒

十二指肠出血，大肠溃疡（与沙门氏菌病相似），回肠、结肠局部坏死，黏膜变性 —— 维生素 B_5 缺乏症

十二指肠、空肠、盲肠有不同程度卡他性炎，结肠、直肠淋巴滤泡肿大，向浆膜和黏膜层凸出，有小米或绿豆大小，小肠和结肠有散在的溃疡灶，上附干酪样物，周围有充血带 —— 小肠结肠耶尔森氏菌病

小肠以肿大、出血、坏死的淋巴小结为中心形成出血性坏死性肠炎病变，病灶形成纤维性坏死的黑色痂膜，邻近的肠黏膜出血性胶样浸润（病变也偶见于大肠和胃） —— （肠型）炭疽

病变见于下消化道，表现溃疡或坏死性肠炎 —— 假丝酵母菌病和藻菌病

一般卡他性肠炎，严重时出血性肠炎，肠壁淋巴小结增大，常发生坏死和小溃疡 —— （败血型）沙门氏菌病

肠有溃疡、结肠炎 —— 维生素 B_3（泛酸）缺乏症

肠道有坏死性出血性损害 —— 赤霉菌毒素中毒

小肠呈树枝状出血，肠壁变薄，黏膜充血、出血、脱落。大肠浆膜充血，黏膜有浅溃疡灶，如粟粒大小。有的盲肠密集浅的溃疡，灰绿色 —— 菜籽饼中毒

肠有出血性炎症，肠壁常有溃烂 —— （急性）棉籽饼中毒

小肠黏膜、充血、水肿，有时形成溃疡 —— 猪气肿疽

肠黏膜弥漫性出血，大肠有点状出血，盲肠肥大，有类似猪瘟的溃疡 —— 狗屎豆中毒

肠黏膜肥厚、潮红、糜烂和溃疡，从空肠至盲肠有点状、斑状出血，严重时污秽黑红色，有的形成黄色假膜，回盲瓣有点状溃疡。结肠可见散在指头大、中心凹陷的浅溃疡灶 —— 弓形虫病

结肠黏膜出血，有的发生糜烂 —— （急性）钩端螺旋体病

结肠前段黏膜糜烂，有时可见出血性浸润 —— （败血型）钩端螺旋体病

十二指肠黏膜充血、出血，有片状或条状脱落斑，斑面紫褐色，结肠和直肠病变较轻 —— 丙硫苯咪唑中毒

十二指肠黏膜有小片脱落、小出血点，空肠、回肠、盲肠有局限性瘀血斑，肠管内有血液和微量血块。直肠肿胀，黏膜脱落 —— 酒糟中毒

10. 肠黏膜损伤，出现假膜

特征病变为坏死性肠炎。盲肠、结肠、回肠后段肠壁增厚，黏膜上覆盖着一层弥漫性、坏死性和腐乳状物质，纤维素性渗出形成假膜，因胆汁和其他杂质污染而呈黄绿色。揭开假膜，底部红色边缘不规则溃疡面，在坏死灶上覆有污秽的痂皮 —— （亚急性和慢性）沙门氏菌病

急性可见卡他性或出血性肠炎，结肠、盲肠黏膜肿胀、皱褶明显，黏膜有出血，附有黏液。肠内容物稀薄，其中混有大量黏液和坏死组织碎片。血液呈酱色或巧克力色。大肠黏膜有点状坏死，覆有黄或灰色假膜而呈麸皮样，剥去假膜露出糜烂面 ——猪痢疾

大、小肠出现卡他性炎，直肠、结肠有卡他性炎或坏死假膜 ——伪结核耶尔森氏菌病

很像慢性肠炎，肠绒毛萎缩和黏膜增厚。去掉假膜，见黏膜充血，很少有溃疡 ——猪念珠菌病

11．不同颜色的肠内容物

病程长。十二指肠不受损害，空肠暗红色，黏膜下广泛出血，肠腔充满红色液体，肠出血不严重，以坏死性肠炎变化为主要特征。肠管变薄僵硬，弹性消失，浆膜可见黄土色或浅黄色坏死肠段，黏膜下有粟粒或高粱大小的气泡，黏膜上有黄色或灰色坏死性假膜，易剥离，肠内容物暗红色，有坏死组织碎片 ——仔猪红痢

小肠内容物呈暗红色（粥状红褐色），大肠呈红绿色，充满气体，肠黏膜轻度出血 ——马铃薯中毒

大、小肠黏膜高度充血、出血，特别是回肠后段和大结肠有大小不等的出血斑，在出血严重的部位，有厚纤维素膜。有的盲肠肥大，有类似猪瘟的溃疡。肠壁菲薄，有的肠黏膜脱落，肠管内有多量暗红色液体 ——桎麻中毒

肠腔积有黄褐色液 ——（慢性）非洲猪瘟

十二指肠膨胀，肠壁变薄，浆膜、黏膜充血、水肿，肠腔内充满黄色、黄白色的稀薄内容物，有时有血液、凝乳块和气泡，空肠、回肠病变较轻 ——仔猪黄痢

肠内容物稀薄，混有黏液、组织碎片和血液。小肠、结肠浆膜有灰白色浆液，纤维素覆盖 ——（架子猪）衣原体病

肠壁菲薄，半透明，肠内容物浆性或水样，灰黄或灰黑色，空肠、回肠绒毛缩短、扁平（放大镜可见） ——轮状病毒病

小肠内容物黄色，十二指肠黏膜充血、出血 ——痢特灵中毒

小肠膨胀，充满黄色液体，肠壁变薄 ——流行性腹泻

肠壁菲薄，灰白色、半透明，肠黏膜易剥脱，有时可见充血、出血，肠内容物空虚，有大量气体和少量稀薄黄白色或灰白色酸臭的粪便，部分黏于肠壁上，不易去掉 ——仔猪白痢

以空肠、回肠、大肠前段病变为甚，肠管樱桃红色至暗红色，鼓气，肠内充满血性多泡沫液状物，黏膜、黏膜下层广泛弥漫性出血、坏死。严重的肠壁内布满针尖至粟粒大小的气泡，手捏有捻发音，个别肠系膜血管内也有气体充盈，使血管成念珠状。肠管有的变薄，有的增厚。有的大肠也呈暗红色 ——猪红肠病（大猪魏氏梭菌病）

肠黏膜充血，肠内容物为暗褐色稀糊状，或为球状干粪 ——— （仔猪）葡萄球菌病

12. 肠道见有寄生虫

肠道有卡他性炎，有蛔虫 ——— 蛔虫病

寄生肠（十二指肠）时，肠黏膜充血，点状或带状出血，糜烂性溃疡 ——— 仔猪类圆线虫病（杆虫病）

姜片吸虫多寄生在小肠，前端钻入肠壁，肠黏膜呈糜烂状，肠壁变薄，严重时有出血点，甚至肠壁发生小脓肿 ——— 姜片吸虫病

寄生部位肠黏膜充血，细胞浸润，黏膜上皮细胞变性、坏死，黏膜水肿 ——— 伪裸头绦虫病

主要在空肠，虫体附着部位有灰黄或浅红豌豆大的结节，周围有充血带，有坏死和溃疡，吻突深入的浆膜层有结节，呈现坏死结节 ——— 大棘头虫病（钩头虫病）

盲肠充血、出血、肿胀，间有绿豆大坏死灶，结肠病变与此相似，内容物恶臭，结肠黏膜暗红，布满乳白色细针尖样虫体，前部钻入黏膜，钻入处有结节，也有成圆形囊状物，内有虫体和虫卵 ——— 猪毛首线虫病（猪鞭虫病）

幼虫在大肠黏膜下形成结节，结节周围有炎症（有齿食道口线虫的结节较小，直径1毫米，长尾食道口线虫直径6毫米），高出黏膜表面，有时回肠也有结节，局部肠壁增厚 ——— 猪食道口线虫病

肠黏膜有时有出血点和溃疡，有牢固附着的虫体 —— 猪球首线虫病

乙状结肠、直肠充血、水肿、糜烂，有浅溃疡，溃疡呈火山口状，黏膜上的虫体比肠内多，在溃疡深处可找到虫体 —— 猪小袋纤毛虫病

13. 肠变位

肠管套叠部分瘀血、肿胀 —— 肠套叠

嵌顿的肠管瘀血、肿胀，并与周围组织粘连 —— 肠嵌顿

14. 肠管气多

肠管充气 —— 仔猪红痢

整个小肠气性鼓胀，肠壁透明、缺乏弹性，卡他性炎，25%充血，内容物黄色、稀薄、泡沫状或黄绿、灰白色 —— 传染性胃肠炎

个别大、小肠胀气 —— （大猪）繁殖与呼吸综合征

15. 结肠增厚

结肠、回盲瓣处肠壁肥厚 —— 仔猪毛霉菌病

结肠有多种白细胞浸润 —— 断奶仔猪多系统功能衰竭综合征

直肠周围组织水肿 —— 猪水肿病

16. 肠系膜水肿

肠系膜胶样水肿 —— （脑膜炎型）链球菌病

肠系膜不同程度水肿 ——先天性缺硒

多数肠系膜水肿 ——黄曲霉毒素中毒

大肠系膜水肿 ——猪水肿病

肠系膜、浆膜轻度水肿 ——（急性）霉玉米中毒

肠系膜和浆膜下、黏膜水肿，呈胶样浸润，腹膜、网膜出血 ——非洲猪瘟

肠系膜胶样浸润 ——猪毛首线虫病（鞭虫病）

17. 肠系膜充血、瘀血、出血

肠系膜血管瘀血 ——痢特灵中毒
——桉麻中毒

肠系膜潮红 ——（架子猪）衣原体病

肠系膜弥漫性出血 ——狗屎豆中毒

肠系膜充血 ——仔猪先天性肌阵挛病
——荞麦中毒
——流行性腹泻

18. 肠系膜有结节、包囊，肠系膜血管有气泡

肠系膜、膈有大小不等的黄色结节或扁平隆起的肉芽肿病灶。切面可见干酪样坏死 ——猪结核病

肠系膜肿胀，可见有黄色小结节，破裂形成溃疡，如结节向浆膜破裂则形成腹膜炎 —— 猪食道口线虫病

肠系膜和网膜上可找到多少不定、大小不等、被结缔组织包裹的细颈囊尾蚴（包膜内的虫体死亡钙化），剖开可见黄褐色钙化碎片或淡黄、灰白头颈残骸 —— 猪细颈囊尾蚴病

个别在肠系膜血管内有气泡，使血管成连珠状 —— （大猪）魏氏梭菌病（红肠病）

19. 肠浆膜出血

小肠浆膜有小黄色至红色瘀斑 —— （急性）非洲猪瘟

全身浆膜、黏膜有点状出血 —— （急性）猪肺疫

胃网膜小点出血，大网膜和胃肠浆膜、黏膜有出血点 —— 猪瘟

第五节　肝、胆囊、胰病理变化

一、肝

正常猪的肝呈红褐色，中央部较厚，边缘薄，表面平整光滑、色泽一致，成年猪的肝重 1.5～2 千克。肝是重要的解毒器官，能将机体内的毒物、药物和自体有毒的分解代谢产物，通过氧化和结合的解毒过程进行排毒，维护机体的生命活动。肝是机体生物化学反应的中心，全身任何器官的机能变化，对肝功能能有直接和间接的影响。当受到传染病或中毒等因素的侵害，导致肝机能受到破坏，引起代谢和营养障碍时，肝病发生。一些胃肠疾病、心血管病、造血器官疾病、代谢病、传染病、寄生虫病、全身败血病等均可使肝脏发生炎症、

脂肪变性、变硬、肿大、出血、坏死等病变，甚至一些寄生虫幼虫在肝形成结节。

在健康状态下，衰老的红细胞主要被肝、脾和骨髓等网状内皮细胞破坏后释放出血红蛋白，血红蛋白进一步分解，脱去铁和珠蛋白形成胆绿素，进而还原为胆红素。胆红素进入血液与血中的白蛋白或 A1 球蛋白结合，既不能由肾排出，又不能溶于水，只能溶于酒精的，称间接胆红素。一部分与硫酸结合成为可溶于水的胆红素，称直接胆红素。直接胆红素通过胆道进入肠管，在微生物的作用下成为胆素原，被氧化为粪胆素，一部分被肠道吸收进入肝，大部分转为直接胆红素，小部分进入血液经肾排出，在健康机体内不断形成、转化和排泄，保持相对动态平衡。在病理条件下，如肝实质发炎，致胆管阻塞、肝细胞变性坏死，或红细胞被大量破坏，引起贫血、缺氧，以及间接胆红素毒化作用，或胆汁浓稠胆管阻塞，则形成黄染和黄疸。

当肝静脉血液回流受阻引起肝内血液淤滞，急性瘀血，呈现肝肿大，重量增加，边缘钝，紫红色，切面湿润，流出凝固不良的血液。慢性瘀血，切面呈现暗红与灰黄相间的颜色，如中药槟榔的横断面。慢性瘀血可发展为肝硬化，多出现于慢性猪丹毒、链球菌病等右心衰竭时。

在急性感染、发热、毒血症、败血症、慢性中毒、缺氧和恶液质病例，易发生轻度脂肪变性和颗粒变性，肝仅现偏黄色，质较脆，严重时肝明显肿大，表面隆起，边缘钝，呈土黄色或褐黄色，切面油腻感，结构模糊，质脆易碎，肝细胞内有大小不一的脂肪滴。在肝小叶内脂肪变性肝细胞的分布有中心性、周边性和全小叶性（全小叶性被称为脂肪肝）。

肝脏在循环障碍（梗死）、微生物感染（副伤寒、伪狂犬病等）、寄生虫（蛔虫、冠尾线虫等）侵袭、中毒（铜、砷、磷、汞、自体中毒等）时，致肝发生弥漫性坏死、局灶性坏死、肝小叶内带状坏死。

弥漫性坏死，超越肝小叶范围大面积肝细胞坏死和溶解吸收，导致肝的体积比正常缩小 $1/3 \sim 1/2$，包膜皱缩，边缘锐薄，质软可叠，切面棕黄色或灰黄色。如肝细胞溶解吸收后，继发血窦扩张充血，肝小叶塌陷而呈红色斑点，肝表面呈红黄相间的花纹。见于中毒引起的肝坏死。

局灶性坏死，呈散在性分布，出现在肝小叶内任何部位，形成灰土色针尖至粟粒大坏死点，数量较多，大小均匀。出现于菌血症、败血症、病毒血症。

肝小叶内带状坏死，这一病变可见于磷、氯仿等剧毒损害。中央坏死最多见，可产生于很多疾病，无特异性。见于棉酚中毒、贫血时使用硫酸亚铁超量、维生素 E 缺乏症及长期肝瘀血等。

当蛔虫寄生于肝时，或脓毒败血症脓栓转移至肝，脓肿外有包囊，内含黄绿色脓液，常引起纤维素性肝周炎，甚至与腹膜粘连，并继发脓栓性静脉炎、心内膜炎、肺脓肿、化脓性腹膜炎。

肝硬变是慢性进行性肝疾病，因肝细胞不断发生变性、坏死，存活的肝细胞分裂再生形成结节和组织增生，肝小叶结构破坏，致肝变硬，体积变小，表面高低不平成结节状，尤其坏死后的变硬，在切面有大片结缔组织增生，色彩斑驳，染有胆汁。肝内胆管明显易见，积有黄绿色胆汁，管壁增厚，灰白色或钙化。猪还有肥大型肝硬变，肝组织广泛增生，体积增加，表面呈均匀的小颗粒状，有的胆管内有贮透明液体的小囊肿。

猪蛔虫幼虫在肝脏移行所形成具有特征性的乳斑肝，表面纤维膜下布满直径数厘米的不规则白斑。急性肝营养不良的肝小叶表面有出血性坏死与淡黄色或白色凝固坏死灶，混杂在一起成为"花肝"。断奶仔猪多系统功能衰竭综合征病猪肝花斑样外表和黄疸。丙硫苯咪唑中毒肝的表面有梅花样灰白色沉淀斑。架子猪衣原体病肝表面有白色斑点，并有纤维素粘连。

1. 肝肿大

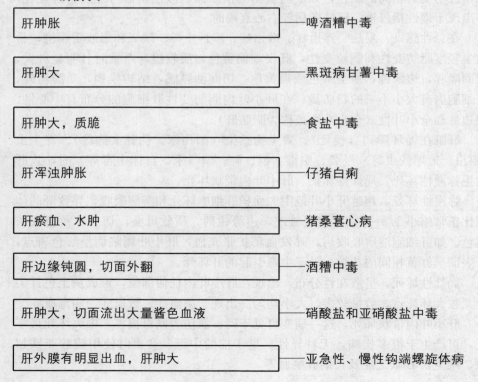

肝肿胀	——啤酒糟中毒
肝肿大	——黑斑病甘薯中毒
肝肿大，质脆	——食盐中毒
肝浑浊肿胀	——仔猪白痢
肝瘀血、水肿	——猪桑葚心病
肝边缘钝圆，切面外翻	——酒糟中毒
肝肿大，切面流出大量酱色血液	——硝酸盐和亚硝酸盐中毒
肝外膜有明显出血，肝肿大	——亚急性、慢性钩端螺旋体病

2. 肝肿大，土黄色、橙黄色

肝肿大，呈黄色	——仔猪溶血病
肝肿大，土黄色	——（初生仔猪）猪丹毒
肝肿大，土黄或棕黄色，被膜下可见粟粒至黄豆大的出血灶，切面可见黄绿色或弥漫性点状或粟粒大小的胆栓	——（败血型）钩端螺旋体病
肝切面或表面呈深黄或淡黄色，个别有暗红瘀血区，红色出血坏死区、灰黄色出血坏死区相间存在呈条纹状，病变部凹凸不平	——硒中毒
肝肿大1倍，呈土黄色，表面有黄白色斑	——痢特灵中毒
肝肿大，土黄色	——猪巴贝斯虫病
肝轻肿，边缘钝，呈土黄色	——铜缺乏症
肝肿大质脆，呈土黄色或棕黄色，并有出血点和坏死点，有的质硬稍黄，表面凹凸不平，并有黄色条纹坏死区	——附红细胞体病
肝轻度肿大，色淡呈土黄色，边缘钝，广泛性含铁血黄素沉着	——铜缺乏病
肝肿大1~1.5倍，呈黄色	——出血性肺炎或脑炎
肝脂肪变性，呈黄色	——（急性）氟化物中毒

有肝硬化和黄疸现象 —— (慢性) 霉玉米中毒

肝肿大，边缘钝，小叶结构不清楚，切面流出黑色血，有的肝呈淡黄色 —— 荞麦中毒

3. 肝肿大，橙黄色、黄褐色、褐色

肝肿大，边缘钝圆，膈面呈黄褐色或暗红色，其他部位黄绿色，切面外翻浑浊，包膜增厚，包膜下有针尖大紫色圆点 —— 菜籽饼中毒

肝显著肿大、质脆，为正常的 2 倍，黄染，个别橙黄色 —— 铜中毒

肝肿大，质硬而脆，橙黄色 —— 聚合草中毒

肝橘黄色，边缘锐利，质如豆腐，稍碰即破 —— 仔猪低血糖症

肝肿大多血，呈黄褐色 —— 肉毒梭菌毒素中毒

肝黄褐色，有显著脂肪变性 —— 猪黄脂病

肝肿大质脆，紫褐色。有的硬化 —— 狗屎豆中毒

肝轻度肿大，质脆，褐色 —— (接种仔猪) 猪繁殖与呼吸综合征

4. 肝肿大，暗红色，瘀血

肝肿大，暗红色，切面流多量血液 —— 猪心脏浆膜丝虫病

肝瘀血，暗红色或一致的黄土色 —— 初生仔猪缺硒症

肝肿大，呈暗色，瘀血，肝包膜下有局灶出血，切面外翻，暗黄红色 —— 马铃薯中毒

肝肿大，瘀血 —— 胃溃疡
—— 兰氏 Q 群链球菌病
—— 有机氟化物中毒

肝出血部位呈暗红色或褐红色，坏死部分萎缩，结缔组织增生形成瘢痕，肝表面凹凸不平 —— (慢性) 肝营养不良

肝肿大质脆，瘀血呈暗红色，有的紫红色，硬化 —— 桠麻中毒

肝充血、棕红色，暴露空气中呈鲜红色，切开流出不凝固血液 —— (急性败血型) 猪丹毒

肝肿质硬，呈红褐色或黄色与褐色相间 (似槟榔肝) —— 焦虫病

肝暗红色，不肿大 —— 安妥中毒

肝瘀血，与胆囊接触部间质水肿 —— (急性) 非洲猪瘟

5. 肝脂肪变性

肝严重变性 —— (创伤感染) 恶性水肿

肝实质变性 —— 血细胞凝集性脑脊髓炎 (呕吐—消耗型)

肝脂肪浸润或脂肪变性 ——— 维生素 B_6（吡多醇）缺乏

肝显著脂肪变性，肝内有含铁血黄素沉着 ——— 钴缺乏症

肝脂肪变性，坏死出血 ——— 青霉毒素中毒

肝表面结缔组织增生，有时引起肝脂肪变性 ——— 猪华支睾吸虫病

肝肿大，脂肪变性，呈淡灰色，有时有出血点 ——— 仔猪缺铁性贫血

6. 肝肿大有坏死

肝肿大，硬度增加，有针尖、粟粒、黄豆大的灰白、灰黄色坏死灶，并有针尖大出血点，小叶结构模糊 ——— 弓形虫病

肝肿大，个别有灰白色坏死灶 ——— 猪繁殖与呼吸综合征

肝肿大，棕黄色，被膜有出血点和灰白色坏死灶 ——— 钩端螺旋体病

肝肿大，棕黄色，被膜有出血点和灰白色坏死灶 ——— （急性）钩端螺旋体病

肝肿胀瘀血，表面有高粱至黄豆大、散在、灰白色坏死灶 ——— （仔猪）葡萄球菌病

肝呈泥土色，脂肪变性，并有坏死灶 ——— 葡萄状穗霉毒素中毒

肝浑浊肿胀，脂肪变性，大部分肝小叶中央静脉周围肝细胞呈凝固性坏死	假参包叶中毒
肝个别部位发生凝固性坏死	水浮莲中毒
肝稍肿大，有灶性坏死	苦楝中毒
肝肿大，暗红色，有坏死灶	克雷伯氏菌病
肝肿大，有许多针尖大坏死灶	葡萄球菌病
肝充血或水肿，间有出血性坏死灶	(肠型) 炭疽
肝充血，局灶性肝细胞坏死	有机磷农药中毒
肝变性、坏死	感光过敏
肝细胞坏死，广泛结缔组织增生和形成囊肿	赭 (棕) 曲霉菌毒素中毒
肝不同程度的瘀血和变性，突出的是实质内有针尖至粟粒大灰黄色坏死灶，切面可见一个肝小叶内有几个病灶	(结肠炎型) 沙门氏菌病
肝肿大瘀血，被膜有时有出血点，肝实质有糠麸状细小灰黄色坏死灶和灰白色副伤寒结节	(急性) 沙门氏菌病 (副伤寒)

7. 肝有出血

肝可见出血	猪放线菌病

肝出血严重	——（急性型）非洲猪瘟

肝坏死性、出血性损害	——赤霉菌毒素中毒

肝有不同程度出血	——仔猪先天性肌阵挛病

肝充血肿大，有出血性炎，其中有许多空泡状间隙	——（急性）棉籽饼中毒

肝损害	——土霉素中毒

8. "花肝"（肝表面有杂色斑）

肝正常红褐色小叶、红色出血性坏死小叶、白色或淡黄色缺血性凝固坏死小叶混杂在一起，形成彩色多斑嵌花式外观，俗称"花肝"。发病小叶可能孤立成点，也可能联合成片，表面粗糙不平	——（急性）肝营养不良

肝容积增大，有杂色斑点呈豆蔻样，中心小叶充血、坏死	——桑葚心病

肝见有花斑状外表和黄疸，并因各种白细胞浸润而结构破坏	断奶仔猪多系统功能衰竭综合征

肝肿大，质脆，表面有白色斑点，与膈、腹膜、小肠、大肠纤维素性粘连	——（架子猪）衣原体病

肝肿大，色褐，表面有梅花样灰白沉淀物，边缘变钝，切面外翻，流出煤焦油样液体，小叶结构模糊	——丙硫苯咪唑中毒

肝肿大，硬而脆，切面有槟榔样花纹 —— 白肌病

肝质脆，表面有灰白色斑点 —— （流产胎儿、新生仔猪）肠炎型衣原体病

9. 肝有颗粒、囊肿

肝肿大变硬、结缔组织增生，切开肝内有包囊和脓肿，内有幼虫或见到幼虫钙化结节，肝门静脉有血栓，内含幼虫 —— 猪冠尾线虫病（肾虫病）

急性肝肿大，表面有很多小结节和小出血点，肝叶变黑红色或灰褐色，肝实质内可找到遗留的虫道（初期充满血液，以后变灰黄色） —— 猪细颈囊尾蚴病

肝膈面中央有结节微隆起，边缘呈花边样，切面软，粉红色，边缘有明显血带。左外叶膈面有结节，微突出表面。无包膜，灰红色。肝表面和实质有大小不等的肿块 —— 仔猪毛霉菌病

肝表面凹凸不平，有时可见棘头蚴显露于表面，切开流液，将液沉淀后，在显微镜下可见生发囊和原头蚴 —— 猪棘头蚴病（包虫病）

肝肿大质脆，色淡，肝叶基部明显发黄，严重的显著增大，红白相间。有的全部呈黄色或砖红色，包膜粗糙，有纤维素沉着，包膜与实质中有瘀斑、瘀点，切面结构模糊。有的表面有弥漫性粟粒大至豌豆大的黄色颗粒（此时肝肿大而硬），病久的肝纤维化，硬而坚实 —— 黄曲霉毒素中毒　维生素 B_{12} 缺乏症

肝和舌呈现肉芽肿组织的增殖和肿大 ——— 蛔虫病

肝黄染或变硬，肝和胆管可能出现虫体 ——— 猪食道口线虫病

有幼虫进入肝形成包裹，幼虫死亡可见坏死组织 ——— 冠尾线虫病

有的肝表面有直径 15 厘米的脓肿，囊壁增厚，充满黄绿色脓液 ——— （急性）棒状杆菌感染

10. 肝萎缩

肝有不同程度萎缩和变性 ——— 猪毛首线虫病（猪鞭虫病）

肝皱缩状态 ——— 猪脑心肌病

肝轻度肿大或体积缩小，色淡浑浊，被膜偶见小出血点，肝小叶中心色淡。有的肝肿大，发黄，细胞质变、坏死，小叶中心出血，间质明显增宽 ——— （急性）霉玉米中毒

肝可能中等程度黄疸或明显萎缩，伴有肝小叶融合 ——— 猪圆环病毒 2 型感染（断奶猪多系统功能衰竭综合征）

11. 肝其他变化

肝表面有大量纤维素渗出 ——— 伪狂犬病

肝组织有气泡 ——— （胃型）恶性水肿

肝肿大，质硬脆，切面外翻，流出多量黑色血液 ——— 蓖麻中毒

| 肝质较硬，局部肝小叶有瘀血斑 | ——红皮病 |

二、胆囊、胆汁

　　胆囊是一个上小下大的梨状囊，分浆膜，肌层、黏膜，内贮胆汁，呈橙黄色。有些传染病、中毒、胃溃疡可引起胆囊水肿，有些中毒、传染病、寄生虫病由于胆囊充满胆汁而显现胆囊扩张，胆汁有的浓稠，有的草绿色（华支睾吸虫病），有的为墨绿色（黑斑病甘薯中毒、仔猪先天性肌挛缩病），有的褐色（附红细胞体病）。也有胆囊萎缩，胆汁很少。有时胆囊内有蛔虫或华支睾吸虫及虫卵。

　　1. 胆囊水肿

| 胆囊水肿 | ——猪水肿病 |

| 胆囊壁增厚、水肿 | ——（溶血型）链球菌病 |

| 胆囊壁胶样水肿 | ——（脑膜炎型）链球菌病 |

| 胆囊壁水肿，无胆汁 | ——胃溃疡 |

| 胆囊黏膜有小点出血和水肿 | ——（急性）霉玉米中毒 |

　　2. 胆囊肿大，充盈

| 胆囊膨满，充满淡黄色半透明胆汁 | ——仔猪低血糖症 |

| 胆囊扩张，胆汁浓稠 | ——铜中毒 |

| 胆囊肿大几倍，充满墨绿色胆汁 | ——黑斑病甘薯中毒 |

| 胆囊肿大，胆汁呈糊状、墨绿色 | ——仔猪先天性肌阵挛病 |

胆囊肿大，胆管变粗，胆汁浓稠呈草绿色，胆管和胆囊中有很多虫体和虫卵 —— 猪华支睾吸虫病

胆囊肿胀，胆管周围胶样浸润 —— 马铃薯中毒

胆囊肿大 —— 猪轮状病毒病
胆囊肿大 —— 流行性腹泻

胆囊肿大、充满褐色胆汁 —— 附红细胞体病

胆囊膨满 —— 仔猪白痢

胆囊有的充盈 —— （初生仔猪）猪丹毒

胆囊充盈，充满黏稠胆汁 —— 猪巴贝斯虫病

3. 胆囊萎缩

胆囊萎缩，胆汁浓稠、深绿色 —— 蓖麻中毒

胆囊空虚 —— 水浮莲中毒

胆囊胆管内有时有蛔虫 —— 蛔虫病

胆囊瘪缩。也有扩张而充满胆汁的。急性，胆囊严重水肿（亚急性、慢性无此现象） —— 黄曲霉毒素中毒

4. 胆汁浓稠

胆囊黏膜暗褐色 —— 丙硫苯咪唑中毒

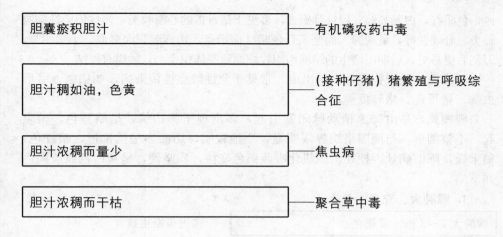

胆囊瘀积胆汁	—— 有机磷农药中毒
胆汁稠如油，色黄	—— （接种仔猪）猪繁殖与呼吸综合征
胆汁浓稠而量少	—— 焦虫病
胆汁浓稠而干枯	—— 聚合草中毒

三、胰

胰位于胃的后方，腹腔背侧壁，三角形，右侧附于十二指肠第一弯曲，左侧接胃的左端、脾的背端和左肾的前端。剖检时注意胰的质量、重量、颜色变化。

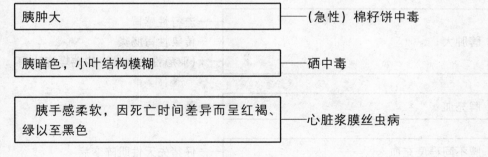

胰肿大	—— （急性）棉籽饼中毒
胰暗色，小叶结构模糊	—— 硒中毒
胰手感柔软，因死亡时间差异而呈红褐、绿以至黑色	—— 心脏浆膜丝虫病

第六节 脾、淋巴结病理变化

一、脾

猪脾狭长而窄（长度为宽度的 4 倍），脾头比脾尾宽厚，呈暗红色，位于胃大弯左侧。

脾急性瘀血，见于急性心衰和屠宰时机械刺激，呈现脾肿大，质软，切面多血，色暗红，白髓萎缩。慢性脾瘀血，多见于猪丹毒的心瓣膜炎、慢性传染性胸膜肺炎、肝硬变等，呈现脾大而坚实，色暗红而带蓝，切面湿润而多血，小梁明显，刀刮后更易见，后期因增生的结缔组织收缩而致脾体积变小，触摸有硬结。

脾出血，呈现弥漫性点状出血。常见于急性败血性传染病，如猪瘟、弓形虫病、猪丹毒、猪肺疫等。

脾梗死，是由脾末梢动脉闭塞引起，多出现于脾边缘，呈暗蓝色，稍隆起，不整圆形，与周围组织界限明显，质地较实，切面多呈圆锥形，暗红色，稍干燥，陈旧病灶因梗死组织机化吸收而色变淡，质坚硬，呈灰白色或淡褐色并下陷。

1. 脾肿大、充血

脾肿大 2～3 倍，紫褐色	猪巴贝斯虫病

脾软而肿大（1952 年美国报道败血型病猪脾肿大 2～3 倍，较少见）	（慢性）（肠型）炭疽

脾略肿大	马铃薯中毒

脾肿大	流行性感冒
	传染性胃肠炎
	（亚急性、慢性）钩端螺旋体病

脾充血	桑葚心病

脾不同程度充血	仔猪先天性肌阵挛病

脾轻度肿胀	猪圆环病毒 2 型感染（断奶仔猪多系统功能衰竭综合征）

2. 脾肿大、瘀血，有出血点、出血斑

脾肿大、瘀血	（仔猪）葡萄球菌病
	兰氏 Q 群链球菌病

脾瘀血 ————— 血细胞凝集性脑脊髓炎（呕吐—消耗型）

—— 仔猪黄痢

脾肿大，脾头见紫黑半透明的出血病灶 ——— （接种仔猪）猪繁殖与呼吸综合征

脾肿大，有出血 —— （亚急性）钩端螺旋体病

—— （亚急性型）非洲猪瘟

脾肿大，暗蓝色，硬如橡皮，被膜小点出血，切面蓝红色，白髓周围有红晕 ——— （急性）沙门氏菌病（副伤寒）

脾肿大、瘀血、出血 ——— 荞麦中毒

脾肿大，瘀血，有的被膜见出血斑 ——— 桎麻中毒

脾轻度肿大，表面有大量小出血点和出血斑 —— （架子猪）衣原体病

脾肿大、瘀血，边缘钝厚 ——— 猪心脏浆膜丝虫病

脾肿大柔软，表面有暗红色出血点。有的萎缩呈灰白色，边缘不整齐，有粟粒丘疹样结节 —— 附红细胞体病

脾柔软紫黑色，背面有少量出血点 ——— 蓖麻中毒

脾有出血点，不肿大 —— （最急性）猪肺疫

脾有出血点，轻度肿胀 ——— 肠炎型衣原体病（流产胎儿、新生仔猪）

脾肿大，被膜有出血点，切面粗糙、暗红色 —— 焦虫病

脾有出血点
—— 狗屎豆中毒
—— 葡萄状穗霉毒素中毒

脾有出血
—— 猪放线菌病
—— 青霉毒素中毒

脾轻度肿大，柔软，灰褐色，表面有出血点 —— 菜籽饼中毒

3. 脾樱桃红色、褐色

脾被膜和小梁成樱桃红色，脾髓不易刮下。有的脾出血性梗死 —— （急性）霉玉米中毒

脾樱桃红或紫红色，质松软，包膜紧张，边缘钝圆，切面外翻隆起，白髓周围有红晕（颜色更深的小红点），脆软的髓质易刮下 —— （急性败血型）猪丹毒

脾樱桃红色，切面平整，不流出血液 —— 仔猪低血糖症

脾黑褐色，质韧，切面流黑褐色液体 —— 丙硫苯咪唑中毒

脾肿大，质脆，呈棕色或褐色 —— 铜中毒

4. 脾有坏死灶

脾边缘有坏死灶 —— 克雷伯氏菌病

脾可见较小的坏死灶 —— （败血型）李氏杆菌病

脾肿大变硬，有散在的坏死灶 ——（亚急性、慢性）沙门氏菌病

脾肿大或稍肿大，被膜下有丘状出血点和灰白色小坏死灶。切面暗红色，白髓不清，小梁较明显，见有粟粒大、灰白色坏死灶。有的萎缩，脾髓如泥状 ——弓形虫病

脾局部肿大，并有坏死灶和出血点。有的发生脓肿。有的脾被包在脓囊中（脾萎缩成黑色，表面粗糙，有出血点和坏死灶） ——棒状杆菌感染

5. 脾有梗死

多数脾肿大（可达 1～3 倍），柔软而脆，暗红或蓝紫色，少数边缘有出血性梗死 ——（败血型）链球菌病

脾肿大、瘀血，偶有出血性梗死 ——（急性败血型）钩端螺旋体病

脾一般不肿胀，边缘有粟粒、黄豆大、紫红色隆起的出血性或贫血性梗死，呈结节状，切面多呈楔形。多数梗死联成带状，凭此检出率 30%～40% ——（急性）猪瘟

脾有小面积梗死，背面分布小的坏死区 ——葡萄球菌病

脾严重充血肿大，可达正常的 5 倍以上，柔软呈黑紫色，切面脾小梁模糊，脾边缘有黑红色隆起的小梗死灶 ——（急性）非洲猪瘟

脾少数边缘有出血性梗死，大部分无此变化 ——黄曲霉毒素中毒

少数脾边缘有梗死灶 ——（初生仔猪）猪丹毒

6. 脾表面有结节

脾肿大，边缘不整齐，有的表面和边缘有粟粒大的出血性结节 —— （急性）钩端螺旋体病

脾肿胀，表面有很多粟粒状增生 —— 聚合草中毒

脾肿大，表面和髓内有大小不等的灰白色结节，切面呈灰白色干酪样坏死，外围有包囊 —— （脾）结核病

7. 脾萎缩

脾有不同程度的萎缩和变性 —— 猪毛首线虫病（鞭虫病）

脾萎缩 —— 维生素 B_{12} 缺乏症
—— （急性）棉籽饼中毒

脾缺血皱缩，比正常小 1/2 —— 猪脑心肌病

8. 脾其他病变

脾切面平整干燥，白髓和脾小梁模糊 —— 硒中毒

脾贫血，有含铁血黄素沉着 —— 钴缺乏症

脾广泛性含铁血黄素沉着，土黄色 —— 铜缺乏症

脾有大小不等的暗红色块突出 —— 苦楝中毒

脾也有类似灰色海绵状病变 —— 猪气肿疽

脾软，切面模糊 —— （溶血型）链球菌病

| 脾暗红色，不肿大 |————| 安妥中毒 |

| 脾肿大色淡，坚实 |————| 仔猪缺铁性贫血 |

二、淋巴结

　　淋巴结是圆形或椭圆形的小体，分布于淋巴循环通路上，猪的淋巴结与其他动物不同的特点是各部位的淋巴结差异很大，肠系膜淋巴结成串，皮质在中央区，髓质分布在外周。淋巴结充血时，体积增大，色淡红，质柔软，切面湿润，有较多浆液渗出。当心、肺瘀血时，淋巴结也瘀血。如有瘀血、恶液质、中毒和全身水肿时，肠系膜淋巴结明显水肿。在循环障碍、出血性炎、败血症和中毒时，淋巴结体积增大，颜色依出血量多少而呈现淡红色、暗红色，甚至血肿，猪瘟的淋巴结出血尤为明显。若发生消耗性疾病，后期形成恶液质时，淋巴结萎缩。当局部组织发生创伤、出血或溶血性疾病时，附近淋巴结出现含铁血黄素沉着，呈现红褐色或切面见铁锈色。

　　全身淋巴结炎，多见于败血性疾病。局部淋巴结炎，多见于局部皮肤、黏膜或器官存在病灶。

　　急性淋巴管炎，淋巴结肿大、柔软、被膜紧张、鲜红或暗红色，切面多汁、色潮红。

　　出血性淋巴结炎，淋巴结肿大，色暗红或黑红，切面有三种形态：一是切面隆起湿润，粉红色的背景上有暗红色出血点，如猪肺疫的淋巴结炎；二是切面呈大理石样斑纹，沿被膜下和小梁周围呈现暗红色的出血带，如猪瘟的淋巴结炎周边出血；三是整个淋巴结切面出血，呈片状紫红色，含多量血液。

　　出血性坏死性淋巴结炎，淋巴结明显增大，呈紫红色，质硬而脆，切面黑红色或砖红色，有时可见黑褐色坏死灶，随病程延长，渗出的红细胞崩解和组织坏死加重，颜色转为灰白色，比较干燥，无光泽。

　　化脓性淋巴结炎，淋巴结明显肿大，呈灰黄色，大的脓肿按压有波动感，切面有化脓灶，流出脓汁，感染链球菌的脓汁呈灰白色，无臭，脓灶周围有暗红色出血带，陈旧大脓灶周围形成脓膜，中央脓汁可发生钙盐沉积。

　　慢性淋巴结炎，呈现淋巴结肿大，灰白色，有脑髓样外观，故又称淋巴结髓样肿胀，见于支原体肺炎的支气管淋巴结和仔猪副伤寒的肠系膜淋巴结。

　　上述各种淋巴结病理变化，多见于传染病、中毒病及原虫病（如焦虫病、弓形虫病）。

1. 全身淋巴结充血、出血

全身淋巴结出血，切面红色	—— （最急性）猪肺疫

全身淋巴结肿大、充血、出血	—— （脑膜炎型）链球菌病

全身淋巴结肿大，显著充血和点状出血，切面灰白多汁，周边暗红色	—— （最急性败血型）猪丹毒

全身淋巴结大多肿大、充血、出血和周边出血	—— 棒状杆菌感染

全身淋巴结，特别是局部淋巴结急性肿胀，切面充血、出血、多汁	—— （创伤感染）恶性水肿

淋巴结水肿，有散在小出血点	—— 猪黄脂病

仅有局部淋巴结出血	—— 猪水疱病

2. 全身淋巴结有坏死灶

全身淋巴结充血、出血，有坏死灶	—— 硒中毒

淋巴结可发现较小的坏死灶	—— （败血型）李氏杆菌病

3. 全身及内脏淋巴结充血、出血

全身淋巴结具有出血性炎，肿胀，外观深红或紫红色，切面红白相间、呈大理石状。尤以颌下、咽背、耳下、腹股沟、支气管、胃门、肾门、脾门、肝门、髂下淋巴结肿胀，紫红色	—— （急性）猪瘟

全身淋巴结，特别是腹股沟、纵隔、肺门、肠系膜淋巴结显著肿大，切面灰黄色或出血 —— 猪圆环病毒 2 型感染（断奶仔猪多系统功能衰竭综合征）

全身淋巴结肿大，尤其肺门、肝门、颌下、胃等淋巴结肿大 2～3 倍，切面外翻，多数有粟粒大灰白、黄白、褐色干酪样坏死灶或大小不等暗红色出血点。肠系膜淋巴结髓样肿胀如绳索 —— 弓形虫病

全身淋巴结肿大、充血、出血，肺门、肝门淋巴结周边出血 —— （败血型）链球菌病

全身淋巴结，尤其肠系膜淋巴结和内脏淋巴结肿大，呈浆液性炎症和出血 —— （急性败血型）沙门氏菌病

全身各部淋巴结不同程度发炎，颌下、咽后、颈部淋巴结高度肿大，显著充血、出血、水肿，切面发红多汁 —— （急性）猪肺疫

全身淋巴结肿大、出血，肠系膜淋巴结表面紫色，切面有出血浸润 —— 狗屎豆中毒

4. 全身淋巴结肿大、水肿

全身淋巴结肿大 —— （慢性）棉籽饼中毒

全身淋巴结肿大，切面一致灰白色 —— 猪多发性浆膜炎与关节炎

全身淋巴结肿大，切面外翻、有液体渗出，纵隔、胸前、腹股沟、肠系膜淋巴结水肿，切面多汁，呈灰褐色，下颌淋巴结灰白色 —— 附红细胞体病

淋巴结肿大 ——————————— 猪桑葚心病

全身淋巴结水肿 ——————————— 肉毒梭菌毒素中毒

淋巴结水肿，切面多汁 ——————————— 聚合草中毒

全身淋巴结不同程度水肿（肺门、股内侧、下颌淋巴结特别显著），切面多汁，肠系膜淋巴结有干酪样坏死 ——————————— 霉菌性肺炎

5. 体表淋巴结肿大

体表淋巴结肿大 ——————————— （仔猪）猪繁殖与呼吸综合征

体表淋巴结肿大，肠系膜及肛门淋巴结瘀血 ——————————— 冠尾线虫病（肾虫病）

肩前、下颌、肠淋巴结肿大 ——————————— （接种仔猪）猪繁殖与呼吸综合征

腹股沟淋巴结肿大 1.5～2 倍 ——————————— （公猪）衣原体病

腹股沟和肠系膜淋巴结高度肿大出血，呈大理石状，下颌淋巴结肿大 ——————————— 兰氏 Q 群链球菌病

下颌、腹股沟淋巴结水肿，肠系膜淋巴结水肿、出血 ——————————— （大猪）魏氏梭菌病（红肠病）

下颌、咽后、肺部淋巴结肿大，内含脓液 ——————————— （肺部感染）放线菌病

下颌、腹股沟淋巴结肿大，切面多汁 ——葡萄球菌病

下颌、腹股沟淋巴结肿大、出血 ——荞麦中毒

颈部、纵隔、支气管淋巴结肿大多汁 ——流行性感冒

颈部和肠淋巴结充血、水肿 ——黑斑病甘薯中毒

淋巴结有出血点，下颌淋巴结肿大、瘀血、出血 ——葡萄状穗霉毒素中毒

下颌、肩前、膝襞、肠系膜淋巴结肿大，有斑点出血，呈黑红色，切面湿润多汁 ——焦虫病

体表和各器官淋巴结水肿，周边出血，颌下和肛门淋巴结最显著 ——黄曲霉毒素中毒

常见于下颌淋巴结，少见于颈、咽后、肠系膜淋巴结，淋巴结不同程度肿大，切面砖红色，散布有细小灰黄色坏死灶或暗红色凹陷小病灶 ——（隐性型）炭疽

颌下、耳下腺及淋巴结肿胀，点状出血 ——猪细胞巨化病毒感染

颌下、腹股沟、肠系膜淋巴结肿大，灰白色 ——（急性）钩端螺旋体病

淋巴结，特别是肠、下颌淋巴结肿大，间有出血 ——伪狂犬病

头颈淋巴结，特别是下颌淋巴结急剧肿大，切面严重充血、呈樱桃红色，中央凹陷，有黑色坏死区 —— （咽型）炭疽

咽喉部个别淋巴结，特别是下颌淋巴结肿大，被膜增厚，质地变硬，切面干燥，有砖红或灰黄色坏死灶。病长者，坏死灶周围常有包囊形成，或继发为脓肿，有干酪或碎屑状颗粒 —— （慢性）炭疽

6. 内脏淋巴结充血、出血、坏死

纵隔淋巴结水肿和膨胀，有出血点和坏死区 —— （支气管炎肺炎型）衣原体病

肺门淋巴结充血、出血 —— 猪繁殖与呼吸综合征

肺门淋巴结肿胀，深红色，肺间质增宽，切开有大量血色泡沫 —— （溶血型）链球菌病

肺门淋巴结呈大理石样变，肠系膜淋巴结肿大 —— 出血性肺炎或脑炎

全身淋巴结肿大、出血（感染葡萄球菌时），肺周围淋巴结发炎 —— 渗出性皮炎（油皮病）

肺淋巴结充血、出血，淋巴结轻度水肿 —— 克雷伯氏菌病

气管周围、纵隔淋巴结有坏死灶 —— （慢性）猪肺疫

淋巴结水肿，尤其是肝门、肺门、胃底和肠系膜淋巴结明显，有些淋巴结除水肿外，周边出血 —— 红皮病

咽后、肝门、肠系膜淋巴结明显增大，切面灰白色脑髓样，常散在灰黄色坏死灶或干酪样物 —— （亚急性、慢性结肠炎型）沙门氏菌病

下颌、咽背、颈前、脾门、肝门、腹股沟、肠系膜等淋巴结肿大、水肿、出血 —— 菜籽饼中毒

内脏淋巴结严重出血，状如血瘤，胃门、肝门、肾门、肠系膜淋巴结最严重，胸部、下颌淋巴结较轻，通常块状出血，体表淋巴结仅周围轻度出血 —— （急性）非洲猪瘟

除咽、颈、肠系膜淋巴结病变外，还可在肝、脾、肺、肾等器官及相应淋巴结形成多少不等、大小不一的结节性病变，尤其是肺、脾较多见，肺实质内散在或密集分布粟粒、豌豆至榛子大的结节。有时肺、胸膜表面有许多结节隆突而显粗糙、增厚、粘连。新形成的结节周边有红晕，陈旧的结节周围有包膜，中心干酪样坏死和钙化。有的还形成小叶性干酪性肺炎病灶 —— （全身性）结核病

咽、颈和肠系膜淋巴结有结节性（粟粒或高粱大，切面灰黄色，干酪样坏死或钙化病灶）和弥漫性增生（肿胀坚实，切面灰色，无明显的干酪样坏死），各器官相应的淋巴结也有大小不等的结节性病变 —— （消化道感染）结核病

肝门、胃门、肠系膜淋巴结出血 —— 蓖麻中毒

肝门淋巴结肿大，切面稍外翻，外表与切面呈淡黄色，边缘出血。肠系膜淋巴结普遍肿大，切面灰白色，有出血坏死 —— 仔猪毛霉菌病

肝、肾淋巴结肿大，充血，出血 —— （败血型）钩端螺旋体病

胃淋巴结肿大，呈黑红色 —— 苦楝中毒

肾淋巴结充血 —— 脑心肌病

7. 肠系膜淋巴结水肿、充血、出血

肠系膜淋巴结水肿 —— 猪轮状病毒病 / 仔猪白痢

肠系膜充血，肠系膜淋巴结水肿 —— 流行性腹泻

肠系膜淋巴结充血、肿大，切面有汁 —— 仔猪黄痢

小肠淋巴结肿胀 —— （肠炎型）衣原体病

肠系膜淋巴结肿胀 —— 传染性胃肠炎

肠系膜淋巴结充血 —— 酒糟中毒

肠系膜淋巴结肿大，紫而发硬 —— 丙硫苯咪唑中毒

肠系膜淋巴结肿胀，呈灰白色，切面外翻多汁 —— 水浮莲中毒

病期短的淋巴结水肿	——猪巴贝斯虫病
Peyer 氏集合淋巴结和孤立淋巴滤泡及肠系膜淋巴结肿胀，并发腹膜炎	——胃肠炎
肠系膜潮红，肠系膜淋巴结充血肿胀	——（架子猪）衣原体病
肠系膜淋巴结深红色，其中也有小气泡，肠系膜的根部存有放射型长气泡	——仔猪红痢
肠系膜淋巴结出血	——铜中毒
肠系膜淋巴结充血、出血	——食盐中毒
肠系膜淋巴结肿大、充血	——啤酒糟中毒
肠系膜淋巴结肿大，切面外翻多汁	——小肠、结肠耶尔森氏菌病
肠系肠淋巴结可见粟粒状小脓肿	——（日龄较大哺乳猪、断奶猪）放线菌病
肠系膜淋巴结肿胀、瘀血	——（仔猪）葡萄球菌病
肠系膜淋巴结出血严重，有时像血块	——非洲猪瘟
淋巴结水肿、充血、出血	——猪水肿病

淋巴结轻度肿胀潮红或出血	—— （最急性）猪瘟

淋巴结可见到米粒、豌豆大的囊尾蚴	—— 猪囊尾蚴病（猪囊虫病）

有的淋巴结充血变软	—— （慢性）霉玉米中毒

淋巴网状内皮组织增生是显著特征之一	—— （慢性型）非洲猪瘟

淋巴结有多种白细胞浸润	—— 断奶仔猪多系统功能衰竭综合征

第七节　肾、膀胱、输尿管、尿道、肾上腺病理变化

一、肾

猪肾呈蚕豆状，长而扁，长为宽的 1 倍，棕黄色，由皮质和髓质（包括肾锥体和肾乳头）构成，有发达的脂肪囊包裹（营养不良的猪脂肪很少），髓质的肾窦内有漏斗状的肾盂（输尿管的起始部），肾盂接受肾排泄的尿液经输尿管进入膀胱，再由尿道排出体外。

在一些传染病、中毒、寄生虫病和元素缺乏的作用下，导致肾发生病变而肿大，少数败血型链球菌病病猪的肾可肿胀 1～2 倍。

有的肾因瘀血肿大呈紫红色，甚至蓝紫色（如有机磷农药中毒、蓖麻中毒等），有的中毒，如菜籽饼中毒、水浮莲中毒，以及铜缺乏症等致肾呈土黄色，也有一些中毒（栎麻、狗屎豆中毒等）和传染病（仔猪红痢、白痢、圆环病毒2 型感染等）导致肾处于贫血状态，呈现苍白和灰白色。有不少传染病和中毒病猪的肾有出血斑点，有的出血点仅有针尖大小（猪瘟、猪繁殖与呼吸综合征、衣原体病、初生仔猪猪丹毒、黄曲霉毒素中毒等）。有些传染病（钩端螺旋体病）和弓形虫病肾呈现灰黄坏死灶。葡萄球菌病、棒状球菌感染、仔猪放

线菌病可在肾发现小脓肿，内含脓汁。冠尾线虫病可在肾盂发现脓肿，并在输尿管内见有包囊和线虫。有的肾表面呈斑驳状（巴贝斯虫病）、花瓣状肉样外表和黄疸（断奶仔猪多系统功能衰竭综合征）、红白相间花瓣样（败血型猪丹毒），肾实质有出血点和灰白色斑状（白肌病）。

1. 肾瘀血肿大

肾瘀血肿大	有机氟化物中毒
肾肿胀变性，瘀血	（溶血型）链球菌病
肾肿大瘀血，周围脂肪、肾盂实质黄染，成年猪皮质有灰白坏死点	（败血型）钩端螺旋体病
肾有瘀血，肾小球肿大	有机磷农药中毒
肾蓝紫色，质硬，切面外翻，被膜易剥离，皮质、髓质界限不清	蓖麻中毒
肾瘀血水肿	猪桑葚心病
肾髓质含血特别多	猪心脏浆膜丝虫病

2. 肾充血肿大

肾肿大。胃溃疡时，肾肿胀	啤酒糟中毒
肾稍肿大，皮质弥漫性充血，切面外翻，肾盂内有黏稠黄红色胶状物，黏膜呈暗红色	丙硫苯咪唑中毒
肾充血	蓝眼病 安妥中毒

肾皮质，髓质充血 —— 尼帕病毒病

肾大多正常，也可见表面和皮质充血 —— 尼帕病毒病

肾包膜水肿，液体暴露于空气即成胶冻 —— 猪水肿病

肾灰红色，横断面髓质浅绿色 —— 猪黄脂病

3. 肾暗紫、暗红、暗棕色

肾高度肿大，暗棕色，常有出血点 —— 铜中毒

肾暗红色，质软，切面流黑红色血液 —— 荞麦中毒

肾呈暗紫色，实质、被膜有出血点 —— 肉毒梭菌毒素中毒

肾表面褐红色至褐紫色，有散在出血点，肾小管浑浊肿胀，坏死，间质充血，淋巴细胞浸润 —— 假参包叶中毒

4. 肾土黄、灰黄色

肾土黄色，皮、质髓质界限不清，浑浊 —— 铜缺乏症

肾稍肿，呈土黄色，表面密布大量点状出血，量少时出血点散在，切面皮质、髓质均有点状或线状出血，肾盂、肾乳头有严重出血 —— （急性）猪瘟

肾稍肿呈黄褐色，被膜易剥离，皮质、髓质界限不清，有少量出血点 —— 焦虫病

肾土黄色，质软 ————聚合草中毒

肾呈淡土黄色，表面有针尖大出血点，髓质暗红与皮质分界清楚。肾盂、输尿管有白色沉淀物 ————仔猪低血糖症

肾呈灰黄色，皮质部出血斑，肾盂充血 ————痢特灵中毒

肾皮质灰黄色 ————水浮莲中毒

肾被膜易剥离，表面淡黄或灰色，有瘀血或出血点，皮质髓质界限不清，髓质乳头点状出血。有的肾盏中有出血 ————菜籽饼中毒

5. 肾苍白、灰白色

肾灰白，由正常到显著扩大和肿胀，皮质散在或弥漫性分布白色坏死灶 ————猪圆环病毒 2 型感染（断奶仔猪多系统功能衰竭综合征）

肾苍白，极度肿胀，皮质出血或瘀血，血斑点 ————猪圆环病毒 2 型感染（皮炎与肾病综合征）

肾苍白 ————仔猪白痢
————住肉孢子虫病

肾灰白色，皮质有小点出血 ————仔猪红痢

肾肿大苍白 ————酒糟中毒

肾苍白，有出血点 —— 栈麻中毒

肾苍白，有出血点 —— 狗屎豆中毒

肾皮质苍白，偶有小点或斑状出血，肾盂也常有出血点 —— （败血型）沙门氏菌病（副伤寒）

两肾苍白易碎，周围水肿，少数表面有小红点 —— （初生仔猪）先天缺硒症

肾切面色淡，髓质暗红色 —— 硒中毒

肾肿大浑浊，贫血严重，肾盂、肾盏黄色胶冻样 —— 附红细胞体病

6. 肾斑驳、花瓣状

肾色淡，呈斑驳状 —— 猪巴贝斯虫病

肾呈花瓣状肉样外表和黄疸，并有多种白细胞浸润 —— 断奶仔猪多系统功能衰竭综合征

肾充血肿胀，实质有出血点和灰白色斑状灶 —— 白肌病

肾肿大，被膜易剥离，有花瓣样出血点（暗红色基面上有灰白、黄白、暗红色大小不一的斑点）。皮质有暗红色小点 —— （急性败血型）猪丹毒

7. 肾出血

肾皮质、髓质常有出血斑点	——非洲猪瘟

有的肾出血	——青霉毒素中毒

肾有出血现象	——毒芹中毒

肾被膜下见有出血	——传染性胃肠炎

肾肿大出血，少数肿大 1～2 倍，色黑红	——（败血型）链球菌病

肾大片出血（皮质表面出现火鸡蛋样外观）	——（亚急性型）非洲猪瘟

肾外膜出血明显，肾肿大。成年猪肾病变明显	——（亚急性、慢性）钩端螺旋体病

偶有肾出血	——蓝眼病

肾肿胀、出血	——猪细胞巨化病毒感染

肾充血、出血	——（急性）无机氟化物中毒
	——苦楝中毒

肾皮质呈多量点状出血	——（大猪）魏氏梭菌病（红肠病）

肾皱缩，被膜有出血点	——猪脑心肌病

肾充血，皮质小点出血。肾上腺间有出血性坏死灶 —— （肠型）炭疽

肾点状出血性炎 —— 伪狂犬病

肾有小点状出血 —— 黑斑病甘薯中毒
—— （最急性）猪瘟

肾表面有针尖、胡椒大瘀血点，其中央有针尖、粟粒大的结节 —— 霉菌性肺炎

肾常见针尖状出血点和弥漫性出血 —— （急性型）非洲猪瘟

肾色淡，表面有针尖大出血点。有黄疸的猪，肾实质、被膜和脂肪囊黄染 —— 黄曲霉毒素中毒

肾被膜易剥离，表面布满针尖大出血点 —— 猪繁殖与呼吸综合征

肾有不同程度针尖状出血点，有的密集状，部分苍白，尤以2～3日龄仔猪死亡更明显 —— （初生仔猪）猪丹毒
—— （架子猪）衣原体病

8. 肾坏死灶、脓灶

肾肿大，有散在的灰白坏死灶。肾皮质、肾盂周围出血明显 —— （亚急性）钩端螺旋体病

肾坏死性出血性损害 —— 赤霉菌毒素中毒

肾黄褐色，除去被膜后表面有粟粒大灰白坏死灶和针尖大出血点，还可见到坏死灶周围有红色炎症带。切面增厚，皮质、髓质界限不清，也有灰白色坏死灶 —— 弓形虫病

肾皮质出现 1～3 毫米大的散在性坏死灶，灶周有红晕，有的突出于表面，有的稍凹陷，切面病灶多集中于皮质，有的延至髓质区。病程长时，肾萎缩硬化，表面凹凸不平或结节状。被膜粘连，不易剥离 —— （慢性成年猪）钩端螺旋体病

肾明显肿大瘀血，肾实质、肾盂明显出血，其表面及皮质散在大小不等的灰白色坏死灶凸出于肾表面，周围有红晕（有一头母猪肾实质有两个核桃大包囊突出于肾表面，囊内有淡黄色液体，放出后肾实质凹陷） —— （急性）钩端螺旋体病

两肾肿大 2 倍，被膜易剥离，表面有灰黄色小坏死灶，其周围有充血、出血，呈红褐色。肾盂扩张，内积有灰白色、无臭、黏性脓性分泌物，并混有纤维素凝块、小凝血块、坏死组织，肾乳头坏死 —— 猪棒状杆菌感染

肾可见粟状小脓肿 —— （日龄较大哺乳猪、断奶猪）放线菌病

肾肿胀瘀血，个别表面、切面、肾盂有高粱、黄豆大脓灶 —— （仔猪）葡萄球菌病

肾盂有脓肿，结缔组织增生，输尿管壁增厚，常有数量较多的包囊，内有成虫 —— 猪冠尾线虫病（肾虫病）

肾实质变性 —— 仔猪缺铁性贫血病

肾变性，肾前曲细管上皮坏死 —— 赭（棕）曲霉毒素中毒

肾脂肪变性，实质有点状出血，肾盂有结石 —— （急性）棉籽饼中毒

肾严重变性 —— （创伤感染）恶性水肿

肾有类似海绵状病灶 —— 猪气肿疽

肾实质变化 —— 血细胞凝集性脑脊髓炎（呕吐—消耗型）

肾被膜易剥离 —— 食盐中毒

二、膀胱、输尿管、尿道、肾上腺

输尿管是一对输送尿液的管道，起于肾盂，出肾门向后延伸进入膀胱。膀胱是贮存尿液的器官，含尿少时膀胱呈梨状，位于骨盆腔内，尿液充满时进入腹腔后部。一般情况下，猪死后膀胱存尿不多。

膀胱在传染病、中毒、寄生虫病及元素缺乏影响下，轻则充血、肿胀，稍重则膀胱黏膜出现出血斑或点状出血，有的呈针尖状出血（黄曲霉毒素中毒）。有些病的膀胱充满积尿（初生仔猪猪丹毒、克雷伯氏菌病、急性棉籽饼中毒、痢特灵中毒）。有的膀胱积尿淡红色（败血型猪丹毒），有的暗红色（仔猪溶血病），血红蛋白尿或浓茶蛋白尿（钩端螺旋体病），浓茶样（假豸包叶中毒、黄曲霉毒素中毒）。有时膀胱炎严重时会发生溃疡，丙硫苯咪唑中毒时膀胱黏膜

有褐色条纹，猪冠尾线虫病在膀胱外围有包囊（内有成虫）粘着，急性棉籽饼中毒膀胱有结石，水浮莲中毒膀胱有结晶状草酸盐。

尿道是通向龟头（公猪）或阴道（母猪）的排尿管道。沙门氏菌病时尿道有出血点，公猪衣原体病时尿道有坏死，棒状杆菌感染时尿道肿胀、有脓液。

猪的肾上腺细而长，位于同侧肾的内侧缘，肾门的前方，无乳综合征时肥大，维生素 B_3 缺乏症、败血型李氏杆菌病时有坏死，维生素 B_{12} 缺乏症时肾上腺萎缩。

1. 膀胱充血、肿胀

膀胱充血	——猪脑心肌病

膀胱肿胀	——蓝眼病

膀胱黏膜树枝状充血，积尿	——痢特灵中毒

2. 膀胱黏膜出血

膀胱黏膜有出血现象	——毒芹中毒

膀胱黏膜充血、出血	——兰氏 Q 群链球菌病

膀胱黏膜充血肿胀，有小点出血，严重时有溃疡	——膀胱炎

膀胱有不同程度的出血点（斑）	——（2～3 日龄）猪丹毒

膀胱黏膜30％有出血点	——（急性）非洲猪瘟

膀胱黏膜有出血点，少数有大面积出血性浸润	——（急性）猪瘟

膀胱黏膜有出血点 —— 狗屎豆中毒
—— 肉毒梭菌毒素中毒

膀胱有出血 —— 桎麻中毒

膀胱黏膜常有出血点 —— 沙门氏菌病

膀胱贫血，其壁有少量出血点 —— 附红细胞体病

膀胱黏膜轻度出血 —— 猪水肿病

少数较大的小猪膀胱见有出血点 —— 传染性胃肠炎

膀胱黏膜有小出血点 —— 弓形虫病
—— 仔猪低血糖症
—— 仔猪红痢
—— 黑斑病甘薯中毒

膀胱常见有针尖出血点或弥漫性出血 —— （急性型）非洲猪瘟

3. 膀胱充满尿液

膀胱黏膜肿胀，充满尿液 —— 克雷伯氏菌病

膀胱炎严重，常充满尿液，有结石 —— （急性）棉籽饼中毒

80%膀胱充满尿液 —— （初生仔猪）猪丹毒

4. 膀胱贮尿，尿色暗红、红、淡红、褐色、浓茶色

膀胱内有暗红色尿液	──仔猪溶血病

膀胱黏膜有散在点状出血，膀胱积有血红蛋白尿或浓茶样蛋白尿	──（败血型）钩端螺旋体病

膀胱黏膜有散在出血点，其表面呈红褐色，膀胱内红褐色尿液，并有白色较黏稠的脓性渗出物，有异臭味	──（急性）钩端螺旋体病

膀胱黏膜有出血点，充满褐色尿，外观青紫色	──蓖麻中毒

膀胱黏膜有针尖状出血，有浓茶样积尿	──黄曲霉毒素中毒

膀胱内积有浓茶样尿，黏膜无异常	──假参包叶中毒

膀胱黏膜树枝状充血，积淡黄色尿液，少数淡红	──（急性败血型）猪丹毒

5. 膀胱黏膜有褐色条纹和异物

膀胱黏膜有褐色条纹，膀胱空虚	──丙硫苯咪唑中毒

膀胱内尿血色，含有血块纤维素、脓和黏膜坏死碎片，膀胱黏膜初期有小的弥漫的潮红区和少许黏液，后期全部或大部分有出血变化和纤维化脓性炎症变化	──棒状杆菌感染

膀胱外围也有包囊，内有成虫，膀胱黏膜充血 —— 猪冠尾线虫病（肾虫病）

膀胱内积有结晶状草酸盐 —— 水浮莲中毒

6. 输尿管病变

输尿管黏膜有出血和少量灰白色坏死灶 —— （急性）钩端螺旋体病

输尿管黏膜有出血 —— （急性）猪瘟

肾及输尿管积贮黏液样尿，输尿管扩张 —— 猪渗出性皮炎

两侧输尿管肿大变粗，黏膜肿胀，内有脓液 —— 棒状杆菌感染

7. 尿道病变

尿道黏膜有出血点 —— 沙门氏菌病

尿道上皮脱落，坏死 —— （公猪）衣原体病

8. 肾上腺病变

肾上腺出血，坏死 —— 维生素 B_3（泛酸）缺乏症

肾上腺肥大，重量增加 —— 无乳综合征

肾上腺有坏死灶 —— （败血型）李氏杆菌病

| 肾小管上皮脱屑和脂肪变性，有缺钴血黄素沉着 | ——钴缺乏症 |

| 肾上腺萎缩 | ——维生素 B_{12} 缺乏症 |

第八节 睾丸、附睾、子宫、阴道、乳房病理变化

一、睾丸和附睾

公猪的睾丸呈椭圆形，前缘有附睾，位于阴囊内，左右各一个，大小一致。切开阴囊即露出睾丸和附睾。有的病猪睾丸肿胀大小不一，切开睾丸内有坏死灶（乙型脑炎），有的睾丸水肿，附睾有时有肉芽肿（蓝眼病），有的睾丸肿胀，常与皮下组织粘连，切面有坏死灶和脓肿（布鲁氏菌病），有的睾丸硬度增加，阴囊积水，严重时有坏疽（睾丸炎），有的睾丸的色泽和硬度均有变化，输精管有出血性炎（衣原体病）。

| 睾丸、附睾肿大水肿，后期萎缩，有时附睾有肉芽肿 | ——蓝眼病 |

| 睾丸肿胀，大小不一，鞘膜呈紫红色，腔内有大量黄色透明液，附睾有蔓状静脉丛，鞘膜上散在颗粒状小突起，有纤维素沉着。睾丸实质全部或部分充血，切面有大小不等的坏死灶，周边有出血，特别常见楔状或斑点状出血和坏死灶，以小叶为单位，也有约10个小叶连片的（2厘米×3厘米），一个睾丸中可见 10～30 个坏死灶。慢性的可见睾丸萎缩，硬化，睾丸与阴囊粘连 | ——猪日本乙型脑炎 |

| 睾丸显著肿大，睾丸常与皮下组织粘连，切面有坏死灶和脓肿 | ——猪布鲁氏菌病 |

睾丸炎时，硬度增加，阴囊积水，严重时有坏疽 ——— 睾丸炎

睾丸色泽和硬度发生变化，输精管出血性炎 ——— （公猪）衣原体病

二、子宫和阴道

　　子宫是由两个子宫角（呈肠状弯曲）、子宫体（较短）、子宫颈（稍较长）构成的中空肌质器官。子宫角前端接输卵管，子宫颈深入阴道腔内，大部分在腹腔内，后端一部分在骨盆腔内。在一些传染病侵害下，有的出现子宫、子宫颈水肿（赤霉菌毒素中毒）；有的子宫松弛水肿，子宫腔内有液体（无乳综合征）；有的子宫黏膜出血、水肿，有坏死灶，如有死胎滞留，有恶臭（流产型衣原体病）；有的流产母猪子宫充血、水肿、出血，黏膜可见糜烂，覆有黏性分泌物（日本乙型脑炎）；有的子宫黏膜肿胀、充血、出血，有多量脓性分泌物（子宫型链球菌病）；有的子宫内膜充血，有广泛坏死（脑膜炎型李氏杆菌病）；有的子宫黏膜有许多粟粒大黄色小结节，切开有干酪样物，输卵管也有类似结节（布鲁氏菌病）；有的子宫黏膜充血增厚，子宫贮脓（棒状杆菌感染）。产后感染的恶性水肿，并附有污秽不洁分泌物。霉玉米中毒，阴户、阴道充血水肿。

阴道、子宫、子宫颈因水肿而肥厚。发情前期的小母猪卵巢明显发育不全 ——— 赤霉菌毒素（T-2）中毒

子宫松弛水肿，腔内贮有液体。内膜有炎症，卵巢变小，生殖器官重量减轻 ——— 无乳综合征

子宫内膜出血水肿，伴有直径 1～1.15 厘米的坏死灶。如死胎在子宫滞留时间长，有恶臭。胎体暗灰色，胎衣暗红色，表面覆一层水样物质，胎衣黏膜的表面有坏死区，坏死周围水肿 ——— （流产型）衣原体病

流产母猪子宫显著充血水肿，黏膜覆盖黏性分泌物，刮去分泌物可见黏膜糜烂，有出血小点，黏膜下层和肌层水肿 —— （流产母猪）日本乙型脑炎

子宫黏膜肿胀充血、出血，有多量黏性脓性分泌物，子宫颈口充血 —— （子宫炎型）链球菌病

流产时，子宫内膜充血，以至广泛坏死，胎盘子叶常见出血和坏死 —— （脑膜炎型）李氏杆菌病

子宫黏膜有许多粟粒大黄色小结节，切开有干酪样物质，输卵管也有类似结节。胎盘上有大量出血点，表面有一层易剥离的灰黄色渗出物。有时有坏死和结痂 —— （母猪）布鲁氏菌病

子宫积脓，黏膜充血增厚 —— 棒状杆菌感染

盆腔浆膜及阴道周围组织出血水肿。子宫水肿、肥厚，黏膜肿胀，附有污秽不洁分泌物 —— （产后感染）恶性水肿

阴户、阴道黏膜充血、水肿 —— （母猪）霉玉米中毒

三、乳房

乳房有炎性病灶、坏死或脓肿时，切开暗红色皮肤有脓液流出。乳腺小叶可看到浮肿，乳房淋巴结充血、水肿 —— 无乳综合征

第九节　胸膜、胸腔和胸腺病理变化

胸腔是猪体第二大体腔，顶壁为胸椎，外附肌肉和韧带，两侧壁为肋骨与肋间肌，下底为胸骨、真肋之肋软骨，后壁为膈。胸膜为浆液膜，衬于胸内壁的表面，并在胸腔中线形成纵隔，分成左右两胸膜腔。胸膜光泽平滑，胸腔仅有少数液体。

剖开胸腔即见胸膜，在有些传染病的毒害下会引起胸膜炎，也有些胸膜发生纤维素性炎，常使胸膜与肺发生粘连。有些中毒病胸膜发生点状出血，猪瘟的胸膜也有点状出血，日射病和热射病出现瘀血斑。

有些传染病和寄生虫病（如住肉孢子虫病、焦虫病）、安妥中毒使胸腔积水；有的胸水黄色，也有因有出血而使胸腔液呈现红色、黄红色，出血严重则为暗红色、樱桃红色。有的胸液中有纤维素。猪水肿病、霉菌性肺炎、猪桑葚心病的胸水在剖检接触空气后即成为胶冻样。

猪的胸腺比较发达，位于前纵隔的下部，向前延伸至喉，甚至达下颌间隙。当维生素 B_{12} 缺乏时萎缩，脑心肌病时有小点出血。

1. 胸膜发炎

| 胸膜炎 | ——鼻腔支原体病 |

| 胸膜有炎症（虫体至肺引起） | ——仔猪类圆线虫病（杆虫病） |

| 继发细菌感染时发生胸膜炎 | ——猪圆环病毒 2 型感染（断奶仔猪多系统功能衰竭综合征） |

2. 胸膜纤维性炎

| 胸膜纤维性炎 | ——（架子猪）衣原体病 |

| 胸膜纤维性炎明显 | ——（急性）接触性传染性胸膜肺炎 |

胸膜表面有一层纤维素性渗出物覆盖	——大叶性肺炎

胸膜发生浆液性纤维素或脓性纤维素渗出物	——格拉泽氏病

纤维素性胸膜炎	——（慢性型）非洲猪瘟

胸腔血浆和纤维素渗出物增多。日龄较大的哺乳猪和断奶仔猪可见胸膜炎	——猪放线菌病

病较重的，肺、胸膜有纤维素附着	——流行性感冒

胸膜有纤维性炎，粗糙，斑块状、点状出血，附有纤维素，肋胸膜粘连	——（急性）猪肺疫

胸膜粗糙如绒毛增生。胸膜有浑浊液，混有纤维素、红细胞和白细胞	——猪心脏浆膜丝虫病

3. 胸膜有出血点

胸膜有出血点	——葡萄状穗霉毒素中毒

胸膜有点状出血	——（急性）猪瘟

胸膜壁面、脏面散在小出血点	——非洲猪瘟

胸膜有瘀血斑和浆液性炎	——日射病和热射病
胸膜瘀血、出血	——荞麦中毒
胸膜有出血斑	——蓖麻中毒
肺、胸膜有点状出血	——有机磷农药中毒

4. 胸膜有结节、粘连

肋胸膜有黄色结节或扁平肉芽肿病灶粘连	——结核病
胸膜壁可见有结节或脓肿，从中可找到幼虫	——冠尾线虫病（肾虫病）
肺坏死灶与胸膜粘连	——（亚急性）接触性传染性胸膜肺炎
肺与胸膜粘连	——（慢性）接触性传染性胸膜肺炎

5. 胸腔积水

胸腔积水	——（急性型）非洲猪瘟 ——焦虫病 ——仔猪红痢
胸腔积水较多	——猪繁殖与呼吸综合征
病程长者，胸腔积液明显增多	——伪狂犬病

| 胸水增加 | ——猪住肉孢子虫病 |

| 少数胸腔有积液 | ——（初生、哺乳仔猪）猪丹毒 |

| 胸腔积液 | ——心性急死病 |

| 胸腔液体清亮，10～250 毫升，纵隔浆膜浸润及小出血点 | ——非洲猪瘟 |

| 胸腔积液增多 | ——仔猪先天性膈疝 |

| 胸腔有多量透明液体 | ——安妥中毒 |

6. 胸腔积液黄色

| 胸腔有淡黄色积液 | ——（急性）钩端螺旋体病 |

| 胸腔有大量透明橙黄色液体 | ——（慢性）霉玉米中毒
——桑葚心病
——猪白肌病 |

| 胸腔有黄色透明液。有的呈浑浊状 | ——弓形虫病 |

| 胸腔有中等量黄色液体 | ——丙硫苯咪唑中毒 |

| 胸腔有黄色液体 | ——猪脑心肌病 |

胸腔积有少量黄色透明或稍浑浊的液体 ——（急性败血型）钩端螺旋体病

胸腔有多量麦秸色积液，甚至大量血液，有的有少量黄色纤维 —— 猪毛首线虫病（猪鞭虫病）
—— 黄曲霉毒素中毒

7. 胸腔积液红色

胸腔有淡红色液体 ——（最急性、急性）接触性传染性胸膜肺炎

胸腔有粉红色渗出液 —— 克雷伯氏菌病

胸腔液增加，淡黄红色 —— 猪瘟

胸水增量，黄红色 —— 蓖麻中毒

胸腔有樱桃红色液体 —— 仔猪红痢

胸腔有暗红色液体 —— 猪气肿疽

胸腔有多量红色渗出液 —— 柽麻中毒

8. 胸腔积液中有纤维素

胸腔有多量黄色浑浊液体。有时见有纤维素渗出，肺膜与胸膜粘连 ——（慢性）猪肺疫

胸腔内含有多量淡黄色纤维素性凝块渗出物 —— 大叶性肺炎

胸腔积有大量混有纤维素的浆液 —— 流行性感冒

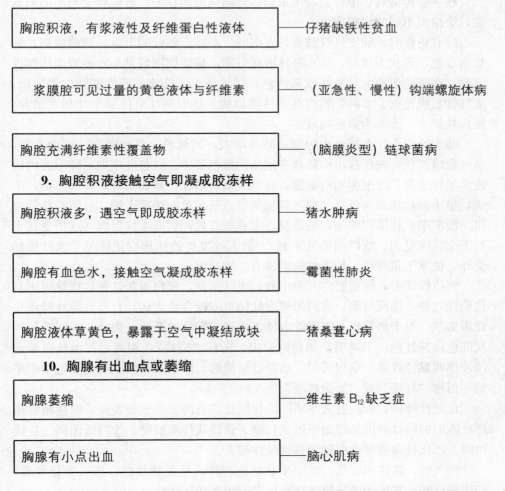

胸腔积液，有浆液性及纤维蛋白性液体 —— 仔猪缺铁性贫血

浆膜腔可见过量的黄色液体与纤维素 —— （亚急性、慢性）钩端螺旋体病

胸腔充满纤维素性覆盖物 —— （脑膜炎型）链球菌病

9. 胸腔积液接触空气即凝成胶冻样

胸腔积液多，遇空气即成胶冻样 —— 猪水肿病

胸腔有血色水，接触空气凝成胶冻样 —— 霉菌性肺炎

胸腔液体草黄色，暴露于空气中凝结成块 —— 猪桑葚心病

10. 胸腺有出血点或萎缩

胸腺萎缩 —— 维生素 B_{12} 缺乏症

胸腺有小点出血 —— 脑心肌病

第十节　肺、支气管、气管、喉、甲状腺、扁桃体病理变化

一、肺

肺柔软、海绵样、有弹性，生时为粉红色，一经解剖放血后变为淡灰或灰红色。剖开胸腔后因胸腔负压消失，肺仅有生前 1/3 大。

在一些传染病、中毒、寄生虫病、普通病的病程中，常使肺受到不同的危害，会出现不同的病理变化。

肺有炎症时，如支气管肺炎，在尖叶、心叶、膈叶的下缘一侧或两侧，病灶灰红色，形状不规则，呈小岛样散在分布，病灶周围可见小叶萎缩或代偿性气肿，在肺的切面上呈灰红或灰黄色，挤压小支气管流浆液性或脓性渗出液，支气管黏膜充血、水肿，腔内有黏性渗出物。新旧病灶致使肺小叶相互融合，使病灶扩大，或成为彩色融合。

肺大叶发炎，在充血水肿期，肺叶增大，暗红色，质地稍实，切面平滑，呈一致暗红色，按压流出多量含有泡沫的血色液体。红色肝变期，肺泡腔内出现多量纤维素、红细胞和白细胞，肺组织微密暗红，质如猪肝，切面粗糙、干燥，呈小颗粒状。灰色肝变期，肺呈灰白或灰黄色，切面干燥，有颗粒状物突出。消散期，肺体积缩小，色恢复正常或灰红色，切面柔软湿润（这期变化正处于疾病恢复期，所以剖检见不到）。肺大叶发炎的病理变化除见于大叶性肺炎外，也见于猪肺疫、传染性胸膜肺炎、肺炭疽。

间质性肺炎，肺泡腔内有渗出液，炎区质硬，灰白或灰红色，病灶周围有代偿性气肿，切面湿润，有时形成病灶结节或融合成大病灶。慢性病灶纤维化而难切割，见于猪繁殖与呼吸综合征。而猪气喘病的心叶、尖叶、中间叶呈淡灰红色或灰红色，半透明，如新鲜肌肉，俗称"肉变"，切面流浑浊灰白带泡沫液体或黏性液体。病程长时，病变部呈淡紫、深紫或灰白，灰黄半透明而坚韧，俗称"虾变"或"虾肉样变"。

化脓性肺炎，肺内有大小不同的化脓灶，有的隆突于肺表面，肺膜粗糙增厚。陈旧的病灶周围结缔组织形成包囊。猪棒状杆菌感染、沙门氏菌病、放线菌病、巴氏杆菌病都会引起转移性脓性肺炎。

肺气肿，肺体积膨胀，组织柔软缺乏弹性，呈淡粉红色，指压有捻发音，切面海绵状，常见于能导致支气管狭窄的病，如气喘病。

肺萎缩，肺病变部下陷，呈暗红色或紫红色，缺乏弹性，质实如肉，切面平整微密，多呈散在性分布，常由局部小支气管和细支气管阻塞或寄生虫堵塞所致，如弓形虫病、荞麦中毒、猪繁殖与呼吸综合征。

1. 肺充血

肺充血	——桑葚心病
	——（大猪）魏氏梭菌病（红肠病）

肺心叶、中叶、膈叶有轻度充血、斑点	——仔猪先天性肌阵挛病
肺充血，周围淋巴结炎	——渗出性表皮炎
肺小叶有肺炎病灶	——（仔猪）蓝眼病
肺尖叶、心叶、膈叶有时发现肺炎实质区（常为继发于巴氏杆菌感染）	——（亚急性、慢性）沙门氏菌病
虫体移至肺，引起肺炎，肺有溢血点或大片溢血	——仔猪类圆线虫病（杆虫病）
肺有炎症，并常伴有坏死现象	——（慢性）棉籽饼中毒
肺间质水肿，尖叶、心叶可见肺炎病灶	——猪细胞巨化病毒感染

2. 肺水肿

肺急性水肿	——（最急性）猪肺疫
肺有水肿	——脑心肌病
肺充血水肿，有的有气肿	——硝酸盐和亚硝酸盐中毒
肺充血、水肿	——日射病及热射病 ——啤酒糟中毒 ——肉毒梭菌毒素中毒 ——破伤风

肺瘀血、水肿 ——— 猪桑葚心病

肺气肿、充血、水肿 ——— （急性）棉籽饼中毒

肺轻度水肿，肺胸膜呈灰黄色，切面小叶有少量出血 ——— 日本乙型脑炎

肺充血、水肿 ——— （亚急性型）非洲猪瘟

肺水肿
——— 仔猪缺铁性贫血
——— 有机磷农药中毒
——— 胃溃疡
——— 心性急死病
——— （慢性）霉玉米中毒
——— 红皮病
——— 感光过敏

肺小叶间水肿，呈黄色胶样浸润 ——— （急性）非洲猪瘟

肺严重瘀血和水肿 ——— （创伤感染）亚性水肿

肺水肿，上呼吸道含大量泡沫样水肿液 ——— 伪狂犬病

3. 肺水肿、气肿

肺有水肿，严重的高度气肿 ——— 苦楝中毒

肺气肿、水肿	——水浮莲中毒

肺体积增大，瘀血、水肿、气肿，切面湿润、多泡沫液体，部分膈叶有出血及斑块	——焦虫病

肺表面、切面暗红色，有气肿和水肿	——硒中毒

化脓性肺炎、支气管炎，肺气肿、间质水肿，肺表面充血，有大小不一的出血斑	——棒状杆菌感染

肺水肿、充血	——亚麻籽中毒

肺有明显急性肺气肿	——氢氰酸中毒

肺外观肿大，表面斑状出血，局灶性气肿，暗红、粉红、蓝紫色	——（急性败血型）猪丹毒

4. 肺水肿、有出血

肺肿大、水肿、出血	——（败血型）链球菌病

肺水肿、出血	——酒糟中毒

肺充血、出血、水肿，表现大叶性肺炎	——兰氏 Q 群链球菌病

肺水肿，呈灰白色，有的出血	——丙硫苯咪唑中毒

肺水肿，表面有出血点、出血斑，肺门周围有黑红色斑，心叶、尖叶呈灰色，变得坚实僵硬，肺泡膨胀不全，并含有大量脓样渗出液 ——（支气管肺炎型）衣原体病

肺水肿，色淡（贫血），边缘充血、出血 ——附红细胞体病

肺泡与间质水肿，淋巴管扩张，肺充血、出血，血管内纤维素性血栓形成。肺的前半部有肺炎病变，肺的后上部特别是肺门处的主支气管周围有边界清晰的出血性突变区和坏死区。 ——最急性传染性胸膜肺炎

肺水肿，表面有大量小出血点和出血斑，肺门周围有分散的小黑红色斑，尖叶和心叶呈灰色，坚实僵硬，肺泡膨胀不全，并有大量渗出液，中性粒细胞弥漫性浸润 ——（支气管肺炎型）衣原体病

5. 肺有"肉样变"

肺尖叶、心叶、中间叶呈淡色或灰红色，半透明，像新鲜肌肉样，俗称"肉变"，切面流出灰白浑浊带泡沫的浆性或黏性液体，病程长者病变呈淡紫色、深紫色或灰白色、灰黄色，透明度减轻，坚韧度增加，俗称"胰变"或"虾肉样变"。特征性病变是支气管淋巴结水肿 ——猪气喘病

肺有不同程度的肿胀，切面有水样黏液流出，肺有点状、条状出血、瘀血，呈肉样变化 ——波氏杆菌病

6. 肺大叶、小叶炎症

　　充血水肿期：肺叶增大、水肿、暗红色，质变实，切面平滑、红色，挤压流出血色泡沫。红色肝变期：整个肺质变如肝，暗红色，切面粗糙干燥，呈细小颗粒状，小叶间质增宽，充满胶样液。灰色肝变期：肺由紫红转灰白或灰黄色，质硬如肝。消散期：肺体积较前缩小，质地较柔软，略显灰红色，切面逐渐湿润。这四期病变几乎可同时见到 ——大叶性肺炎

　　肺的前下部散在1个或数个孤立的大小不同的肺炎病灶，每个病灶是一个或一群肺小叶，局部组织不含空气，呈暗红或灰红色，剪取病组织投入水中下沉。新病区呈红色或灰红色。较久的病区呈灰黄或灰白色，挤压可流出渗出液。肺间质组织扩张并呈胶冻样，支气管充满渗出液，病灶周围有代偿性气肿 ——小叶性肺炎

　　肺尖叶、心叶、中间叶、膈叶的背部，基部由红至紫，塌陷，坚实，韧度如皮革，病变区膨胀不全，周围的肺组织水肿、气肿，呈苍白色，并有许多出血点，肺间质增宽，右肺比左肺严重 ——流行性感冒

7. 肺有纤维素性炎

肺有纤维性炎，肺与胸膜有粘连 ——克雷伯氏菌病

　　肺有纤维性炎，有不同程度肝变，周围有水肿、气肿，病程长的肝变区内有坏死灶。肺小叶间浆液浸润，切面大理石状 ——（急性）猪肺疫

肺尖叶、心叶、膈叶前下部常有小叶性肺炎，严重者伴发纤维素性肺炎 —— (败血型) 沙门氏菌病 (副伤寒)

肺有出血，最严重的可见小叶坏死和血纤维蛋白渗出，有化脓性病灶。日龄大的猪，肺可见粟粒状脓肿 —— 猪放线菌病

8. 肺有肝变、变硬

肺有明显肝变 —— 葡萄球菌病

肺轻度气肿，膈叶有不同的肝变区 —— (急性) 霉玉米中毒

肺膈叶变硬，小叶间结缔组织增生 —— 尼帕病毒病

9. 肺有萎缩

肺淡红或橙黄，大多膨胀有光泽。有些显萎缩，表面有针尖大出血点。心叶间质水肿增宽，充满明胶样物质，切面流出泡沫 —— 弓形虫病

肺部病变多样，粉红色，大理石状，有萎缩、气肿、水肿 —— 猪繁殖与呼吸综合征

肺切面有暗红色血液流出，两肺尖叶边缘萎缩 —— 荞麦中毒

10. 肺有虫体、有肉芽样结节

肺膈叶腹面有楔状气肿区，近气肿区有灰色结节，支气管内有虫体和黏液 —— 猪后圆线虫病

　　肺表面凹凸不平，有时可见棘头蚴露于表面，切开流出液体，镜检可见生发囊和原头蚴 ——棘头蚴病

病初有肺炎，有出血点或暗红色斑，有幼虫 ——蛔虫病

　　肺充血、水肿，间质增宽，充满浑浊液，切面流出大量带泡沫血水，表面有肉芽样灰白、黄白色坚实的圆形结节，针尖至粟粒大，少数绿豆大，以膈叶最多 ——猪霉菌性肺炎

　　肺表面有许多结节隆突而显粗糙，增厚、粘连，结节周围有血晕，陈旧的结节周围有单层包膜，中心干酪样坏死或钙化，肺实质内散在或密集分布粟粒、豌豆，甚至榛子大的结节 ——结核病

11. 肺有出血

肺出血明显 ——（亚急性、慢性）钩端螺旋体病

　　肺充血，出血，呈间质性炎症，炎区色暗，质地坚硬，表面有大小不同的出血斑点 ——猪钩端螺旋体病

　　肺浆液浸润，10～20千克猪肺潮红、充血和出血 ——猪口蹄疫

肺水肿，常见针尖状出血点和弥漫性出血 ——（急性型）非洲猪瘟

肺炎，有灶性出血块，有时可见瘀血、水肿、出血点（斑） —— （败血型）猪痘

肺膈叶边缘有少量出血病灶 —— 痢特灵中毒

有的肺出血 —— 青霉毒素中毒

肺大叶出血性肺炎（尖叶、心叶、膈叶、中间叶均有） —— 出血性肺炎或脑炎

肺有出血 —— （亚急性）钩端螺旋体病

肺浆膜下点状出血，卡他性炎，肺泡间隙淋巴细胞浸润，毛细支气管扩张 —— （流产型）衣原体病

12. 肺瘀血、紫红

肺瘀血 —— 猪白肌病

肺充血、瘀血，有的表面有瘀血 —— 断奶仔猪应激症

肺有瘀血，间质气肿和轻度水肿，不同的肺组织萎缩，切面有液体流出 —— 菜籽饼中毒

肺充血、气肿、瘀血，肺小叶的间隔膨胀 —— 尼帕病毒病

肺呈红褐色，严重瘀血，并水肿，体积增大，硬度，重量增加，切面有泡沫样液体流出 —— 猪心脏浆膜丝虫病

肺瘀血，有出血点 —— 有机氟化物中毒

肺瘀血，表面有黄豆至蚕豆大脓灶，切开流出灰白色脓汁 —— （仔猪）葡萄球菌病

全肺呈暗红色，极度肿大，有许多出血块 —— 安妥中毒

肺膨隆，黑紫色，切面流多量紫红色血液 —— 蓖麻中毒

肺白色，像棉团样，有均匀散在的瘀血斑 —— 聚合草中毒

13. 肺有坏死灶

肺有较小坏死灶 —— （败血型）李氏杆菌病

有的肺出现坏死区，坏死区内有脓性物质 —— （架子猪）衣原体病

肺炎多为两侧性，常发生在尖叶、心叶、膈叶的一部分，病灶紫红色，坚硬，间质积留血色胶样液体 —— （急性）接触性传染性胸膜肺炎

肺可发生大的干酪样病灶或含有坏死碎屑的空洞，细菌感染成脓肿 —— （亚急性）接触性传染性胸膜肺炎

肺膈叶见到大小不等的结节，其周围有结缔组织环绕 —— （慢性）接触性传染性胸膜肺炎

转移至肺的病灶多为圆形，周围有红色带环绕，外围有结缔组织包囊，切面干燥，病灶中心有黄褐色坏死灶。严重者形成坏死性胸膜肺炎 —— 坏死杆菌病

肺常见干酪样坏死和钙化灶，半数以上有肺炎病变 —— （慢性型）非洲猪瘟

心叶、膈叶前缘部分有化脓灶，受损小叶质地变软，呈灰红色岛屿状分布，切面流出恶臭白色脓液 —— （肺感染）放线菌病

肺肝变区大，有坏死灶，有结缔组织包囊，内有干酪样物质，有的形成空洞 —— （慢性）猪肺疫

肺表面散在许多黑色粟粒大病灶。未见炎症 —— （人工接种）猪繁殖与呼吸综合征

肺间质气肿，高度充血膨胀，肺小叶间充气，并有大小不同的出血区。有时小叶因极度充气而呈茶杯大的气囊，穿刺后气体迅速排出。切面间质因充气而成蜂窝状，实质流出泡沫血液 —— 黑斑病甘薯中毒

14. 肺的其他病变

肺肿胀，间质增宽，质变坚硬或如橡皮，有散在大小不一的褐色实变区，可在肺前下缘融合成片 —— 猪圆环病毒2型感染（断奶仔猪多系统功能衰竭综合征）

肺间质增厚，切开有多量血色泡沫。肺门淋巴结深红色 —— （溶血型）链球菌病

| 肺组织有多种白细胞浸润，并呈花斑状肉样外表 | —— | 断奶仔猪多系统功能衰竭综合征 |

| 肺呈灰褐色 | —— | （仔猪）猪繁殖与呼吸综合征 |

| 肺内有含铁血黄素沉着 | —— | 钴缺乏症 |

| 肺轻度肿胀 | —— | 马铃薯中毒 |

二、支气管、气管

猪的气管平均长 15~20 厘米，由 32~35 个气管环组成。气管起始于喉，末端在肺门处分为两个支气管，一支入右肺尖并分支到心叶、中间叶，向后延伸的支气管分布到膈叶；一支入左肺的心叶、中间叶，向后伸到膈叶。管壁有黏膜，平滑、湿润，有光泽。当有些传染病、中毒、寄生虫病和普通病侵害呼吸系统时，致使气管、支气管发炎，出现充血，有的有炎性渗出液，如支气管炎、霉玉米中毒、荞麦中毒、水浮莲中毒。也有充满大量泡沫性液体，如猪气喘病、流行性感冒、钩端螺旋体病、尼帕病毒病、苦楝中毒、棉籽饼中毒、波氏杆菌病、猪肺疫、安妥中毒等。也有的是血样渗出物，如传染性胸膜肺炎、克雷伯氏菌病、大猪魏氏梭菌病等。附红细胞体病可使气管、支气管黏膜水肿，衣原体病显出血斑，棒状杆菌感染、（肺感染）放线菌病气管、支气管可能有脓液，硒中毒气管分泌物呈现黄色。

1. 气管、支气管炎症、瘀血、水肿、痘疹

| 肺有支气管炎 | —— | （慢性）非洲猪瘟 |

| 支气管黏膜充血发红，呈斑点或条状，局部或弥漫性，黏膜上附有黏液，黏膜下水肿 | —— | 支气管炎 |

| 气管黏膜有瘀血斑 | —— | （急性）非洲猪瘟 |

气管水肿 —— 附红细胞体病

气管常发痘疹 —— （败血型）猪痘

2. 气管、支气管出血

气管、支气管常有出血 —— 氢氰酸中毒

支气管有少量出血点。有时出现坏死区，坏死区有化脓物质 —— （支气管肺炎型）衣原体病

支气管有大量出血点 —— （架子猪）衣原体

3. 气管、支气管内有黏液

气管、支气管多黏液 —— 荞麦中毒

支气管有黏液 —— 尼帕病毒病

气管内有渗出液 —— 蓝眼病

气管、支气管黏膜轻度充血，有浆性分泌物 —— （急性）霉玉米中毒

支气管黏膜充血水肿，腔内含有黏液 —— 支气管肺炎

支气管有红染的浆液 —— 水浮莲中毒

4. 气管、支气管有泡沫性渗出液

气管、支气管有泡沫性渗出液 —— 猪气喘病

喉、气管、支气管充满白色泡沫（川楝素中毒无泡沫）——苦楝中毒

气管、支气管内有大量泡沫样液体——有机磷农药中毒

气管、支气管充满泡沫——猪繁殖与呼吸综合征

气管、支气管含有泡沫液体，也有纤维变性——弓形虫病

气管内充满泡沫——断奶仔猪应激症
——食盐中毒

气管有泡沫性液体——丙硫苯咪唑中毒

气管充满泡沫性液体——（急性）棉籽饼中毒

气管充满白色泡沫——霉菌性肺炎

上呼吸道充满泡沫性液体——猪伪狂犬病

气管、支气管黏膜充血、肿胀，附有泡沫液体，小支气管、细小支气管充满泡沫性液体——流行性感冒

气管黏膜充血，支气管有泡沫性液体——肉毒梭菌毒素中毒

会厌、气管有出血斑，气管、支气管有大量泡沫性液体 —— 有机氟化物中毒

气管、支气管黏膜发炎，有泡沫性液体 —— （急性）猪肺疫

气管、支气管黏膜充血，有泡沫性液体 —— 波氏杆菌病

气管、支气管黏膜充血，充满泡沫性液体 —— （败血型）链球菌病

5. 气管、支气管有血色泡沫

气管、支气管充满泡沫样血色黏性分泌物 —— 接触性传染性胸膜肺炎

气管、支气管充满泡沫，有的粉红色 —— 克雷伯氏菌病

有的气管、支气管充满白色或淡红色泡沫 —— （大猪）魏氏梭菌病（红肠病）

气管内有带血泡沫 —— 安妥中毒

气管、支气管有血样泡沫 —— 硝酸盐和亚硝酸盐中毒

气管黏膜充血、出血，有淡红色泡沫 —— 菜籽饼中毒

气管、支气管充满泡沫性液体，有的有血液 —— 尼帕病毒病

气管、支气管内有的有淡红色或白色泡沫样渗出物 ——猪钩端螺旋体病

气管充血、出血，充满大量泡沫 ——兰氏 Q 群链球菌病

6. 气管、支气管有脓性分泌物

支气管有多量泡沫性、淡绿色或黄白色脓性分泌物，细小支气管充满泡沫性液体 ——棒状杆菌感染

气管黏膜有条纹状或点状出血，支气管、小支气管含有多量泡沫黏液及脓性分泌物 ——（肺感染）放线菌病

支气管可挤出淡黄色液体 ——硒中毒

7. 支气管有寄生虫幼虫

支气管有幼虫 ——蛔虫病

支气管内有虫体和黏液 ——猪后圆线虫病（猪肺丝虫病）

虫体移至肺，引起支气管炎 ——仔猪类圆线虫病（杆虫病）

三、喉、甲状腺、扁桃体

猪的喉头比其他动物长，喉头各软骨（环状软骨、甲状软骨、会厌软骨、杓状软骨）之间的连接显著松弛，上通口腔、鼻腔，下接气管。猪的甲状腺相当大，位置常比较靠后，有时距喉头有相当距离，侧叶的外形呈不正三角形，长 5~6 厘米（大型猪），左右叶的腹侧连接部相当宽广，所以峡的形状不很明显。扁桃体在咽喉之间的咽峡部位。

喉头发炎，则喉部充血肿胀，见于兰氏 Q 群链球菌病，附红细胞体病则喉头水肿，有的有出血或附有黏液。喉裂两侧黏膜有出血斑点是猪瘟典型病变

之一。

甲状腺肿胀、淡黄或深红色，切面有多量液体流出，见于菜籽饼中毒。如碘缺乏症可肿大 10～20 倍。

伪狂犬病时扁桃体水肿，沙门氏菌病时扁桃体显潮红肿胀，隐窝内有溃疡和黄色坏死物；猪瘟时扁桃体有出血坏死；慢性猪肺疫时扁桃体有坏死；炭疽时扁桃体充血、出血、坏死、有假膜。

1. 喉病变

喉裂两侧黏膜有出血斑点为典型病变之一	——（急性）猪瘟
会厌有出血斑	——有机氟化物中毒
喉头黏膜有不同程度出血点（斑）	——（初生仔猪）猪丹毒
喉水肿	——附红细胞体病
喉充血、出血，部分咽喉肿大	——兰氏 Q 群链球菌病
喉有出血点	——（急性）棉籽饼中毒
喉黏膜微肿，呼吸道有多量黏液	——荞麦中毒
喉黏膜充血、出血和淡红色泡沫	——菜籽饼中毒
鼻、咽、喉黏膜充血、肿胀，附黏稠液体	——流行性感冒
喉黏膜发绀，会厌软骨有出血斑点，偶见水肿	——（急性）非洲猪瘟

2. 甲状腺病变

甲状腺淡黄或深红色，切面隆凸，有多量液体流出	—— 菜籽饼中毒

甲状腺肿大 10~20 倍	—— 碘缺乏症

3. 扁桃体病变

扁桃体水肿	—— 伪狂犬病

扁桃体多数肿胀潮红，隐窝内充满灰黄色坏死物，间有溃疡	—— （结肠炎型）沙门氏菌病

扁桃体充血、出血、坏死，表面有纤维素假膜	—— （咽型）炭疽

扁桃体常见出血和坏死	—— （急性）猪瘟

扁桃体坏死和形成溃疡，黏膜有时脱落、呈灰白色	—— （隐性型）炭疽

扁桃体见有坏死灶	—— （慢性）猪肺疫

第十一节　心包、心脏病理变化

一、心包

心包是一个浆膜囊，由内外两层浆膜构成，包在心脏和大血管的基部，内层紧贴心肌称心外膜，外层称心包膜。囊内有少量淡黄色透明液起滑润作用，囊壁灰白光滑。一些传染病、中毒及普通病会导致心包炎。有的有出血，有的病出现纤维素性炎，导致心包内有纤维素，如鼻腔支原体病、格拉泽氏病、猪心脏浆膜丝虫病、黄曲霉毒素中毒、猪桑葚心病、猪肺疫、猪多发性浆膜炎与关节炎、链球菌病、沙门氏菌病等。心包的积液一般为黄色，丙硫苯咪唑中毒呈少量黄褐色，仔猪红痢为樱桃红色，附红细胞体病为淡红色，霉玉米中毒为橙色。心包积液较多或太多，多出现于伪狂犬病、猪水肿病、兰氏 Q 群链球菌病、猪瘟、弓形虫病、铜缺乏症等。

1. 心包积液

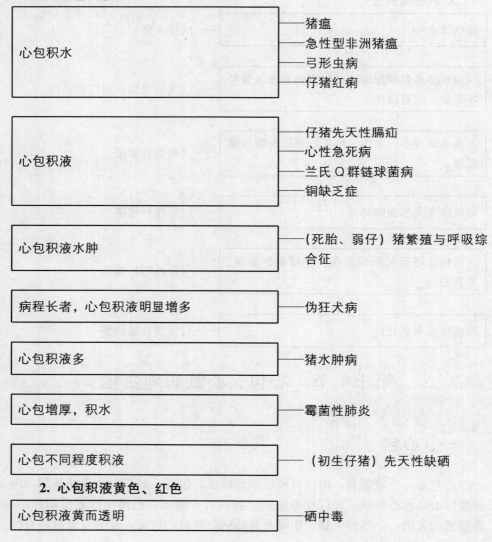

心包积水 —— 猪瘟
—— 急性型非洲猪瘟
—— 弓形虫病
—— 仔猪红痢

心包积液 —— 仔猪先天性膈疝
—— 心性急死病
—— 兰氏 Q 群链球菌病
—— 铜缺乏症

心包积液水肿 —— （死胎、弱仔）猪繁殖与呼吸综合征

病程长者，心包积液明显增多 —— 伪狂犬病

心包积液多 —— 猪水肿病

心包增厚，积水 —— 霉菌性肺炎

心包不同程度积液 —— （初生仔猪）先天性缺硒

2. 心包积液黄色、红色

心包积液黄而透明 —— 硒中毒

心包液明显增多，透明，橙黄色 —— 桑葚心病
—— 猪白肌病

心包有黄色积液 —— 菜籽饼中毒
—— 黑斑病甘薯中毒

有的心包腔内积有淡黄色液体 —— （急性败血型）猪丹毒

心包有少量黄褐色液体 —— 丙硫苯咪唑中毒

心包有少量黄色透明或稍浑浊液体 —— （急性败血型）钩端螺旋体病

心肌松软，心包内有多量淡黄色液 —— （仔猪）葡萄球菌病

心包液浑浊 —— 猪口蹄疫

心包液樱桃红色 —— 仔猪红痢

心包有较多淡红色液体 —— 附红细胞体病

心包内积液增多，呈黄色或带红色 —— （急性）非洲猪瘟

心包水肿，心包液橙红色 —— （急性）霉玉米中毒

3. 心包发炎有出血点（出血斑）

偶有心包炎 —— 蓝眼病

继发细菌感染时，发生心包炎 —— 猪圆环病毒 2 型感染（断奶仔猪多系统功能衰竭综合征）

心包有小出血点 —— （最急性）猪肺疫

心包膜有瘀血斑和浆液性炎 —— 日射病和热射病

心包有轻度浮肿和出血斑，心包积水 —— 安妥中毒

心外膜有不同程度的出血点（斑） —— （初生仔猪）猪丹毒

心包被厚的渗出物包裹并粘连，难以剥离 —— （架子猪）衣原体病

4. 心包纤维素性炎

急性浆液性或脓性纤维素性心包炎 —— 鼻腔支原体病

心包发炎，有浆液纤维素性或脓性纤维分泌物 —— 格拉泽氏病

浆液性纤维素性心包炎，心外膜和相邻的肺组织粘连。心包增厚，心包腔积有污灰液体，其中混有纤维素凝块 —— （慢性）非洲猪瘟

心包有小点出血，有时有浆液性纤维性心包炎 —— （急性）沙门氏菌病（副伤寒）

心外膜充血、出血，有纤维素凝块 —— （急性）猪肺疫

常见纤维素性心包炎 —— （慢性型）非洲猪瘟

心包膜、胸膜、腹膜，甚至脑膜出现纤维素性炎 —— 猪多发性浆膜炎与关节炎

心包有出血，心包膜中血浆和纤维素渗出物增多。日龄较大的猪可见心包炎、心瓣膜炎 —— 猪放线菌病

心包有多量麦秸色积液，有的有黄色纤维 —— 黄曲霉毒素中毒

心包积液黄色，少数可见纤维素性心包炎 —— （败血型）链球菌病

心包有纤维素性炎，心包增厚 —— （脑膜炎型）链球菌病

个别心包与心外膜纤维素粘连 —— 猪心脏浆膜丝虫病

心包液浑浊，悬浮有条状或带状纤维素 —— 猪桑葚心病

心包液体增多，有时有纤维蛋白，心包扩张，有小出血点 —— （急性）猪肺疫

5. 心包膜有结节

心肌、心耳、心外膜纵行沟等部位有粟粒、绿豆、赤豆大椭圆形包囊或条索状"心丝虫"结节病灶，心外膜有出血斑点，右心室显著扩大，有大量血液停滞 —— 猪心脏浆膜丝虫病

心内膜有黄色结节或扁平肉芽肿病灶，内有干酪样坏死 —— 结核病

6. 血液稀薄，凝固不良

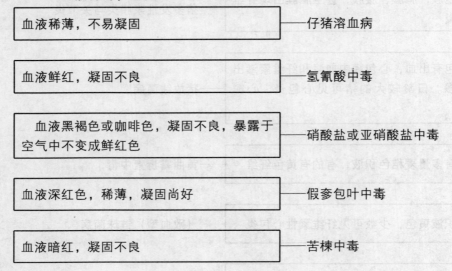

血液稀薄，不易凝固	——仔猪溶血病
血液鲜红，凝固不良	——氢氰酸中毒
血液黑褐色或咖啡色，凝固不良，暴露于空气中不变成鲜红色	——硝酸盐或亚硝酸盐中毒
血液深红色，稀薄，凝固尚好	——假参包叶中毒
血液暗红，凝固不良	——苦楝中毒

二、心脏

心脏呈倒圆锥形，为中空的肌质器官，在胸纵隔中，位于心包囊内，心基部大，与大动脉、大静脉相连，心尖小而游离，心表面有冠状沟环绕，位于心房与心室之间，左、右纵沟为左、右心室之分界。同侧房室以房室口相通，口部有瓣膜装置。心壁主要由心肌构成，外被心外膜，内衬心内膜。

猪死亡时，心脏通常停止在舒张期，约死后 1 小时心脏开始肌僵，心腔内血液被挤出，使左心室无血，右心室仅有少量血液。如心室充满血液而心肌柔软，表示心肌僵不全或没有发生肌僵，常见于慢性消耗性疾病或各种败血症。

心肌发炎有充血性或肥厚性两种，继发于各种心肌炎、代谢病和营养不良症的病变、心肌变性与坏死。各种高热性传染病、慢性消耗病、中毒病和营养代谢病等均能引起心肌纤维细胞的颗粒变性、脂肪变性、透明变性和坏死。严重的表现致死性心肌坏死，以重剧的透明变性和蜡样坏死为特性（是白肌病和营养性肝病的综合征之一）。缺乏维生素 E 表现心外膜下心肌内淡黄或灰白条纹或斑块，心肌纤维颗粒状变性或红染均质，核固缩。棉酚中毒、桑葚心病、应激综合征也常发生心肌纤维广泛变性和坏死。

心肌炎分局灶性和弥漫性，均发生于传染病、中毒和寄生虫病。

　　病毒性心肌炎，见于口蹄疫、脑心肌病，心肌色变淡、质疏松、心腔扩张，心室尤明显，心肌暗红，心内外膜下散在灰黄色、灰白色条纹。在心冠处横切心脏，切面呈灰黄条纹环绕心腔，呈环层分布，称虎斑心。

　　心肌纤维颗粒变性、脂肪变性，重者水泡变性和蜡样坏死，进而溶解消失，形成多发性坏死灶散在分布。陈旧性病灶有心肌钙化现象。间质水肿、出血，有不等的中性粒细胞浸润。

　　细菌性心肌炎，多为脓毒败血症细菌栓子通过血流到达心肌小血管所致，见于化脓性子宫炎、关节炎或去势感染的化脓性炎，特点为心肌内出现大小不等的化脓灶或脓肿，新脓灶周围血管充血、出血、水肿，旧灶周围有包囊形成，葡萄球菌病脓汁为灰黄色，化脓性链球菌病脓汁为乳白色，绿脓杆菌病脓汁为灰绿或黄绿色。坏死杆菌病心肌间有凝固性坏死区，特征是心肌内小血管有脓栓、栓塞，周围有小血管浸润，纤维素性化脓性渗出，有大量中性粒细胞和脓细胞。陈旧灶周围纤维增生，形成肉芽组织（脓膜），中央有大量脓细胞和脓液。

　　中毒性心肌炎，特点是首先出现纤维变性坏死，然后才出现组织充血、出血、水肿，以淋巴细胞和单核细胞浸润为主，见于农药中毒、硝酸盐和亚硝酸盐中毒等。

　　寄生虫性心肌炎，猪囊尾蚴、弓形虫、肉孢子虫压迫周围组织使心肌纤维萎缩变性。弓形虫可在血管内皮细胞内繁殖形成假囊，破裂的碎片导致血栓引起局灶性坏死。浆膜丝虫寄生于心外膜下淋巴管内，使淋巴管扩张形成水疱或乳白色弯曲的条索或结节。住肉孢子虫寄生于心肌细胞内，产生毒素刺激局部发炎，发展为钙化性肉芽肿结节。

　　心内膜炎，慢性猪丹毒、化脓性链球菌病、化脓性棒状杆菌感染和葡萄球菌病，在败血症过程中，以瓣膜严重坏死、溃疡和血栓疣状物为特征，在瓣膜联合处和游离缘可见淡黄色小斑点或粗糙的坏死灶，表面覆有灰黄或黄红色血栓疣状物，脱落后出现烂斑或溃疡，甚至穿孔，可发展成心内膜炎。主动脉炎症也可发展为心肌梗死。血栓疣状物是由纤维素、崩解细胞和细菌团块组成的，或可为全身转移性的脓肿。

　　亚急性病例则以瓣膜损伤轻微和疣状赘生物为特征，疣状赘生物灰黄色、易剥离，随炎症发展，疣状赘生物不断增大和基部肉芽增生，变得硬实呈灰白色。

1. 心肌炎、心肌变性

严重的有心肌炎 ——————————————（慢性）棉籽饼中毒

心严重变性	—— （创伤感染）恶性水肿

心有出血斑	—— 酒糟中毒

心肌变性、褐色	—— 日本乙型脑炎

心肌有些萎缩	—— 传染性脑脊髓炎

心实质变性	—— 血细胞凝集性脑脊髓炎（呕吐—消耗型）

2. 心肌出血如桑葚

心脏扩张，两心室容积增大，横径增宽，呈圆球状。沿心肌纤维走向发生多发性出血而呈紫色，有如桑葚样，心肌色淡而弛缓。心内膜有大量出血点或弥漫性出血。心肌有灰白或黄白条纹状变性或斑块状坏死区	—— 桑葚心病

心呈圆球状，两心室容积增大，横径变宽，沿心肌纤维走向多发性出血而呈紫红色，外观如桑葚，心肌色淡且弛缓。心内膜有大量出血点或弥漫性出血，心肌间有灰白或黄白条纹状变性和斑块状坏死区。有时呈左右心室扩张，心壁变薄，心基脂肪变黄白色，心室有凝血块	—— 猪白肌病

3. 心肌出血，血如酱油

心肌炎，心内膜有不同程度点状或弥漫性出血，血似酱油	—— 菜籽饼中毒

心肌有少量出血点，心耳密布出血点，血液酱油色，凝固不良 ——— 黑斑病甘薯中毒

4. 心冠脂肪出血、冠状沟出血

心冠脂肪出血 ——— 渗出性表皮炎（油皮病）

心肌松弛，心冠脂肪、心耳、心内外膜有出血点、右心室有凝固不良血液 ——— 蓖麻中毒

心肌、心冠脂肪出血 ——— 兰氏 Q 群链球菌病

心外观暗红色，心冠血管努张，冠状沟脂肪有出血点，有的心肌有斑点出血，少数心肌表面有黄条纹，心内膜有条状出血斑 ——— （急性败血型）猪丹毒

心冠脂肪及心内膜有出血点（心室严重），血液暗红，凝固不良 ——— 马铃薯中毒

心呈紫色，心肌柔软，冠状沟有少量针尖状出血点，心内膜灰褐色，有散在出血点 ——— 丙硫苯咪唑中毒

心质软，右心室扩大，冠状沟有出血点 ——— （溶血型）链球菌病

心冠状沟脂肪消失或变性，有如胶样水肿 ——— 霉菌性肺炎

5. 心肌花白、变淡、柔软

心肌苍白柔软，心冠脂肪胶冻样，出血，黄染，心外膜、心房有少量针尖大出血点，血液稀薄，凝固不良 ——— 附红细胞体病

心肌软，灰白色，冠状沟有出血点 —— 传染性胃肠炎

心肌质软色淡，心室扩大，心冠脂肪胶样变性，血液稀薄淡黄色，凝固不良或不凝固 —— 焦虫病

心肌柔软，色淡，心扩张 —— 断奶仔猪应激症

心肌变软，色淡，变薄，心室扩张 —— 铜缺乏症

心肌松软、苍白 —— 猪毛首线虫病（猪鞭虫病）

心肌苍白，心外膜有出血点 —— 仔猪红痢

心肌灰白色 —— 猪黄脂病

6. 心内外膜出血

心肌松弛肿胀，内外膜有出血点 —— （急性）棉籽饼中毒

心内外膜常有出血，瓣膜基部出血较多 —— 黄曲霉毒素中毒

心内外膜有出血斑 —— 荞麦中毒

心内外膜有出血点，心肌脆弱如煮熟样 —— 葡萄状穗霉毒素中毒

心内外膜有小点出血 —— （急性）沙门氏菌病（副伤寒）

心内外膜、冠状沟及两侧纵沟有出血斑点 —— 猪瘟

心内外膜有出血斑点 —— 肉毒梭菌毒素中毒

心外膜有出血斑 —— 啤酒糟中毒

心外膜有出血点 —— （最急性）猪肺疫

心内外膜散在点状或斑状出血点，血液稀薄呈红色水样。心包内有淡黄色积液 —— （急性）钩端螺旋体病

心外膜出血明显 —— （亚急性、慢性）钩端螺旋体病

心肌变性，心内外膜有出血斑点，冠状沟针尖大出血点最明显。血液暗褐色，凝固不良 —— 有机氟化物中毒

心内外膜出血 —— （亚急性、慢性）钩端螺旋体病

心肌软，色淡，心和心包膜轻度水肿，心内外膜有小出血点 —— （急性）霉玉米中毒

7. 心内膜有出血斑点

心内膜炎，瓣膜有灰白色血栓性增生物，呈菜花样 —— （慢性）猪丹毒

心内膜有弥漫性出血斑 —— （败血型）链球菌病

心内膜有出血斑点 ——— 非洲猪瘟

心内膜有小点出血 ——— 食盐中毒

心肌松软，心内膜有斑状出血，病程长者心包积液 ——— 伪狂犬病

心肌较软，内膜出血，心耳出血、坏死 ——— 猪繁殖与呼吸综合征

心肌、心内膜有出血现象，血稀薄、色发暗 ——— 毒芹中毒

心肿大、黄褐色，心肌和心内膜有出血点，心腔积有凝血块。血液稀薄，凝固不良 ——— 柽麻中毒

心房积血，心室变薄，心内膜出血 ——— 克雷伯氏菌病

8. 心肌、心内膜有条纹状出血

心肌扩张，色淡，柔软，弹性下降，出现红白相间的条纹状的变性（虎斑心），或不规则小点。心内膜常见出血 ——— 口蹄疫

心肌松弛、色淡，心内膜有出血斑，心腔扩张，心室菲薄，个别心室有灰白条纹。心冠状沟、纵沟脂肪消失 ——— 硒中毒

心肌有白色条纹或斑块状病灶 ——— 心性急死病

| 偶见心内膜有条纹状出血 | ——— 猪水疱病 |

9. 心肌有坏死灶

| 心肌肿胀、脂肪变性，有粟粒大坏死灶 | ——— 弓形虫病 |

| 心肌有较小的坏死灶 | ——— （败血型）李氏杆菌病 |

| 　心肌柔软，弥漫性灰白色，右心室扩张，心室有许多散在白色病灶（2～15毫米线状或圆形，成为界限不明大片灰白色区），偶有白垩样斑。病程长者，心肌病灶钙化或机化无脓 | ——— 脑心肌病 |

10. 心外膜下出血

| 心肌断裂，间质充血，水肿。心外膜下出血 | ——— 有机磷农药中毒 |

| 心浆膜下有点状出血 | ——— （流产型）衣原体病 |

11. 心肌纤维萎缩

| 心肌纤维萎缩 | ——— 钴缺乏症 |

| 心苍白，心内膜出血。心肌纤维萎缩 | ——— 狗屎豆中毒 |

| 心肌柔软，心冠脂肪胶样萎缩 | ——— 仔猪白痢 |

12. 心其他病变

| 心肌脆弱浑浊，间质水肿和出血 | ——— （急性）无机氟化物中毒 |

| 心耳充血，左心房有凝血块 | ——— 仔猪先天性肌阵挛病 |

| 心肌松软，血液稀薄 |——猪巴贝斯虫病 |

| 心色淡，肿大，坚实，心脏扩张，血稀水样 |——仔猪缺铁性贫血病 |

| 心肌苍白而湿润，可发现囊虫 |——猪囊尾蚴病（猪囊虫病）|

第十二节　咽喉、口腔、鼻腔病理变化

　　在检查腹胸腔器官之后，如需进一步了解咽喉、鼻、口腔黏膜病变状况，可沿下颌及咽喉部正中线切开皮肤予以检验。

　　咽喉是饮水、进食和呼吸空气的通道。有些传染病可引起咽喉部出血性浆液浸润，而猪瘟、肉毒梭菌毒素中毒、伪狂犬病则有出血斑点。酒糟中毒不仅引起咽喉发炎，也引起食道黏膜充血。

　　鼻腔黏膜有的呈现卡他性炎，如血细胞凝集性脑脊髓炎；鼻黏膜高度水肿，见于荞麦中毒；鼻腔充满白色或红色泡沫，见于流行性感冒、霉菌性肺炎、日射病和热射病、黄曲霉毒素中毒。有的口鼻同时流泡沫或流血，见于败血型链球菌病、气肿疽、兰氏Q群链球菌病。

　　细胞巨化病毒感染时，鼻腔黏膜出现大量坏死灶。坏死性鼻炎则鼻黏膜有溃疡和假膜。传染性萎缩性鼻炎可见鼻甲骨萎缩，使鼻甲骨缺失。

　　有的传染病可见口腔有出血点和坏死灶（猪瘟）或糜烂和溃疡（狂犬病、伪狂犬病），也见于丙硫苯咪唑中毒、葡萄状穗霉毒素中毒。

　　1. 咽喉部病变

| 咽炎，勺状软骨、会厌皱襞呈浆液浸润，常覆有纤维素性假膜，喉头水肿，黏膜有点状或斑状出血 |——伪狂犬病 |

| 咽喉黏膜轻度炎症，食道黏膜充血 |——酒糟中毒 |

| 咽部有痘疹 |——（败血型）猪痘 |

咽喉、会厌有出血斑点 ———— （败血型）猪瘟

咽喉有出血斑点 ———— 肉毒梭菌毒素中毒

咽喉部及周围组织以出血性浆液性浸润为特征。切开颈部皮肤，可见大量胶冻样淡黄或灰青色纤维性浆液。水肿自颈部蔓延至前肢 ———— （最急性）猪肺疫

颌下肿块椭圆，有的扩散到胃浆膜、肝及肠系膜淋巴结 ———— （育肥猪）毛霉菌病

咽、颈皮下出血性胶样浸润 ———— （咽型）炭疽

2. 鼻腔黏膜发炎、水肿、坏死

有轻度鼻卡他性炎 ———— (脑脊髓炎型）血细胞凝集性脑脊髓炎

鼻腔黏膜高度水肿 ———— 荞麦中毒

鼻黏膜溃疡，覆有黄白色假膜 ———— 坏死性鼻炎

鼻黏膜有大量坏死灶 ———— 猪细胞巨化病毒感染

鼻腔的软骨和骨组织软化和萎缩，鼻甲骨卷缩，卷曲变小而钝直，使鼻腔成为一个鼻道，鼻中隔弯曲，鼻黏膜附有脓性或干酪样分泌物 ———— 传染性萎缩性鼻炎

鼻腔出血性或化脓性炎	——伪狂犬病

3. 鼻腔流血、泡沫

约有 10% 濒死前口鼻流血	——猪兰氏 Q 群链球菌病

鼻黏膜充血，表面有泡沫和黏液	——流行性感冒

鼻腔黏膜紫红，充满红色泡沫，口鼻流红色泡沫	——（败血型）链球菌病

鼻腔充满血色泡沫	——日射病及热射病

鼻腔充满白色泡沫	——霉菌性肺炎

口鼻流出带血泡沫	——猪气肿疽

口腔有红色泡沫	——黄曲霉毒素中毒

4. 口腔糜烂、溃疡

口腔、舌根、软腭、会厌、咽部肿胀出血，黏膜下组织出血性胶样浸润	——（咽型）炭疽

口角、齿龈、颊部、舌黏膜有出血点和坏死灶	——（急性）猪瘟

口腔、舌黏膜常见糜烂和溃疡	——猪伪狂犬病

口腔、舌黏膜有糜烂	——猪狂犬病

口腔、颊部、齿龈、舌背黏膜糜烂 ——— 丙硫苯咪唑中毒

口腔、齿龈、软腭、咽黏膜有坏死灶，食道有溃疡 ——— 葡萄状穗霉毒素中毒

口腔黏膜覆盖一层不易擦掉的微白色假膜 ——— 猪念珠菌病

5. 口腔水疱、痘疹

约有 10% 口腔、鼻端有病变（口腔水疱通常比蹄部出现晚） ——— 猪水疱病

鼻镜、唇内黏膜、齿龈、舌面有大小不同的圆形水疱疹和糜烂。个别有化脓性分泌物 ——— 猪口蹄疫

鼻、唇、舌、口腔黏膜出现水疱，不久溃烂形成痂 ——— 水疱性口炎

鼻镜、唇、舌、齿龈出现水疱 ——— 猪水疱疹

舌、齿龈、上颌、颊部、喉头黏膜有假膜形成，灰褐或灰白色，易剥离 ——— 坏死性口炎

唇、齿龈、颊部有痘疹 ——— 猪痘

口腔、食道黏膜充血 ——— 桎麻中毒

第十三节　脑和脑膜病理变化

一般，在临床见有神经症状时，应将颅骨锯开揭去，以观察脑膜和脑的病

变。打开颅腔后，应检查硬脑膜、蛛网膜、软脑膜、脑膜血管和硬脑膜下腔的浆液，蛛网膜下腔的脑脊髓液的数量与性状变化，以及有无囊尾蚴寄生。观察两个脑半球以发现局部病变。脑回肿胀时脑沟变浅。如有出血和水肿，可见出血红点，脑沟积有红色液体。先纵向后横向切开脑实质，如有广泛性出血和水肿，见于日射病和热射病、附红细胞体病，有的出血水肿，如有机磷农药中毒、毒芹中毒、水浮莲中毒。有的脑膜和脑充血、出血，见于多种传染病，如狂犬病、脑膜脑炎型链球菌病、脑膜脑炎，而败血型沙门氏菌病会出现弥漫性肉芽肿。有的脑血管周围有大量圆形细胞浸润形成"血管套"，这一现象常见于传染性脑脊髓炎、血细胞凝集性脑脊髓炎、猪肠病毒感染（脑脊髓灰质炎）。有的脑白质出现软化，见于桑葚心病、白肌病。有的脑内出现坏死灶，见于李氏杆菌病、硒中毒、结核病。脑脊液增多，见于蓝眼病、蓖麻中毒、日本乙型脑炎（黄红色液）、氢氰酸中毒（红色液）、丙硫苯咪唑中毒（黄色透明液）。

1. 脑膜充血、出血

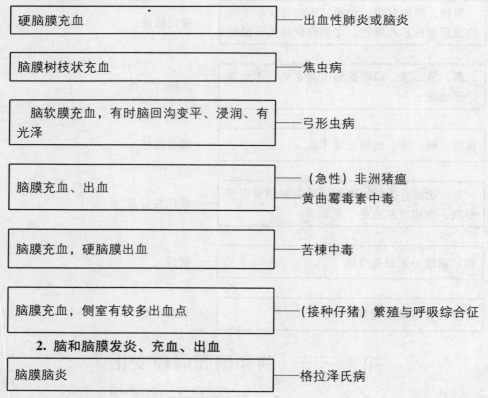

硬脑膜充血	—— 出血性肺炎或脑炎
脑膜树枝状充血	—— 焦虫病
脑软膜充血，有时脑回沟变平、浸润、有光泽	—— 弓形虫病
脑膜充血、出血	—— （急性）非洲猪瘟 —— 黄曲霉毒素中毒
脑膜充血，硬脑膜出血	—— 苦楝中毒
脑膜充血，侧室有较多出血点	——（接种仔猪）繁殖与呼吸综合征

2. 脑和脑膜发炎、充血、出血

脑膜脑炎	—— 格拉泽氏病

少数可见轻度亚急性脑膜脑炎	——脑心肌病
脑和脑膜血管扩张	——（母猪）霉玉米中毒
脑和脑膜充血，切面脑实质有指头大出血区	——酒糟中毒
软脑膜和实质有针尖大小出血点	——猪瘟
脑软膜上、硬脑膜下和蛛网膜下可见出血和血肿	——脑震荡
软脑膜下小血管充血，脑微血管出血	——仔猪先天性肌阵挛病
脑膜明显充血和有大的出血点，脑和脊髓有广泛变性	——肉毒梭菌毒素中毒
有部分病猪也有非化脓性脑炎变化	——血细胞凝集性脑脊髓炎（呕吐—消耗型）
脑回变平	——传染性胃肠炎
软脑膜充血瘀血，有小出血点，灰质、白质均有出血点	——脑膜脑炎

3. 脑和脑膜充血、出血、水肿

大小脑血管周围水肿，有些血管有透明血栓	——水浮莲中毒
脑及脑膜充血和瘀血或水肿	——毒芹中毒

脑水肿、充血，脑神经细胞肿胀，甚至有脑及脊髓软化 —— 有机磷农药中毒

脑充血或小点出血，少数脑实质有小液化灶 —— 仔猪黄痢

脑及脑膜充血、水肿，广泛性出血，脑脊液增多，脑组织水肿 —— 日射病及热射病

脑充血，并见轻度出血和水肿 —— 附红细胞体病

脑不同程度充血，切面有针尖大出血点 —— （败血型）链球菌病

软脑膜、大脑皮质及脊髓各部不同程度充血水肿，尤以脑膜和大脑实质最为明显，以至脑回展平和发水样光泽 —— 食盐中毒

脑膜轻度充血和水肿，组织切片无明显变化 —— 断奶仔猪应激症

脑膜充血，严重的溢血，少数脑膜下积液，切面灰质和白质有小出血点 —— （脑膜炎型）链球菌病

4. 脑有坏死灶

脑组织有较小坏死灶 —— （败血型）李氏杆菌病

脑膜上可见到结核病变 —— 结核病

硬脑膜血管充血，大小脑的皮质、灰质散在针尖大灰黄病灶 —— 硒中毒

脑膜和脑实质发炎、充血、水肿，脑脊髓液增量且浑浊，脑桥、脊髓变软，有小白化脓灶 —— （脑膜炎型）李氏杆菌病

5. 脑有软化

能存活 24 小时以上的病猪，大脑白质出现两侧对称性透明软化灶 —— 猪桑葚心病

脑白质软化 —— 白肌病

脑软化，胶质组织增生，血管周围细胞浸润 —— （急性）无机氟化物中毒

脑膜、脑实质有出血斑点，脑实质弥漫性肉芽肿性脑炎。偶发脑软化。少数脑脓肿 —— （败血型）沙门氏菌病（副伤寒）

6. 脑血管出现"血管套"

脑膜充血、水肿。脑血管充血，血管周围形成血管套 —— 传染性脑脊髓炎

非化脓性脑膜炎，脑血管有血管套 —— （脑膜炎型）血细胞凝集性脑脊髓炎

也有 25％ 的脑组织呈现非化脓性脑脊髓炎变化，脑脊髓软膜血管充血、出血、水肿，血管周围有大量圆形细胞浸润（即"袖套"现象）。以神经元变性为特征 —— 血细胞凝集性脑脊髓炎（呕吐—消耗型）

脊髓腹侧、小脑皮质、脑干神经元进行性弥漫性染色溶解、胶质细胞局灶性增生和血管周围"袖套"现象 —— 猪肠病毒感染（脑脊髓灰质炎）

7. 脑脊液增多

脑脊髓液增加，呈淡黄色透明，蛛网膜血管扩张，皮层沟回不明显	—— 丙硫苯咪唑中毒

脑膜充血、出血，脑膜下积液	—— 兰氏 Q 群链球菌病

脑膜充血水肿，脑实质有点状出血，病程长者脑脊髓液明显增多	—— 伪狂犬病

脑室积液多，呈黄红色，脑软膜呈树枝状充血，脑回有明显肿胀，脑沟变浅出血。切面血管显著充血，且有散在出血点	—— 日本乙型脑炎

软脑膜、硬脑膜有出血点，脑脊液增量呈黄红色	—— 蓖麻中毒

脑常有红色液体	—— 氢氰酸中毒

8. 脑脊髓充血出血

脑脊髓充血，脑脊髓液增多	—— 蓝眼病

脑脊髓常呈充血状态，软脑膜水肿，脑实质常布满小出血点，有白细胞浸润和血管周围套状变化，脑神经元变性坏死，小胶质细胞积聚成结节，在海马角和脑干最明显。神经细胞细胞质内出现包含体（内基氏体）	—— 狂犬病

脊髓有出血点	—— 破伤风

神经呈节段性髓鞘变性或脱失，有的神经发炎，局部可见巨噬细胞、白细胞浸润	——维生素 B_1 缺乏症

脊髓腰段腹角扩大，灰质损伤软化，尤其灰质间有明显损伤	——维生素 B_5（烟酸）缺乏症

9. 其他病变

大脑穹隆和椎骨变小，视神经损伤	——（仔猪）维生素 A 缺乏症

脑膜纤维素性炎，但较少见	——猪多发性浆膜炎与关节炎

第十四节　肌肉、骨、滑膜、关节病理变化

一、肌肉

剖检时注意肌肉的颜色、出血和寄生虫寄生情况。有的全身肌肉颜色变淡，如胃溃疡、仔猪先天性硒缺乏症，也见于黄曲霉毒素中毒、恶性高温综合征、仔猪缺铁性贫血、猪桑葚心病。有的病变见于背部肌肉，如心性急死病，应激性肌病、硒中毒。有的寄生虫寄生于肌肉，可在咬肌、肋间肌、膈肌找到旋毛虫或囊尾蚴，在骨骼肌可找到住肉孢子虫。

有的骨骼肌出现出血、溢血，见于葡萄状穗霉毒素中毒、心脏浆膜丝虫病。有的肌肉出现坏死灶（恶性水肿、慢性猪肺疫）或糜烂状（焦虫病）。有的可见肌肉萎缩（钴缺乏症、传染性脑脊髓炎）。

1. 肌肉色淡、苍白

肌肉色淡	——黄曲霉毒素中毒

肌肉色淡红	——仔猪缺铁性贫血

全身肌肉苍白，股内侧肌肉更明显	——胃溃疡

骨骼肌色淡如鱼肉样，以肩、胸、腰、臀部肌肉变化最明显。可见有白色或淡黄色的条纹状、斑块状稍浑浊的坏死灶 ——— 白肌病

骨骼肌、心肌灰白色 ——— 猪黄脂病

胸腹肌、骨骼肌色淡，如煮过一样，且松软易断 ——— 肉毒梭菌毒素中毒

2. 肌肉有渗水

肌肉酸度增高，易渗出水，肌纤维收缩成颗粒状，肌肉呈粉红色、灰白色，甚至苍白，并有渗出 ——— 恶性高温综合征

脊椎棘突上下的纵行肌肉和臀、腰肌肉发生病变呈灰白或白色。有时一端正常，一端病变，间质轻度水肿 ——— 心性急死病

腋、腹股沟及剑状软骨附近的肌肉、肌间结缔组织水肿 ——— 猪桑葚心病

全身肌肉，尤其后腿、臀、背、腰肌苍白，有些为黄白色，肌肉有水肿液浸润，导致肌肉松软半透明 ——— （初生仔猪）先天性缺硒症

3. 肌肉有出血点、瘀血

骨骼肌有出血点 ——— 葡萄状穗霉毒素中毒

按压肩胛、股部肌肉，有瘀血溢出 ——— 猪心脏浆膜丝虫病

4. 肌肉有糜烂

全身肌肉出血，特别是肩、背、腰部严重，呈黑色糜烂状 ——焦虫病

病肉干燥，切面深褐色，易于撕裂，其中有气泡、呈海绵状，有酸败奶酪的恶臭 ——猪气肿疽

臀、股部肌肉变性、坏死和气性水肿 ——（产后感染）恶性水肿

5. 肌肉有坏死

有时肋间肌有坏死灶 ——（慢性）猪肺疫

后肢半腱肌、半膜肌、腰大肌、背最长肌肉色花白，质地疏松，有液体渗出。病变较轻的外观略呈白色，多数粉红色。重者水煮样色白，松软弹性差，切面凸出，纹理粗糙。严重的肉如烂肉样，手指易插入，缺乏黏性，切开有液体渗出 ——应激性肌病

肌肉色淡或黄红色，膈肌、股二头肌、臀肌、背最长肌、咬肌有大小不等的灰白色半透明鱼肉样病灶 ——硒中毒

6. 肌肉萎缩

骨骼肌萎缩 ——传染性脑脊髓炎

脂肪组织和横纹肌萎缩、贫血 ——钴缺乏症

7. 肌肉有虫体

膈肌、舌肌、咬肌、喉肌、肋间肌、胸肌内可检出旋毛虫 ——猪旋毛虫病

臀肌、股内侧肌、腰肌、肩胛侧肌、咬肌、舌肌、膈肌、心肌苍白而湿润，有米粒至豌豆大的囊尾蚴 —— 猪囊尾蚴病（囊虫病）

肌肉水样、褪色，含有小白点，陈旧的病灶已经钙化，小囊周围有细胞浸润，肌肉萎缩，但无幼虫存在 —— 猪住肉孢子虫病

二、骨、滑膜

各种骨的形态，在有些元素缺乏时会有一定的变化，当硒中毒时骨脆易碎，锰缺乏时腿骨比正常短、骨端粗大；慢性猪瘟时肋骨与肋软骨交界处钙化成黄色（有一定的诊断意义）；结核病在胸椎腰椎的椎体椎弓见有结核结节；卟啉症（红骨病）全身骨骼呈棕红、红褐、粉红色。

滑膜出现充血肿胀，见于鼻腔支原体病、滑液支原体病。

1. 骨的病变

骨脆易碎 —— 硒中毒

腿骨（桡骨、尺骨、胫骨、腓骨）较正常的短，骨端增大 —— 锰缺乏症

断奶仔猪肋骨末端与肋软骨交界部位发生钙化，呈黄色骨化线（对慢性猪瘟有一定诊断价值） —— （慢性）猪瘟

全身骨骼呈红褐、棕红、粉红色，骨膜下的微密骨质色更深。牙齿棕红、粉红，齿髓暗红色 —— 红骨病（卟啉症）

| 在胸椎、腰椎的椎体和椎弓部可见到结核结节 | —— 结核病 |

| 长骨内红细胞系增生 | —— 附红细胞体病 |

2. 滑膜充血肿胀

| 滑膜充血肿胀，滑液中有血液和血清 | —— （急性）鼻腔支原体病 |

| 浆膜云雾化，纤维素性粘连并增厚，滑膜高度增厚，滑液中有血浆和血清 | —— （亚急性）鼻腔支原体病 |

| 滑膜肿胀、水肿、充血，有大量黄褐或淡黄色滑液，内含纤维片 | —— （急性）滑液支原体关节炎 |

| 滑膜黄或褐色，充血、增厚，绒毛轻度肥大 | —— （亚急性）滑液支原体关节炎 |

| 滑膜增厚明显，有时见到关节软骨溃烂 | —— （慢性）滑液支原体关节炎 |

三、关节

关节在患链球菌病、放线菌病时发炎肿大。慢性猪肺疫时有坏死灶。有机氟化物中毒时，关节囊结缔组织增生，有黄色黏稠液。关节囊内有纤维素渗出物，多见于慢性猪丹毒、格拉泽氏病、鼻腔支原体病、衣原体病、多发性浆膜炎与关节炎。

1. 关节发炎

| 继发细菌感染时，发生关节炎 | —— 猪圆环病毒 2 型感染（断奶仔猪多系统功能衰竭综合征） |

| 有的猪可见关节炎 | —— 猪放线菌病 |

骨外观粗糙呈白垩状，腰椎棘突弓形隆起，有融合现象，肋骨、桡骨、腕骨变化较大。母猪关节肿大，关节囊结缔组织增生，骨端骨质增生成骨疣。仔猪关节硬固性肿大，关节囊内充满黄色黏稠液，关节周围骨质增生 —— （慢性）无机氟化物中毒

关节肿，有黄黏液 —— （脑膜炎型）链球菌病

关节见有坏死灶 —— （慢性）猪肺疫

2. 关节有纤维素性渗出物

多发性关节炎，有浆液纤维素性或脓性纤维素性渗出物 —— 格拉泽氏病

腕、跗关节囊肿大变厚，充满浆性纤维素性渗出物，渗出液呈黄色、红色，稍浑浊，关节面有溃疡 —— （慢性）猪丹毒

腕、跗、趾、膝关节肿胀，关节腔内有黄色液体，关节囊呈纤维性增生 —— （慢性）非洲猪瘟

单个或多个浆膜出现浆液性或脓性蛋白渗出物，呈淡黄色蛋皮样或条索状的假膜覆盖在浆膜或关节表面。腕、跗关节的病变频率高 —— 猪多发性浆膜炎与关节炎

关节肿大，周围充血、水肿，关节腔内纤维素性渗出液灰黄浑浊，杂有灰黄色絮片 —— （架子猪关节炎型）衣原体病

见到软骨腐蚀现象及关节翳形成，滑膜内有淋巴细胞结节，浆膜有纤维素性粘连 —— （慢性）鼻腔支原体病

第十五节　混合感染病例的病理变化

1. 猪链球菌病与葡萄球菌病混合感染

（1）急性型　呈败血变化，鼻、气管、肺充血，全身淋巴结肿大、充血、出血，心包有浅黄色积液，心内、外膜有出血斑点。病程较长的可见纤维素性胸膜炎、腹膜炎。脾显著肿大、呈暗红色，部分边缘有出血性梗死。肾肿大充血、出血。胃肠黏膜充血、出血。肿大的关节有胶样液体或纤维素性脓样物质。

（2）神经型　脑膜充血、出血，脑脊髓白质和灰质有小出血点。胸膜、腹膜有纤维性炎症，部分在头、颈、胃壁、肠系膜有水肿，有一部分一肢或数肢关节肿胀。

（3）关节炎型　关节腔内有多量淡红色液或多量灰白色脓液，关节囊增厚，化脓灶可侵害关节以外的组织（范伟兴等）。

2. 猪附红细胞体病与链球菌病混合感染　血液凝固不良，喉头、齿龈出血，肺瘀血、肿大，心包积液并有大量纤维素蛋白，心冠脂肪、心肌出血，肝土黄色，胆囊充盈，胆汁浓稠（丁左梅等）。

3. 传染性胸膜炎与猪瘟并发感染　全身淋巴结出血，切面大理石状，肾色淡，表面有密集出血点。脾边缘有梗死。心肌有散在出血点，胃底和膀胱黏膜有出血点、出血斑。两肺肿大、紫红色，心叶、间叶质硬，有紫色肺炎区，肺叶与胸膜粘连，与胸腔壁也有粘连，肺切面有大量黏液和泡沫溢出，支气管有泡沫黏液堵塞。胸腔积液，胸膜表面有纤维素渗出物与胸壁粘连（邢兰君）。

4. 猪伪狂犬病与大肠杆菌病混合感染　小肠卡他性炎，十二指肠较严重，小肠内容物黄色、水样，有泡沫，部分成糊状。胃内有凝乳块，胃底部分静脉梗塞。部分肝、脾、肾、扁桃体明显坏死。偶见鼻黏膜充血，肺水肿（万来全）。

5. 猪链球菌病与鞭虫病混合感染　全身淋巴结肿大、充血、出血，心内膜出血。部分关节囊内有黄色胶冻样或纤维性脓性分泌物。盲肠充血，内有多量鞭虫（张明晖等）。

6. 猪瘟与链球菌病混合感染 口、鼻有泡沫液体，肺充血，间质水肿，局部气肿，表面有出血点，甚至有纤维素附着。脾边缘有出血性梗死（唐慧稳）。

7. 猪肺疫与副伤寒混合感染 全身淋巴结肿大、出血，而肺门、下颌、肠系膜的淋巴结严重。脾肿大1~2倍，呈蓝紫色，质坚如橡皮样。肝稍肿，表面有大量坏死灶。盲肠、结肠黏膜有糠麸样坏死，剥离坏死黏膜后，可见边缘不齐的堤状溃疡。肺呈白红相间的大理石状花纹，表面覆有白色纤维素薄膜，肺间质显著水肿、增厚。喉、气管内有大量泡沫液体（张庆茹等）。

8. 仔猪附红细胞体病与副伤寒混合感染 血稀、水样、不凝固，黏膜不同程度黄染。脾肿大、柔软。肝肿大，灰蓝色，坏死灶明显。胆囊肿大。心肌苍白、松软，严重的有纤维素心包炎。肠系膜淋巴结索状肿胀。结肠壁增厚，黏膜有灰黄色枣核状坏死灶。刮去覆盖的灰黄色痂皮后，中央凹陷（陈学风等）。

9. 猪流感并发猪繁殖与呼吸综合征 肺水肿、充血、出血，部分肺实变或有脓灶，气管内充满白色泡沫。有的心包积水，心肌有出血点。全身淋巴结有梗死灶。个别胃底呈弥漫性出血。脑膜充血（母维素等）。

10. 猪伪狂犬病与传染性胸膜肺炎混合感染 仔猪脑膜肿胀、充血、出血，鼻黏膜充血、肿胀。扁桃体肿大、充血、溃疡。气管内有大量渗出液。肺黑紫或暗红、水肿，表面有大小不同的灰白化脓灶，切面流血色泡沫。胸腔有积液。肺与心包、胸腔壁、膈膜粘连。肾有针尖大密集出血点（王贵平）。

11. 猪痘与大肠杆菌病混合感染 淋巴结水肿，脾有坏死点。肝肿大，有大小不等的坏死灶。纤维性心包炎。肾有出血点，膀胱黏膜有轻度出血，胃壁水肿，有出血点，肠黏膜有出血点（陈杰等）。

12. 附红细胞体病与大肠杆菌病混合感染 肌色变淡，血液凝固不良。肺实质肉变，有出血点。肝肿大、质脆，有出血点。心肌松弛。脾肿大，暗红色，边缘不整，有粟粒大结节。肾肿大、苍白，肾乳头出血。膀胱变厚，膀胱壁有少量出血点。胃黏膜充血、出血；腹腔内有大量含气体的黄色液；肠壁薄而透明，黏膜充血。全身淋巴结充血，切面外翻，流出液体。脑轻微水肿，脑脊液增多（宋庆华等）。

13. 猪瘟与猪副伤寒混合感染 肾有出血点。淋巴结肿大、出血、紫红，大肠黏膜孤立淋巴滤泡肿胀。盲肠、结肠、回肠后段肠壁增厚，覆盖一层弥漫性坏死性腐乳状物质，剥离底部红色边缘呈不规则溃疡面（王庆普）。

14. 猪附红细胞体病和弓形虫病混合感染 皮肤、脂肪黄染、皮下出血。心肌似煮过，个别心肌与心包粘连。肺间质水肿、淡黄色。肝质脆，有灰白色小结节，胆囊萎缩，胆汁浓稠如粥，呈咖啡色，脾稍肿大。肾表面有少量出血点，膀胱充满咖啡色尿液或无明显变化。胃内容物稀薄，黄色。大肠局部出血、坏死、粘连，肺门淋巴结出血性肿胀，鼠蹊淋巴结有灰白色水肿。腹腔积液淡白色（沈阳等）。

15. 猪伪狂犬病与链球菌病并发 肝肿大，有一层被膜，肝、脾表面均有灰白色绿豆大坏死灶。肾被膜下有针尖大出血点。心包膜浑浊，肥厚，心囊有黄色积液，心冠脂肪胶冻样。肺充血、出血，有米粒大坏死灶。扁桃体有白色坏死灶。脑充血、出血，脑积液。全身淋巴结肿大、出血。腕、跗关节积液（黎满香）。

16. 猪瘟和细小病毒病混合感染 肺尖叶、小叶出血、气肿。心耳充血，冠状沟、纵沟有点状出血。肝瘀血，表面有点状出血，胆囊肿胀。胃内有凝乳块。肠壁变薄，内有气体，肠黏膜易脱落。肾苍白，皮质有出血点。膀胱积尿。脑血管充血。全身淋巴结出血（赵咏中）。

17. 非典型性猪瘟和猪附红细胞体病混合感染同时伴有缺硒症 血稀。胃肠空虚、有出血。淋巴结肿大。肺出血、气肿。个别肠系膜和腹股沟淋巴结出血、肿胀，有的呈大理石样。肾肿大、发黑、出血、坏死，有的有针尖大出血点。脾肿大、瘀血、变软、发黑，有的边缘有楔状梗死。肝肿大，表面有灰白色或灰黄色坏死灶，有的有棕黄色脂肪变性，胆囊充满深红色浓稠胆汁。尿茶红色。个别喉头有针尖大出血点。心肌内膜有鲜红色出血斑。骨骼肌有白色条纹的变性坏死肌群，个别臀肌苍白，似熟肉样。肠系膜有胶冻样水肿（白凤鸣等）。

18. 猪附红细胞体病并发砷中毒 血稀、暗红色。肝肿大，有针尖大出血点。脾肿大、瘀血。肾肿大，有针尖大出血点。心内膜出血。肺水肿、瘀血，气管充满泡沫液体。膀胱黏膜出血。胃底黏膜水肿出血，肠壁变薄，黏膜出血（周国华）。

19. 猪弓形虫病与猪肺疫混合感染 皮下有瘀血或出血点。各脏器有不同程度的出血点。全身淋巴结充血、出血。肺出血，有不同程度间质水肿，小块肝变区，支气管内有大量泡沫样液体，胸膜有纤维素沉着，有的胸膜与肺粘连。胸腔、心包积液，腹水稍多。肝表面有小点出血及灰白或黄色坏死灶、心外膜和心包膜有出血点。脾有出血斑。胃底部出血、溃疡（周元军）。

20. 猪传染性胸膜炎、多发性关节炎和浆膜炎混合感染 鼻黏膜肿胀、出血、多黏液。扁桃体肿大、充血和溃疡。肺紫黑或暗黑色，水肿、充血，表面有灰白色脓灶。气管有大量渗出液，胸腔有积液。肺与心包、膈膜、胸壁粘连，胸膜有黏液性和化脓性渗出物（徐共和等）。

21. 猪瘟和弓形虫病混合感染　全身淋巴结肿胀、水肿、出血，切面红白相间如大理石样，有的淋巴结发生坏死，被膜及周围组织有黄白色胶冻样浸润。肠系膜淋巴结坏死严重。肾灰黄色，表面有小出血点和灰白色高粱米大的坏死灶。脾肿大，边缘有褐色梗死。肠系膜、浆膜、膀胱、胆囊、喉、会厌软骨、心外膜、心冠脂肪及皮肤发生广泛性出血斑点。肺瘀血、出血、水肿，间质增厚，胶冻样浸润，肺小叶明显。胃底黏膜脱落，弥漫性和斑点状出血。肠黏膜出血、溃疡，回盲口黏膜有轮状纤维坏死，形成纽扣状溃疡（吴长德、龚冬尧等）。

22. 猪瘟与牛病毒性腹泻混合感染　喉、会厌软骨有针尖状出血点。全身淋巴结肿大，切面外翻，周边出血，少数呈血肿。胃大弯黏膜、肠黏膜有出血斑点。肾、膀胱黏膜有针尖状出血点。脾周边呈锯齿样出血梗死。肝有黄色或灰黄色坏死灶（吴健敏）。

23. 猪伪狂犬病和附红细胞体病混合感染　血液稀薄、部分黄疸，鼻腔卡他性或化脓性炎，有大量渗出液。咽炎，扁桃体、喉头水肿。肺水肿，全身淋巴结肿胀或出血。肾肿胀，有小出血点，膀胱黏膜有点状出血。心内膜有出血斑。大肠黏膜充血、水肿，其他肠道有点状或块状出血和溃疡（李星、陈少平等）。

24. 仔猪伪狂犬病和附红细胞体病混合感染　发病仔猪、死胎、弱仔猪肾表面有针尖大小的出血点，有些弥漫性出血（部分弱仔猪、死胎肾软化或发育不全）。部分膀胱黏膜有出血点。胃和小肠有不同程度的炎症。脑膜充血，血液稀薄，淋巴结肿大。肝呈土黄色，胆汁黏稠，部分胆汁呈深红色砂粒状。肌肉色淡、呈煮肉样，部分病猪皮下及毛囊出血（余文广等）。

25. 猪瘟和附红细胞体病混合感染　颌下、腹股沟、肠系膜淋巴结肿大、出血，切面多汁，大理石样。心内外膜、心冠脂肪有出血点。肺尖叶有暗红色肝变区。肾土黄色，剥去被膜有大小不一的出血点，髓质有出血点。脾肿大，有梗死和出血斑。回盲瓣、盲肠、结肠黏膜有纽扣状溃疡。膀胱黏膜有出血点。喉头有点状出血。血液稀薄如水（李永森、邢兰君）。

26. 猪伪狂犬病并发李氏杆菌病　鼻腔卡他或化脓性炎，咽喉黏膜、扁桃体水肿，并有纤维素坏死性假膜覆盖。心肥大，心肌色淡，心内膜有斑状出血。全身淋巴结肿胀、出血，腹股沟淋巴结最严重。肾土黄色，表面均匀或散在针尖出血点。胃肠黏膜有不同程度的卡他性炎。肝、脾有直径 1～3 毫米的灰白色坏死灶（王自然）。

27. 猪伪狂犬病合并水肿病的诊治 肺充血、瘀血。肝有白色坏死灶。肾有针尖大出血点。小肠充血、瘀血，肠系膜淋巴结索状肿大、充血、瘀血。胃底部大面积出血，胃大弯水肿，切开夹层有大量胶冻样物质。结肠祥上有大量胶冻样物质。脑膜充血、出血，脑组织出血、水肿，脑回平展发亮，流出血样液体（王永蝉）。

28. 猪肺丝虫病并发猪肺疫 全身黏膜、浆膜、皮下组织有大量出血点。咽喉部出血性浆液浸润，切开可见大量淡黄色纤维素浆液。下颌淋巴结出血严重。心内外膜有出血点，心包积液，胸腔有纤维性渗出物，病肺与胸膜粘连，肺显著肿大，表面有大量灰白色坏死灶，膈叶腹面有大片气肿区，切开小支气管内有乳白色虫体（长20～40毫米，细丝状），严重时虫体堵塞小支气管，肺局部肝变。肾肿大、充血，有大小不一的出血点。胸腔内的淋巴结全部肿大、充血、出血（陈建国）。

29. 猪繁殖与呼吸综合征并发巴氏杆菌感染 肝大理石样病变，质脆。脾肿大，边缘梗死。胃底、回盲口溃疡，尖端边缘有线状出血点。肾皮质点状出血，肾门周围有白色梗死灶。膀胱黏膜出血、溃疡。胸腔有淡黄色积液。肺发生肉变。心冠脂肪胶冻样。全身淋巴结充血、出血、肿大（刘占通等）。

30. 传染性萎缩性鼻炎与猪瘟和附红细胞体混合感染 尸体消瘦，脱水。鼻甲骨严重萎缩，左右鼻腔成一洞。下颌淋巴结切面呈大理石状。肝肿大，胆囊萎缩，胆汁倒流入腹腔。肾水肿、坏死，包膜下可见针尖大小出血点。膀胱积尿，表面有出血点。脾边缘有出血性梗死，表面散在出血点。小肠有多处坏死性溃疡灶。回盲瓣可见大小不等的纽扣状溃疡（方英等）。

31. 外购苗猪引发猪肺疫和仔猪副伤寒混合感染 喉头有广泛性出血斑，气管、支气管内含多量泡沫性液体。肺肝变、水肿，肺炎症部位切面呈大理石状。心外膜和心包有弥漫性点状出血。回肠、盲肠、结肠黏膜有大片灰色溃疡，肠壁增厚，个别病例溃疡周围有糠麸样痂皮。胸腔淋巴结、肠系膜淋巴结明显肿胀，内有干酪样坏死灶（江新等）。

32. 仔猪白痢并发球虫病 胃黏膜充血、出血、水肿，表面覆有黏液。肠腔空虚，肠壁变薄，肠内充满气体、松弛，呈灰白色半透明状。有的小肠、回肠、空肠的浆膜有出血斑，肠黏膜糜烂、出血、坏死，有的覆盖异物，肠上皮坏死脱落。肠系膜淋巴结肿大、水肿。组织学检查，肠绒毛变短或消失（李振）。

33. 猪伪狂犬病与细小病毒病混合感染 鼻腔有脓液，咽喉黏膜有点状出血，扁桃体有不同程度水肿。全身淋巴结充血、出血、水肿。脑膜充血、水肿，脑脊髓液增多。胃肠有出血性炎症。肺水肿。肾和心肌点状出血。肝、脾有散在灰白色坏死灶。初产母猪流产，胎儿出现充血、出血、水肿、木乃伊化、体腔积液等变化（赵丽等）。

34. 猪蓝耳病和多种细菌合并感染 纤维素性胸膜肺炎，肺充血、肿大，与胸壁粘连。胸腔内有浑浊液体，混有纤维素碎片。心包增厚，外面附有一层纤维素性渗出物，心包与心肌外膜粘连，整个心脏外观呈"绒毛心"。全身淋巴结有不同程度的肿大、充血和出血。脾肿大，肝、肾轻度肿大。切开肿大的关节，可见关节囊内有胶样黄色液体，关节囊黏膜充血、粗糙（李清武）。

35. 猪繁殖与呼吸综合征与结肠小袋虫病混合感染 皮下水肿、全身淋巴结出血。肺呈灶性肉样变，肺表面有散在陈旧性出血点和出血斑，质地坚硬，切面呈块状增生、实变。肝暗红，表面有大小不等的白色坏死灶。脾轻度萎缩、纤维化。肾暗红，表面有针尖大出血点。结肠浆膜面密布白色小结节，剪开后可见硬结状增生，有出血、溃疡灶（胡冬梅）。

36. 猪圆环病毒 2 型和猪副嗜血杆菌混合感染 全身淋巴结肿大 2～3 倍，外观黄红色，切面外翻多汁，呈白色，特别是腹股沟淋巴结、肠系膜淋巴结、肺门淋巴结病变明显。胸腔有黄色积液，肺与胸壁间有大量黄白色豆腐渣样粘连物，肺肿大出血，呈紫色。腹腔也有淡黄色积液。肝、脾、胃表面也附有带状黄白色纤维素渗出物，其量不等。肾轻度肿大，表面有白色坏死灶。肝充血、轻度肿大，胆囊充盈，胆汁浓稠。跗关节肿大，剪开关节囊，流出大量黄色关节液（李伟生等）。

37. 猪链球菌和化脓性棒状杆菌混合感染 肌肉暗红，鼻腔有黏稠条状脓汁。气管黏膜出血，内有条状黏稠脓汁堵塞。肺严重肉变，边缘有暗红色斑块，切开可挤出白色脓汁和稀薄血液。脾肿大色淡，质脆而软，表面有小出血点，切面结构模糊。肝边缘变钝，质硬，表面有白色坏死灶和出血点，切面结构模糊，胆囊肿大变厚。肾肿大，稍发白，变软且脆，有出血点，切面多汁，对合整齐，皮质和髓质界限不清。心包膜变厚，与胸膜粘连，心包内有较多的淡黄色液体，含有白色纤维性渗出物，心包膜和心耳出血，心肌柔软，色淡呈水煮样。胃肠黏膜和浆膜有散在出血点（魏栋选）。

38. 猪鞭虫病和猪痢疾混合感染 胸腹腔有较多淡黄色渗出物，盲结肠浆膜有黄色结节样斑点。肠系膜胶样浸润，其中淋巴结充血、水肿。肠腔内容物稀薄恶臭，混有黏液、血液、组织碎片。大量类似细针样虫体，一端钻入肠壁灰黄色结节内。肠黏膜肿胀，并覆有黏液、带血块的纤维素，部分有溃疡、坏死，形成假膜，剥去假膜露出浅表糜烂面。其他脏器无明显变化（邓博文等）。

39. 仔猪猪瘟和猪肺疫混合感染 全身淋巴结肿大、出血，呈暗红色。胃底和膀胱黏膜出血，脾表面有小出血点和绿豆大紫色出血梗死。回盲瓣、盲肠、结肠黏膜有纽扣状溃疡。喉有出点、出血斑。心冠脂肪、心内膜有出血点。肺水肿，暗黑色，并有大小不一的散在肺炎灶。气管、支气管内有黏液性泡沫，混有数量不等的血色泡沫。心腔和心包积有多量淡红色的浑浊液体。颈部皮下水肿，肌肉充血、瘀血（邢兰君）。

40. 猪支原体肺炎继发巴氏杆菌病 下颌淋巴结肿大、出血，呈紫红色。咽喉周围结缔组织出血，切面流出淡红色浆液，咽喉黏膜肿胀，有大量出血点和出血斑。气管和支气管内含有大量白色泡沫性黏液。黏膜有大量出血点。胸腔有大量污红色积液。整个肺呈急性水肿，被膜紧张，质地变实，表面有散在的出血点和气肿，切面多汁，轻压即流出多量乳白色含泡沫黏稠液。心包积液，心外膜和包膜散布小出血点。脾有许多出血灶，但不肿大。胃肠黏膜有点状出血。腹股沟、肺门、肠系膜淋巴结肿胀、出血呈暗红色，切面呈大理石状（王友天）。

41. 猪小袋纤毛虫病并发副伤寒 眼窝下陷，可视黏膜苍白，全身淋巴结肿大，切面湿润，肠系膜淋巴结呈绳索状，切面灰白外翻，有针尖到粟粒大白色坏死灶并有少量出血点。肺门、肝门、下颌、肾、腹股沟淋巴结肿大。肺水肿，小叶间质内充满半透明胶样渗出物，气管、支气管内有大量泡沫样黏液。肝灰红色，有针尖大的白色坏死点。脾肿大，土黄色。有的病例盲肠壁增厚，覆盖一层弥漫性坏死性腐乳状物质，除去该物，露出边缘不整的红色溃疡面（陈松林等）。

42. 猪瘟与水肿病混合感染 眼睑、颈部肿胀，切开流出胶样液，切开喉头，高度水肿。心内外膜有出血点或出血斑。胃壁、肠系膜水肿，切开胃大弯黏膜与肌层间，充满胶冻样液。胃底弥漫性出血，大肠系膜胶冻样水肿，小肠系膜出血。全身淋巴结水肿、充血、出血。心包、胸腔和腹腔有较多积液。脾边缘有出血性梗死灶。肾表面有麻雀蛋状出血外观，膀胱黏膜有出血点（邢兰君）。

43. 猪繁殖与呼吸综合征继发附红细胞体病 （仔猪）血液暗黑，有的极度稀薄。喉头充血，有黏液。脾边缘发紫。肺呈现胰样变，土黄色，肺尖叶充血。下颌淋巴结肿大，边缘出血。胃黏膜充血并容易脱落。膀胱充盈，黏膜充血。小肠充满气体，大肠充血（韦建华）。

44. 猪繁殖与呼吸综合征与猪瘟混合感染 肺有弹性，不塌陷，表面有大量棕褐色斑点，尖叶、心叶出现片状实变。全身淋巴结水肿和坏死，尤其是腹股沟淋巴结。脾边缘或表面出现梗死灶。肾表面有针尖大小出血点。回盲口有明显纽扣状溃疡。喉头、膀胱、心脏均有大小不等的出血点（潘宗海等）。

45. 猪圆环病毒与支原体混合感染 肺水肿、气肿，间质增宽，肺质地变硬如橡胶，表面有大小不一的土褐色实变，心叶、尖叶、中间叶及肺叶的前下部出现融合性支气管肺炎变化，病变部界限明显像肉样，严重的"胰样变"。胃黏膜水肿，非出血性溃疡。回肠、结肠肠壁变薄，肠内充满清亮液体。肝肿大。全身淋巴结不同程度肿大增生，表面充血、出血，切面呈灰白或黄白色。肺门淋巴结、纵隔淋巴结、肠系膜淋巴结病变明显。下颌淋巴结、腹股沟淋巴结明显肿大。脾肿大，肉样变（邬吉强等）。

实验室诊断

兽医通过临床诊断和尸体剖检诊断，如果发现仍有困难和疑问，就需要做进一步的实验室检查，如病理组织学、病毒学、血清学、毒物学等方面的检查。

第一节　病料选取和要求

一、组织学检查的病料选取

1. 采集病料的工具　刀、剪等要锋利，切割时注意不要造成人为的损伤，组织固定前勿沾水。

2. 病料采取部位　不论何种疾病，采取病料时，选择脏器应具有代表性，因此，要采取维持生命的主要器官，如心、肝、肾、脑、脾、淋巴结、胃、肠、胰、肺等，但应重点采集病变器官。一个器官不同部位采取多块，取病变典型部位、可疑部位，取样具有代表性，最好能反映出疾病发展过程中不同时期形成的病变。每个组织块应含有病变组织和正常组织（包括病灶中心区、边缘区与非病变交界部组织）。

（1）肾　应有皮质、髓质和肾盂。

（2）心　应有房室、瓣膜、心内外膜。

（3）脾和淋巴结　应有淋巴小结部分。

（4）肠　应有淋巴滤泡。

（5）黏膜器官　应含有黏膜到浆膜各部位。

（6）脑、脊髓　切成大块，固定数小时后，再切成小薄片（3厘米×4厘米×1厘米）。

3. 组织块大小　长、宽1～3厘米，厚0.5厘米。有时可采取稍大的病料块，待固定几小时后，再切小薄片。采集大的病变组织时，对不同部位，可分段采取多块。

4. 固定　胃肠、胆囊等在固定时易发生收缩、扭曲，可将组织的浆膜面向下平放在硬质泡沫板上或硬纸片上，两端结扎放入固定液中。

肺组织块常漂浮于液面上，可盖上薄片脱脂棉或用纱布包好并放入标签，再放入有固定液的容器中。

5. 贴标签　在装有病料的广口瓶或其他容器上贴标签，包括固定液、病料种类、器官名称、块数编号、采取时间等。

二、细菌学检查材料的选取

细菌学检查材料的基本要求，防止被检材料的细菌污染和细菌扩散，因此，采集时要无菌操作。

1. 无菌操作法　采取病料时，首先，用点燃的酒精棉球烧灼器官表面的杂菌，然后，立即用无菌器械采取深层组织做细菌培养，采好后应将组织块在酒精火焰上灭菌 10 秒，再迅速放入无菌平皿中。

2. 涂片　采集心血、心包液、脑脊液、脓汁、尿的同时应涂片 2～3 张，标明编号。

3. 培养物的采取　如心血等，以无菌注射器经无菌的心房处刺入心脏内吸取血液，然后取出立即注入灭菌试管内，紧塞管口并用蜡封闭。

4. 器官　一般应采心肌、胃、肝、脾、肺、淋巴结、脑，根据需要采取有关器官，但脾和淋巴结必须采集。

5. 胃肠内容物采集　应避免内容物流动混合，因此，需及时做两端结扎。一般，肠道截取长度为 15 厘米。

三、病毒学检查材料的选取

1. 病毒分离鉴定　采集病死猪肺脏、淋巴结、肾脏等内脏组织分离病毒。不同的疾病根据病毒的组织嗜好选取不同组织，如伪狂犬病最好选脑组织和扁桃体。

2. 血清学试验　无菌选取病猪的血清 0.5～1 毫升放于灭菌离心管冷冻保存。

3. 组织学检查　需做组织学检查的材料，最好用包音氏液或岑克氏液固定。

包音氏液：冰醋酸 5 毫升、甲醛（原液）25 毫升、苦味酸饱和液 75

毫升。

岑克氏液：重酪酸钾 25 克、氯化高汞 5 克、硫酸钠 1 克、蒸馏水 100 毫升、冰醋酸 5 毫升。

中枢神经系统的病毒性疾病，取海马角、大脑皮层、中脑、丘脑、脑桥、延脑、小脑、颈段脊髓各数块分别用纱布包好，并标记各部名称，固定在包音氏液或岑克氏液，同时灭菌，将采取的有关部分放入灭菌的盛有 50％甘油盐水的试管中密封管口。

4. PCR 试验 可选取病死猪的分泌物如鼻咽拭子及肝、脾、肺内脏器官等，腐败的组织也可选用。

四、毒物学检查材料的选取

因毒物的种类、投入途径不同、材料的采取亦有不同。经消化道引起的中毒，可提前检查。剖检用的器材、手套，先用清水洗净晾干，不得被酚、酒精、甲醛等常用化学物质污染，以免影响毒物定性、定量分析。通常做毒物检验，应采取下列材料。

1. 胃肠内容物 对服毒后病程短、急性死亡的病例取胃内容物 500～1000 毫升，肠内容物 200 克。

2. 血液 200 克。

3. 尿液 全部采取。

4. 肝 500～1 000 克，应有胆囊。

5. 肾 取两侧。

6. 皮肤、肌肉及其他 检验经皮肤、肌内注射的药物，应采取注射部位皮肤、肌肉以及血液、肝、肾、脾等。

采集的每一种材料，应分别放入清洁的器皿内，外贴标签，标记材料名称和编号。

五、血清学检查材料的选取

无菌采血 10～15 毫升，放室温下待血清析出后移入灭菌试管内，并加入 0.5％石炭酸防腐，密封瓶口放置冰箱保存。做中和试验的血清不加防腐剂。

第二节　细菌性传染病实验室诊断

　　猪细菌性传染病的实验室诊断，主要包括显微镜检查、分离培养、生化特性试验、动物试验及血清学试验等。

一、炭疽

　　1. 细菌学检查　采取血液、水肿液、脾及病变组织涂片，姬姆萨染色或瑞氏染色或碱性美蓝染色，镜检可见单个或短链（1～2 个菌体）相连、有荚膜、两端平截、竹节状大杆菌。

　　2. 炭疽沉淀反应　取病变组织数克，剪碎，加 5～10 倍生理盐水煮沸10～15分钟，冷后过滤或离心沉淀，用毛细管吸取上清液沿管壁缓慢加入已有炭疽沉淀素血清的玻璃管内，形成两层液面，有白色沉淀环为阳性。

　　3. 聚合酶链式反应（PCR）　具有高度特异性，对腐败病料和血液中的炭疽杆菌有较好的敏感性。但对炭疽芽孢的检测不敏感，其最低检测为 2 000 个芽孢。

二、猪丹毒

　　1. 细菌学检查　以新鲜病料（心血、脾、肾、肝、淋巴结、关节病料）涂片，革兰氏染色后镜检，可见单个或成堆细长小杆菌，白细胞内可见成排列成丛的阳性细菌。在慢性型病例的瓣膜制片中可见单个或成堆丝状菌体。

　　2. 动物试验　将新鲜病料做成 1∶5～10 乳剂或 24 小时肉汤培养物，分别以 0.2 毫升经皮肤注射小鼠或以 1 毫升肌内注射鸽，2～5 天后，取病料染色镜检，可见本菌。以 1 毫升经皮肤注射豚鼠，豚鼠未死亡。

　　3. 聚合酶链式反应　特异性高，快捷简便。

三、猪肺疫

　　1. 细菌学检查　局部水肿液、心血、肝、脾、淋巴结、肺组织涂片，用瑞氏染色、美蓝染色或革兰氏染色后镜检，可见卵圆形、两极浓染的短杆菌（革兰氏染色阴性小杆菌），即可诊断为猪肺疫。

2. 动物试验 取新鲜病料，用生理盐水制成 1：10 悬液，用 0.2～0.3 毫升接种小鼠皮下或腹腔，以 0.2～0.3 毫升接种鸽皮下或腹腔，均于 1～2 天后死亡。剖检观察病变，将器官组织涂片或培养，可检出两极浓染的小杆菌。

四、仔猪副伤寒

1. 细菌分离 可以从实质器官分离出病原菌，进行形态、培养特性鉴定。亦可进行生化试验及血清型鉴定等。

2. 单克隆抗体技术和酶联免疫吸附试验 可用于本病的快速诊断。

五、猪气喘病

1. X 线检查 背胸位透视，可见肺野的内侧区、心膈角区呈现不规则云雾状渗出性阴影，密度中等，边缘模糊。

2. 抗体检测 酶联免疫吸附试验被认为是理想的诊断方法。

六、仔猪黄痢、白痢、水肿病

1. 实验室诊断 取病死仔猪的小肠内容物接种于麦康凯琼脂培养基上做细菌分离，挑选生长的红色菌落做溶血试验和生化试验等鉴定工作，并用分离菌株与 OK 多价抗血清进行平板凝集试验，以鉴定血清型。或用分离纯化的菌株口服感染初生仔猪，发生本病即可确诊。

2. 酶联免疫吸附试验 目前，国内有大肠杆菌酶联免疫吸附试验试剂盒和大肠杆菌 K88、K99、987P 定型血清，用于仔猪黄痢、白痢、水肿病病原大肠杆菌的诊断和菌株的分类鉴定。

七、仔猪红痢

1. 细菌形态检查 取肠内容物涂片，革兰氏染色后镜检，常见大量形态一致的革兰氏阳性大杆菌，呈现单个、两个或短链，菌端一致，其中一部分呈芽孢形态出现。

2. 肠内容物毒素检查 取刚死亡的病猪空肠内容物，酌加 1～2 倍生理盐水稀释，混合均匀后，以每分钟 3 000 转离心 30～60 分钟，用灭菌过滤器过滤后，取滤液 0.2～0.5 毫升静脉注射一组体重 18～22 克小鼠，于 5～10 分钟内迅速死亡，即证明肠内容物有毒素存在。也可取滤液经 60℃ 加热 30 分钟后，分别静脉注射家兔 1 毫升或小鼠 0.1～0.3 毫升，加热组实验动物不发生死亡。

为证明毒素是否为 C 型产气荚膜梭菌所产生，可在 0.2～0.5 毫升肠内容物滤液中加入 C 型和 D 型产气荚膜梭菌抗毒素血清 0.1 毫升做中和试验，若这种毒素被 C 型产气荚膜梭菌抗毒素中和，再静脉注射小鼠，则不引起死亡，而不被 D 型产气荚膜梭菌抗毒素血清中和，证明死亡仔猪肠内容物中的有毒物质是 C 型产气荚膜梭菌产生的毒素。

八、猪痢疾

1. 病原检查　取病猪新鲜粪便或大肠黏膜制成涂片，用姬姆萨、草酸铵结晶紫或复红染色镜检，可见每个视野 3～4 个弯曲的较大螺旋体，或将病料制成悬滴或压滴标本用暗视野检查，每个视野 3～5 个蛇形螺旋体。

2. 动物试验　用分离纯化的菌株或结肠病料经胃管感染 10～20 周龄健康幼猪，若 50% 感染发病，表明该菌株有致病性。

也可用分离纯化菌株对 10～20 周龄健康猪做结肠结扎试验或 1.5～2 千克家兔做回肠结扎试验，接种菌液后经 48～72 小时扑杀，可见肠腔内渗出液增多，内含黏液、纤维素、血液，肠黏膜肿胀、充血、出血，抹片镜检可见蛇形螺旋体，则可确定为致病性菌体。非致病性菌株接种肠段或注入生理盐水的对照肠段则无上述变化。

3. 血清学试验　有凝集试验、免疫荧光试验、间接血凝试验、琼脂扩散试验、酶联免疫吸附试验等，以凝集试验和酶联免疫吸附试验较好。

九、猪传染性萎缩性鼻炎

1. 细菌检查　①采取活体病料时，先保定好猪，洗净鼻外部污染物，用棉拭子进入鼻腔中部小心转动几次，取出后立即放入装有普通肉汤或生理盐水的小试管中，塞紧棉塞送实验室。②若宰后，可在鼻腔锯开后，采取鼻甲骨卷曲部筛板、气管、支气管的黏液或病变组织进行细菌分离培养。

分离支气管败血波氏杆菌（Bb），最常用的培养基是葡萄糖（加 10% 葡萄糖）血清麦康凯琼脂、含血红素呋喃唑酮的改良麦康凯琼脂或胰蛋白琼脂，

37℃培养48小时，支气管败血波氏杆菌的菌落呈烟灰色，中等大小，半透明，有特殊霉臭味。将可疑菌落进一步培养，根据菌落形态、染色特性、生化特性、凝集试验进行鉴定（在肉汤培养基内呈轻度浑浊生长，不形成菌膜，有腐霉气味。在马铃薯培养基上使马铃薯变黑，菌落棕黄至绿色。不发酵糖类，使石蕊牛乳变碱，但不凝固。甲基红试验、VP试验和吲哚试验阴性。Ⅰ相菌具有红细胞凝集性，有荚膜和密集周生菌毛，很少见有鞭毛、球形或球杆状，染色均匀）。

2. 血清学试验　猪感染本病后2～4周，血液中出现凝集抗体，至少维持4个月，但仔猪感染至少12个月后才检出抗体。以Ⅰ相菌福尔马林凝集抗原进行血清抗体检测。我国用试管凝集法检查（初检也可用平板凝集法），此法有较高的特异性和敏感性。判定标准是：1∶80"＋＋"以上为阳性，1∶40"＋"为可疑，1∶20以下为阴性。

十、猪布鲁氏菌病

1. 细菌学检查　采集胎衣分泌物、流产胎儿胃内容物、肝、脾、淋巴结、子宫坏死部分等组织做抹片，革兰氏染色可见到革兰氏阴性菌，用科兹洛夫斯基染色法［病料涂片干燥后，滴加2%沙黄液，加热至蒸汽状态维持1～2分钟后水洗，再滴加1%孔雀绿溶液复染（不加热）1～2分钟水洗，干燥后镜检］，布鲁氏菌呈红色，其他细菌呈绿色。

2. 分离培养　采取病料接种于含10%马血清的马丁琼脂斜面，如病料有杂菌污染时，可在100毫升马丁琼脂或肝汤琼脂中加入500单位杆菌肽、10毫升放线菌酮、500单位多黏菌素B混合后倒入平皿中，供分离培养用。接种病料后，37℃培养，每3天观察1次，如有细菌生长，可选可疑菌落做细菌鉴定，如抹片、染色、镜检，或将疑似菌落进行纯培养，进一步做布鲁氏菌生物学特性检验，用抗血清做玻片凝集试验等。

3. 凝集试验　一般细菌侵入机体后，经7～15天血液中即出现凝集抗体，随后滴度逐渐升高，阳性反应可持续几个月甚至2～3年以上。常用玻板凝集试验和试管凝集试验。试管凝集试验滴度在1∶50发生"＋＋"或"＋＋"以上凝集时，可判为阳性反应，1∶25"＋＋"凝集时可判为可疑反应。判为可疑反应的病猪，隔3～4周后采血再检，如仍为可疑反应，猪又无临床症状出现，也无该病流行表现时，则可判为阴性反应。

在大群检疫时，可用玻板凝集试验，在每份被检血清中，分别加入平板凝集抗原混匀，在5～8分钟内测定结果，猪血清0.04毫升出现"＋＋"以上凝集，判为阳性反应，0.08毫升血清出现"＋＋"凝集判为可疑。2～3个月后重检仍为可疑者，判为阳性反应。有的正常猪血清凝集滴度可达1：50～1：25，因此，还需结合猪全群及其他表现进行综合分析，才能判定布鲁氏菌病猪。

虎红平板凝集试验，取被检血清和虎红平板抗原各0.03毫升滴于玻板上，混匀，在4～10分钟内只要发生凝集者（"＋"）即判为阳性反应。本试验的特异性优于凝集试验、酶联免疫吸附试验、荧光抗体试验、DNA探针及PCR等。近年亦用间接血凝试验、抗球蛋白试验。

十一、坏死杆菌病

1. 镜检　取健病交界处组织，抹片，用等量酒精与乙醚混合固定，用碱性复红—美蓝、稀释石炭酸复红或碱性美蓝染色，镜检见佛珠状的长丝形菌体或细小杆菌。

2. 细菌分离培养　采取病料时，为防止杂菌污染，最好将病料通过易感动物获得纯培养后，再做进一步鉴定。也可将病料接种培养基后马上放入含有$10\%CO_2$、$80\%N_2$、$10\%H_2$和以冷钯为催化剂的厌氧缸内培养，48～72小时后，可见一种带蓝色的菌落、中央不透明、边缘有一圈亮的光带，选出可疑菌落，再进一步做纯培养和进行生化特性鉴别。

3. 动物试验　可将病料用生理盐水或肉汤制成悬液，取0.5～1毫升接种于家兔耳外侧皮下，或0.2～0.4毫升接种于小鼠皮下，2～3天后接种局部发炎、坏死和脓肿，动物逐渐消瘦，局部坏死，8～12天死亡。取死亡动物肝、脾、肺、心等组织分离出坏死杆菌，便可作出诊断。

十二、恶性水肿

1. 细菌抹片　取病变水肿液或病变组织，特别是肝被膜做触片或涂片，用革兰氏染色，镜检，可见到微弯曲长丝状排列的革兰氏阳性大杆菌，这在诊断上有重要意义。

2. 细菌分离培养　取局部水肿液或肝组织病料接种于厌氧肉肝汤培养基内，37℃培养24小时，肉肝汤均匀混浊，并产生气体、有沉淀。在葡萄糖血液琼脂上呈微弱β溶血，分离的细菌可进一步做生化试验。

3. 动物试验　取病料作成1：10乳悬液，肌内注射家兔、豚鼠、小鼠或鸽，一般接种 24 小时后死亡，注射局部明显出血性水肿，肌肉鲜红色浸润。取局部水肿液涂片、染色、镜检，可见两端钝圆的大杆菌。在肝表面触片的染色片上可见长丝状大杆菌。

4. 免疫荧光抗体试验 可用于本病的快速诊断。

十三、附红细胞体病

1. 血液常规检查 红细胞减少，$3 \times 10^{12}/L$，血红蛋白降低 52%，白细胞增多，均值 $11.6 \times 10^9/L$，单核细胞增多，淋巴细胞与中性粒细胞减少。

2. 鲜血压片镜检 从耳静脉采血，与等量生理盐水混合，加盖玻片，在 400～600 倍微暗或暗视野显微镜下，检查有无附着红细胞表面或游离于血浆中的球形、逗点形、杆状或颗粒状虫体。在血浆中的虫体可做伸展、收缩、转体等运动形态。

3. 涂片染色镜检 取血液涂片，姬姆萨染色镜检，可见粉红或紫红色的呈不规则环形或点状的虫体，用丫啶黄染色可提高检出率。

4. 血清学试验 常用补体结合试验、间接血凝试验、荧光抗体试验、酶联免疫吸附试验。

5. 分子生物学方法 可采用 PCR 技术或探针检测血液中的附红细胞体。一般猪在感染附红细胞体后 24 小时即出现 PCR 阳性。

6. 动物试验 取可疑患猪血液接种健康的小鼠、兔、鸡，接种后观察其反应，并采血检查附红细胞体。

十四、传染性胸膜肺炎

1. 直接镜检 从鼻、支气管分泌物或肺病变部位采取病料触片或涂片，革兰氏染色镜检，可见到多形态、两极浓染的革兰氏阴性小球杆菌或纤细杆菌。

2. 细菌分离鉴定 将无菌采集的病料接种在 7% 马血巧克力琼脂、划有表皮葡萄球菌十字线的 5% 绵羊血琼脂平板或加入生长因子和灭活马血清的牛心浸汁琼脂平板上，于 37℃ 含 5%～10%CO_2 条件下培养，如分离到可疑细菌，可进行生化特性、CAMP 试验、溶血性测定及血清定型等检查。

3. 血清学试验 国际公认的方法是改良补体试验，该方法可于感染后 10

天检查血清抗体，可靠性比较强，但操作烦琐。目前，认为酶联免疫吸附试验较为实用。

十五、猪多发性浆膜炎与关节炎（副猪嗜血杆菌病）

1. 细菌分离鉴定　采取治疗前发病的急性期病猪的浆膜表面渗出物或血液，接种到巧克力琼脂培养基或羊、马或牛鲜血琼脂培养基，并与葡萄球菌做交叉划线接种，培养 24～48 小时，猪副嗜血杆菌在葡萄球菌菌落周围生长良好，呈卫星现象，然后取可疑菌落进行生化鉴定和血清型定型。

2. 血清学试验　根据副猪嗜血杆菌 16S rRNA 序列设计引物，对原代培养的细菌进行 PCR，可以快速而准确地诊断副猪嗜血杆菌病。另外，琼脂扩散试验、补体结合试验、间接血凝试验也可进行确认。

十六、猪李氏杆菌病

1. 细菌检查　可采取脑脊髓液、血液、脑组织、脾、肝等进行镜检和分离培养。取肝、脾、脑组织涂片，革兰氏染色镜检，可见到革兰氏阳性、呈 V形排列的小杆菌。将病料接种于绵羊血琼脂或血液葡萄糖琼脂平板上，于 10% CO_2 环境中 35℃ 培养，可长成露滴状菌落，呈 β 溶血。

2. 动物试验　用病料或 24 小时纯培养菌 1 滴，滴入家兔或豚鼠眼内，另一侧眼作对照，1 天后发生化脓性炎或不久发生败血死亡。也可将 0.5 毫升纯培养物接种于幼兔耳静脉，观察其血液中单核细胞增多情况。或接种 10～20克小鼠，取 0.2 毫升肉汤培养物腹腔注射，观察 3～5 天，扑杀，观察肝、脾坏死情况。妊娠 2 周的动物接种后可发生流产。

3. 血清学试验　采用荧光抗体试验可作出快速诊断，此外，也可用凝集试验和补体结合试验。

十七、猪链球菌病

1. 镜检涂片　取病猪的肝、脾、淋巴结、血液、关节液、脓汁等病料涂片，革兰氏染色镜检，观察有无典型链球菌（革兰氏阳性，圆形或椭圆形，直径小于 2 微米，呈链状或成双排列）。

2. 细菌分离培养　无菌采取上述病料接种于血液琼脂平板，观察菌落生长（菌落小、灰白色、透明），有无溶血或溶血类型。若菌落出现 β 溶血，进一步做细菌形态和生化鉴别。

3. 动物试验 将病料或细菌培养物接种家兔、小鼠、鸽，观察发病情况，从死亡动物体内分离培养细菌并进行鉴别。

十八、结核菌

1. 变态反应试验 用牛分支杆菌提纯菌素 0.1 毫升，或旧结核菌素原液 0.1 毫升，在猪耳外侧皮内注射，另一侧注射禽分支杆菌提纯菌素 1 毫升，48～72 小时后观察判定，发生明显红肿者为阳性。

2. 细菌学试验 采取痰、尿、粪、乳及其他分泌物涂片检查细菌，革兰氏阳性，细长平直或微弯曲的杆菌；抗酸（石炭酸复红）染色法，菌体呈红色（其他细菌或细胞呈蓝色）。

3. 分离培养细菌和动物试验。

4. 血清学试验 还可用凝集试验、琼脂扩散试验、沉淀试验、酶联免疫吸附试验。

十九、钩端螺旋体病

1. 微生物学诊断 死前采取血液、尿液，死后检查要在 1 小时内进行，最迟不得超过 3 小时，否则在组织中的菌体大部分会发生溶解。采集病死猪的肝、肾、脾、脑等组织，并立即处理，在暗视野下镜检或用免疫荧光法检查。病理组织中的菌体可用姬姆萨染色或镀银染色后检查。病料也可用于病原体的分离培养。

2. 血清学诊断 主要有凝集试验、微量补体结合试验、酶联免疫吸附试验、炭凝集试验、间接凝集试验、间接荧光抗体法及乳胶凝集试验。

3. 动物试验 将病料（血液、尿液、组织原液）经腹腔或皮下接种幼龄豚鼠，如果钩端螺旋体毒力强，豚鼠于 3～5 天后出现发热、黄疸、不吃、消瘦等典型症状，最后发生死亡。可在豚鼠体温升高时取心血分离培养、鉴定病原体。

4. 分子生物学诊断技术 可用 DNA 探针技术、PCR 技术检测病料中的病原体。

二十、衣原体病

1. 细菌学诊断　采取病死猪肝、脾、肺、排泄物、关节液、流产胎儿等病料，涂片，用姬姆萨染色或荧光抗体染色，可见到肝、脾、肺上有稀疏的衣原体。膀胱和胎衣涂片，可见到大量衣原体和包含体。病料经无菌处理后可接种鸡胚或小鼠，剖检可见到特征性病理变化。

2. 血清学试验　补体结合反应（CF）是国内最常用的经典方法。通常用急性和恢复期双份血清，如抗体滴度上升到 4 倍以上认为阳性。关于血清学普查，判定标准为：国内暂定 1∶16 以上为阳性，1∶8 为可疑，1∶4 为阴性。近年来斑点酶联免疫吸附试验（Dot‐ELISA）、衣原体单克隆抗体技术、核酸探针技术等也日益受到重视。

二十一、猪放线菌病

1. 细菌检查　取肺病变组织压片或取淋巴结触片，经革兰氏染色镜检，其中心菌体为紫色，周围辐射状菌丝呈红色。

2. 细菌培养　猪放线杆菌在血琼脂上厌氧培养时，生长良好，48 小时可见到直径 2～3 毫米的菌落，继而长成扁而干燥、灰色、表面不透明、边缘成锯齿状的大菌落、不太黏稠、呈 β 溶血。在血清肉汤培养基上生长可形成黏稠的沉淀物。

二十二、猪葡萄球菌感染

1. 细菌试验　选未经用药治疗的病死猪或病重猪，剥掉痂皮，轻轻刮取创面分泌物涂片，革兰氏染色，镜检，可见单个或成串的革兰氏阳性球菌，也常见双球或短链状排列的革兰氏阳性球菌。

2. 细菌培养　无污染病料（血液等）可接种于血琼脂平板。已污染的病料应同时接种于 7.5％氯化钠甘露醇琼脂平板，置 37℃ 48 小时后，再在室温下培养 48 小时，挑取金黄色、溶血或甘露醇阳性菌，革兰氏染色镜检。致死性金黄色葡萄球菌的主要特点是：产生金黄色素、有溶血性、发酵甘露醇、产生血浆溶酶，皮肤坏死和动物致死阳性等。

3. 动物试验　用分离的葡萄球菌培养物接种于 40～50 日龄健康鸡胸肌，

经 20 小时局部炎性肿胀，破溃后流出大量渗出液，24 小时后死亡，临床症状和病理变化与自然病例相似。

二十三、猪耶尔森菌病

1. 分离培养　确诊可采取病变组织进行病原的分离培养和生化鉴定。本菌在普通培养基和麦康凯培养基上均能生长，4℃时可以生长，18～22℃培养时能运动。37℃培养时，菌落为 R 型，表面干燥粗糙，边缘不整齐，呈灰黄色，运动消失；22℃培养时，菌落为 S 型，表面光滑、湿润、细小、半透明，菌体能运动。在鲜血琼脂上不发生溶血。

2. 血清学试验　包括凝集试验，被动凝集试验、反向被动血凝试验、间接酶联免疫吸附试验等。动物患病后 1～2 周出现凝集素，3～4 周凝集价升高，血清凝集价达 1∶200 者判为阳性，间接血凝试验时，效价 1∶512 以上为阳性。近年来，免疫荧光抗体法也被用于本病的诊断。

二十四、猪棒状杆菌感染

1. 尿检验　尿中血和蛋白的检验有一定的诊断价值。

2. 细菌检验　本菌非抗酸性杆菌，菌体细长，革兰氏染色阳性。

3. 细菌培养　取尿液在血琼脂上厌氧培养，猪棒状杆菌生长良好，2 天可见直径 2～3 毫米的菌落，接着长成扁平的大菌落，菌落干燥、灰色、表面不透明、边缘锯齿状、不溶血。

4. 间接免疫荧光技术（FAT）　可用于检测公猪生殖道内的病原菌。

二十五、猪念珠菌病

1. 细菌诊断　采取病变组织或渗出物抹片，镜检可见圆形或椭圆形菌体，观察到有酵母样菌及假丝菌后，再做分离培养。念珠菌在培养基上生成白色或乳白色酵母型菌落，营芽生方式繁殖，椭圆形芽生孢子的芽管延长形成假菌丝，不产生子囊孢子，在菌丝上生成芽生孢子。或从活体粪中分离出大量病原菌。

2. 血清学试验　免疫扩散试验、乳酸凝集试验、间接荧光抗体试验，对本病也有一定诊断价值。

第三节　病毒性传染病实验室诊断

一、猪瘟

1. 动物试验　选 2 头幼猪，将待检病料的匀浆液皮下注射，其中 1 头已注射猪瘟高免血清（千克体重/1 毫升），如被检病料中含有猪瘟病毒，则未注射猪瘟血清的猪发病。

2. 免疫荧光试验　采病猪扁桃体、淋巴结、脾、肾、胰制备冰冻切片或抹片，应用直接或间接荧光抗体试验进行检测，在荧光显微镜下可见胞浆荧光，判为猪瘟阳性反应。

3. 酶联免疫吸附试验　特异性高，可检测抗原和抗体。应用兔化毒（C 系）特异单抗和强毒特异单抗亲和层析提纯的强、弱毒抗原进行酶联免疫吸附试验，可以区分疫苗弱毒感染、野毒感染和混合感染所引起的抗体反应，这为控制和消灭猪瘟提供了新的手段。同时也建立了抗原捕获酶联免疫吸附试验、复合阻断酶联免疫吸附试验、斑点酶联免疫吸附试验等检测猪瘟病毒或特异抗体。

4. RT - PCR　也是一种重要的诊断猪瘟的新技术，特点是快速、敏感，可直接检测各种猪瘟病料中的病毒 RNA。

二、猪细小病毒病

1. 乳胶凝集试验　近年建立了检测细小病毒血清抗体的乳胶凝集试验，致敏的乳胶抗原与细小病毒阳性血清反应，可以产生肉眼可见的凝集颗粒，其特异性较高，且有简便、快速、经济等优点，适用于临床现场诊断。

2. 核酸探针技术　近年来应用较多的一项诊断技术，但只能在实验室应用，具有快速、敏感、特异性强等特点。

3. PCR　PCR 提高了检测的敏感性和特异性。但由于需仪器设备，导致使用受到限制。

4. 荧光抗体试验　检查病毒抗原是一种可靠和敏感的诊断方法。

三、狂犬病

1. 直接染色法　切取脑海马回 1 厘米^3，用玻片轻压切面，制成压印标本，室温中自然干燥后，用复红美蓝液染色 8～10 秒，流水冲洗，待干后镜检，包含体呈椭圆形，直径 3～20 微米，呈鲜红色，间质呈粉红色，红细胞呈橘红色，检出内基氏小体，即可确诊。

2. 荧光抗体法 将本病高免血清用荧光色素标记制成荧光抗体，取可疑病例脑组织制成压印片或冰冻切片，用荧光抗体染色，在荧光显微镜下观察，脑浆内出现亮绿色荧光颗粒者为阳性。

3. 酶联免疫吸附试验 用于抗原的检测，建立了狂犬病的快速酶联免疫诊断技术（RREID），结果表明 RREID 与直接免疫荧光法有同样的敏感和特异性，且操作简便，既可检测抗原，又可检测抗体，是狂犬病诊断中很有前途的检测方法。

4. 核酸探针技术 在狂犬病诊断中也有应用价值。

四、伪狂犬病

1. 荧光抗体检测 取扁桃体压片或冰冻切片，用直接免疫荧光法检查，在几小时即可获得可靠结果。对新生仔猪，其敏感度与病毒分离相当。但对育肥猪与成年猪，该法不如病毒分离敏感。

2. 病毒分离鉴定 取病料（脑组织或扁桃体最好）处理后，接种敏感细胞（猪肾细胞、仓鼠肾细胞、鸡胚），在接种后 24～72 小时出现典型的细胞病变。若初次接种无细胞病变，可盲传 3～4 代。不具备细胞培养条件时，可将处理的病料接种家兔或仓鼠。

3. 动物接种 将病料（脑组织和扁桃体最理想）磨碎后，加入生理盐水制成 10% 悬浮液，同时加青霉素、链霉素各 1 000 单位，离心沉淀，取上清液 2 毫升于家兔后肢内侧皮下注射，24 小时后，家兔表现沉郁、发热、呼吸加快（98～100 次/分），并舔注射部位，以后用力撕咬，皮肤破损出血脱毛，严重时角弓反张、翻滚，4～6 小时后兔衰竭，卧于一侧痉挛，呼吸困难而死。

4. PCR 利用 PCR 技术从病猪分泌物（鼻咽拭子或组织病料）中扩增伪狂犬病病毒的基因，从而对病猪确诊，比病毒分离具有敏感、特异性强等优点，能同时检测大量样品，适合于临床诊断。

5. 血清学诊断 应用最广泛的有中和试验、乳胶凝集试验、补体结合试验、间接免疫荧光试验等，其中以血清中和试验敏感性、特异性最常用。酶联免疫吸附试验同样具有特异性强、敏感性高的特点。近年来乳胶凝集试验以其独特的优点也在临床上广泛应用，因操作极其方便，几分钟内便可得出试验结果，常用于快速诊断。

五、传染性胃肠炎

1. 免疫荧光试验 取腹泻早期空肠和回肠的刮削物涂片，进行直接或间接荧光染色，然后用缓冲甘油封盖，在荧光显微镜下检查，上皮细胞及沿着绒毛的胞浆膜上呈现荧光者为阳性。可在 2～3 小时内出现结果。

2. RT - PCR 根据传染性胃肠炎病毒标准毒株的基因序列，设计合成一对引物，用 RT - PCR 技术对发病猪的粪便进行检测，结果得到与预期大小相一致的产物，则可证实该病毒为传染性胃肠炎病毒。

六、猪流行性腹泻

1. 免疫荧光试验 制备猪小肠的冷冻切片或小肠抹片，用直接免疫荧光试验检测猪流行性腹泻病毒是可靠的特异性诊断方法，对人工感染检出率为 91.4%，对自然腹泻猪检出率为 47.8%。

2. 酶联免疫吸附试验 本试验最大优点是可以从粪便中直接检测抗原，目前应用也较广泛。一旦病猪出现腹泻，即可采集粪便检查，即使病愈不久也可检出，其与电镜检查的阳性符合率为 97.37%，阴性符合率为 100%。

七、猪繁殖与呼吸综合征（蓝耳病）

1. 酶联免疫吸附试验 用该法检测抗体，敏感性和特异性好。许多国家已将该法作为监测和诊断本病的常规方法。

2. RT - PCR 已广泛用于临床检测。

八、猪圆环病毒 2 型感染

可用酶联免疫吸附试验、免疫荧光抗体试验、免疫过氧化物酶试验等检测血清中猪圆环病毒 2 型病毒抗体。另外，国外学者报道了利用圆环病毒 2 型（PCV - 2）ORF2 基因表达产物建立的酶联免疫吸附试验，能鉴别诊断圆环病毒 2 型和 1 型感染，可用于流行病学调查。

九、猪口蹄疫

1. 病毒分离与鉴定　一般采用组织培养、实验动物接种和鸡胚接种三种方法，取水疱皮或水疱液用 PBS 液制备混悬液，或直接用水疱液接种 BHK 细胞、LBRS 细胞或猪甲状腺细胞进行病毒分离培养。病程长者，可取骨髓、淋巴液接种豚鼠肾传代细胞或经绒毛尿囊膜接种 9～11 日龄鸡胚或 3～4 日龄乳鼠。

2. 血清学诊断　为确定流行毒株的血清型和亚型，可用水疱皮或水疱液进行补体结合试验或微量补体结合试验进行鉴定。或用恢复期动物的血清做乳鼠中和试验、免疫扩散沉淀试验、免疫荧光抗体试验、中和试验。目前已使用间接夹心酶联免疫吸附试验法逐步取代了补体结合试验，该方法能直接鉴定病毒的亚型，并且能同时检测水疱性口炎病毒和猪水疱病病毒。

十、猪水疱病

1. 生物学诊断　将病毒分别腹腔、皮下或颅脑内接种 1～2 日龄和 7～9 日龄乳鼠，如两组均死亡，为口蹄疫；1～2 日龄乳鼠死亡，而 7～9 日龄乳鼠不死亡为水疱病。病料经 pH 3～5 缓冲液处理后，接种 1～2 日龄乳鼠死亡为猪水疱病，反之为口蹄疫。或以可靠的猪水疱病免疫猪或病愈猪与发病猪混养，如两种猪都发病者，为口蹄疫。

2. 反相间接血凝试验　用口蹄疫 A、O、C 型的豚鼠高免血清与猪水疱病高免血清抗体球蛋白（IgG）致敏经 1‰戊二醛或甲醛固定的羊红细胞制备抗体红细胞，与不同稀释的待检抗原进行反相间接血凝试验，可在 2～7 小时内快速区别诊断猪水疱病和口蹄疫。

3. 补体结合试验　利用豚鼠制备的诊断血清与待检病料进行补体结合试验，可用于猪水疱病和口蹄疫鉴别诊断。

4. 酶联免疫吸附试验　用间接夹心酶联免疫吸附试验可以进行病原的检测，目前逐渐取代补体结合试验。

5. 荧光抗体试验　用直接或间接免疫荧光抗体试验，可检出猪淋巴结冰冻切片和涂片中的感染细胞，也可检出水疱皮和肌肉中的病毒。

6. RT－PCR　可以用于区分口蹄疫和猪水疱病。

十一、猪水疱性口炎

1. 病毒分离　无菌采取水疱皮和水疱液，接种于常用的细胞，可分离出病毒。在感染细胞上可引起细胞病变，在肾细胞单层上可出现大小不一的蚀斑。

2. 鸡胚接种和动物试验　病毒可在 7～13 日龄鸡胚绒毛尿囊膜上及尿囊内增殖，在 24 小时内使鸡胚死亡。可见鸡胚充血和出血，绒毛尿囊膜增厚。病毒在猪肾细胞、豚鼠肾细胞、鸡胚上皮细胞、牛舌细胞、猪胎细胞、羔羊睾丸细胞中增殖，并能产生细胞病变，在肾单层细胞培养可形成蚀斑。

十二、猪水疱疹

1. 细胞培养　无菌采取水疱皮或水疱液，经常规处理后，接种肾细胞培养，接种后 1～2 天可见肾细胞病变。

2. 动物接种　取新鲜水疱皮悬液或水疱液，腹腔或皮下接种乳鼠或乳仓鼠不发病。

3. 血清学诊断　取新鲜水疱皮或水疱液，用补体结合试验、酶联免疫吸附试验或中和试验鉴定病毒型。

十三、流行性乙型脑炎

1. 病毒分离　流行初期采取濒死猪脑组织或发热期血液，进行鸡胚卵黄囊接种，或 1～2 日龄小鼠脑内接种，可分离到病毒，然后用乙脑标准血清进行交叉中和试验、交叉血凝抑制试验、酶联免疫吸附试验等，做病毒鉴定。

2. 血清学诊断　常用补体结合试验、中和试验、血凝抑制试验等方法，采集病初期和恢复期两份血清，恢复期血清滴度在 4 倍以上作为判断标准。可见这些方法只适用于回顾性诊断和流行病学调查，没有早期诊断价值。因本病初期抗体效价低，加以本病呈隐性感染，或有的注射过疫苗，血清学检查时可能出现抗体而呈现阳性。

十四、猪痘

1. 病毒分离　将病初病料做成悬液，离心取上清液，加入适量抗生素处理后，接种猪同源和异源细胞培养，猪痘病毒只有在同源细胞中经多代盲传继代适应后，才产生明显细胞致病作用（细胞核空泡化、形成嗜酸性胞浆内包含体、胞浆收缩成线状，最后细胞死亡）。而痘苗病毒在同源或异源细胞培养中，在第一代接种后便可增殖，产生明显细胞病变。

2. 组织学检查　取病变皮肤做组织切片，可见皮肤棘细胞胞浆有典型的包含体。

3. 动物接种　用痘苗病毒接种鸡和家兔皮肤，产生典型痘疹；接种猪痘病毒则不能，因其不感染鸡和兔。

十五、猪流行性感冒

1. 病毒分离与鉴定　采取发病 2～3 天急性病猪的鼻腔分泌物、气管渗出物、支气管渗出液，也可采取病死猪的脾、肝、肺区淋巴结等组织，进行猪流感病毒的分离。病料加抗生素处理后接种 9～11 日龄鸡胚羊膜腔或尿囊腔或 MDCK 细胞，37℃孵育 3～4 天，收集尿囊液或羊膜腔液，用血凝和血凝抑制试验鉴定病毒的血清亚型。

2. 抗体检测　最常用的是血凝抑制试验，采集双份血清，第一份血清采于发病猪群的急性期，第二份血清采于病后 2～3 周恢复期，如果恢复期血清中的血凝抑制抗体效价比急性期高 4 倍，即可确诊为猪流行性感冒。

3. 病原检测　RT - PCR 可用于直接检测病料中的猪流感病毒。也可用抗原捕获酶联免疫吸附试验、免疫荧光试验、免疫组化法等检测分泌物或组织中的猪流感病毒。

十六、猪轮状病毒感染

1. 电子显微镜法　电镜负染法，应注意染色条件，磷钨酸（PIA）pH 中性时，主要出现单壳病毒粒子，pH 4.5 时主要显示双壳粒子。B 群轮状病毒样本中检测到核心粒子。

2. 免疫电镜　可用于区别不同血清型的轮状病毒。

3. 免疫组化法检测　福尔马林固定、石蜡包埋的小肠组织切片，可用标金蛋白 A 的免疫染色和特异抗血清的免疫组化法检测。

4. 酶联免疫吸附试验　常用于检测粪样或肠内容物中的轮状病毒。

十七、猪传染性脑脊髓炎

1. 抗体检测 常用荧光抗体染色或免疫酶染色法。急性期和恢复期猪血清抗体可用中和试验和酶联免疫吸附试验进行检测。通常病猪在发生麻痹前6～9天血清中的中和抗体滴度可达1：256。康复猪体内的中和抗体最短可持续280天，检测时一般滴度为1：64判为阳性，1：16以上为可疑。

2. 病毒分离鉴定 从发病早期仔猪的脊髓、脑干无菌采取组织制成悬液，接种于原代猪肾细胞培养（也可接种于PK-15细胞），出现病变后再传3代使其稳定，用传染性脑脊髓炎阳性血清做中和试验进行鉴定，或将病变脑组织接种于易感猪，接种猪若出现与自然病例相同的症状和病理变化则可确诊。

十八、猪血凝性脑脊髓炎

1. 病毒分离鉴定 无菌采取出现症状病猪的呼吸道分泌物、脑脊髓等作为病毒分离材料，按常规方法处理后，接种于猪单层肾原代细胞或甲状腺单层细胞培养，接种后12小时观察有无融合细胞形成。若有血凝性脑脊髓炎病毒存在，可在接种后24～48小时出现融合细胞。病毒分离物可用血凝试验、血凝抑制试验、血细胞吸附试验、血细胞吸附抑制试验、中和试验、荧光抗体反应和免疫电镜检查鉴定。

2. 抗体检测 猪感染后第7天开始产生抗体，2～3周达到最高峰。从发病母猪和存活同窝仔猪采取血清，可用血凝抑制试验、血细胞吸附抑制试验、琼脂扩散试验、间接免疫荧光试验及血清中和试验进行抗体检测，即可确诊。

十九、脑心肌炎

1. 动物试验 采取右心室心肌和脾，制成1：10悬液，接种小鼠（脑内注射、腹腔内注射、肌内注射或饲喂），经4～7天死亡，剖检可见心肌炎、脑炎病变。

2. 分离病毒 可用仓鼠肾细胞或鼠胚成纤维细胞分离培养病毒，可使细胞迅速完全崩解，最后用特异性免疫血清进行中和试验作出鉴别。

3. 抗体检测 检查病猪血清抗体时，可用血凝抑制试验和中和试验。

二十、尼帕病毒病

1. 酶联免疫吸附试验 可用于尼帕病毒抗体的血清学检测。检测结果为阳性的样品则进行尼帕病毒的中和试验。

2. 病毒分离 采患猪脑脊髓液、血清，病死猪的中枢神经、肺和肾组织，进行病毒分离。为安全起见，血清中和试验、PCR 和病毒分离等实验室诊断工作应在生物安全 4 级实验室中进行。

3. 其他 由于尼帕病毒与亨德拉病毒有交叉反应，可用适合亨德拉病毒检测的间接酶联免疫吸附试验进行尼帕病毒感染猪的诊断。马来西亚研究成功了间接 IgG - ELISA，初步表明其可信度极高。

二十一、蓝眼病

1. 血清学试验 血凝抑制试验、中和试验和阻断酶联免疫吸附试验等方法可用于检查抗体阳性猪。

2. 病毒分离 采取病猪大脑或扁桃体处理后，接种于 PK - 15 和猪肾原代细胞分离病毒。

二十二、肠病毒感染

1. 取早期病猪脑脊髓悬液接种猪肾细胞培养，然后通过免疫荧光或免疫荧光酶染色进行病毒鉴定。

2. 酶联免疫吸附试验适用于大规模检测。

二十三、巨细胞病毒感染

1. 间接免疫荧光试验 可检查组织中的病毒抗原。

2. 酶联免疫吸附试验 检测血清中的特异性抗体。

二十四、非洲猪瘟

1. 红细胞吸附试验 用健康猪的白细胞加上非洲猪瘟病猪血液或组织的

提取物，在 37℃培养后，可见阳性培养物中的红细胞吸附现象。

2. 直接免疫荧光试验　可见细胞内有明亮的荧光团。

3. 间接免疫荧光试验　细胞质内出现明亮的荧光团，荧光细点，即判为阳性。

4. 酶联免疫吸附试验　待检样品吸附值大于 0.3 时为阳性反应，小于 0.1 时为阴性反应。

5. 非洲猪瘟病毒—脱氧核糖核酸（ASFV - DNA）的检测　这是一种快速又准确的新方法。

第四节　寄生虫病实验室诊断

一、猪囊虫病

根据临床症状，可采用间接血凝试验（IHA）、间接荧光抗体技术（IF-AT）、酶联免疫吸附试验（ELISA）和皮内反应等免疫诊断法进行确诊。

二、猪棘球蚴病

1. 皮内反应　取包囊里的液体经滤纸过滤后装入小瓶内，加入 5％氯仿放在冰箱中备用。对可疑患者皮内注射 0.1～0.2 毫升，5～10 分钟后，局部出现 0.5～2 厘米的炎症反应（红肿）者为阳性，其准确率可达 90％以上。

2. 血清学试验　间接血凝试验、酶联免疫吸附试验等方法，也有较高的检出率。

三、猪细颈囊尾蚴病

生前可用血清学诊断法。死后剖检发现虫体，即可确诊。

四、姜片吸虫病

用反复沉淀法检查粪便中的虫卵。取粪 5 克加清水 100 毫升以上，搅成粪液，通过 40～60 目钢筛过滤，滤液收集于三角烧瓶或烧杯中，静置沉淀 20～

30 分钟，倾去上清液，保留沉渣，再加水混匀，再沉淀，如此反复操作直至上层液透明后，吸取沉渣检查。此法特别适用于检查吸虫卵。

五、华支睾吸虫病

检查粪中虫卵。

六、猪蛔虫病

用漂浮法，取粪便 1 克，加饱和食盐水 100 毫升混合，通过 60 目铜筛滤入烧杯中，静置半小时则虫卵上浮，用一直径 5～10 毫米的铁丝圈与液面平行接触以蘸取表面液膜，抖落于载玻片上检查，适用于线虫卵的检查。

七、类圆线虫病（杆虫病）

检查方法同蛔虫病漂浮法。

八、猪后圆线虫病（肺丝虫病）

用硫酸镁（或硫代硫酸钠）饱和溶液漂浮法检查粪便虫卵。

九、毛首线虫病（鞭虫病）

用饱和盐水漂浮法检查粪便虫卵，但因鞭虫产卵少，粪检虫卵有一定困难，剖检盲肠可发现大量虫体。

十、冠尾线虫病（肾虫病）

对 5 月龄以上的猪，用大平皿或大烧杯在早晨接猪第一次排的尿（最后几滴尿中含虫卵最多），放置一段时间后，倒去上层尿液，在光线充足处可见到沉至底部的无数白色圆点状的虫卵［（100～120）微米×（56～68）微米］。

十一、猪旋毛虫病

1. 压片法 发现膈肌间有小白点时，剪下麦粒大肉样 48 片，平摊玻片上，排成两行，用另一玻片压上，两端用橡皮筋绷紧，置低倍显微镜下检查，看有无旋毛虫幼虫的包囊。

2. 消化法 取肉样，用搅肉机搅碎，每克肉加入 60 毫水、0.5 克胃蛋白酶、0.7 毫升浓盐酸混匀，37℃下消化 0.5～1 小时后，使幼虫从肌纤维间分离出来，然后镜检。

3. 血清学试验 可用酶联免疫吸附试验、间接荧光抗体技术、间接血凝试验等方法。酶联免疫吸附试验检测血清抗体阳性符合率为 93％～96％，间接免疫荧光技术可达 90.47％。

十二、猪食道口线虫病（结节虫病）

1. 漂浮法 用饱和盐水漂浮法检查有无虫卵。虫卵与红色猪圆线虫卵易混淆，注意区别诊断。

2. 粪便培养 将含有虫卵的粪便加以培养，待其中的虫卵发育成为幼虫时再检查幼虫，食道口线虫幼虫短而粗，长约 60 微米，尾鞘长，而红色猪圆线虫幼虫细，长约 800 微米，尾鞘短。

十三、红色猪圆线虫病

用饱和盐水漂浮法检查虫卵。粪便培养法同猪食道口线虫病，待粪便中虫卵发育至第三期幼虫时，即可与食道口线虫幼虫区别。

十四、猪胃线虫病（猪蛔状线虫和泡首线虫病）

有圆形似蛔线虫、有齿似蛔线虫、六翼泡线虫、奇异西蒙线虫、刚棘颚口线虫寄生猪胃。

1. 用反复沉淀法检查粪中虫卵。

2. 胃底黏膜可检到大量游离或部分埋于胃黏膜的虫体。

十五、猪棘头虫病

可用反复沉淀法或硫代硫酸钠饱和溶液检查粪中虫卵，以用反复沉淀法效果较好。

十六、弓形虫病

1. 直接镜检 取肺、肝、淋巴结涂片，经姬姆萨染色后镜检；或取患猪体液、脑脊髓液涂片镜检；也可将淋巴结研碎后加生理盐水过滤，经离心沉淀后取沉渣涂片染色镜检，可见速殖子（呈弓形、月牙形，一端偏尖，一端钝圆）胞浆呈淡蓝色，有颗粒，胞核呈深蓝色、位于钝圆的一端。此法虽简便，但存在假阳性，必须对阴性猪做进一步诊断。

2. 动物接种 取肝、淋巴结研碎加 10 倍生理盐水，加双抗后置室温下 1小时，接种前摇匀，待较大组织沉淀后，取上清液腹腔接种小鼠，每只 0.5～1 毫升，经 1～3 周小鼠发病，可在腹腔中检查到虫体。或取小鼠肝、脾、脑组织切片检查。如为阴性，可按上述方法盲传 2～3 代，从病鼠腹腔液中发现虫体便可确诊。

3. 血清学诊断 国内常用间接血凝试验、酶联免疫吸附试验法，间隔 2～3 周检测 IgA 抗体，滴度升高 4 倍以上表明感染活动期，IgA 抗体滴度高表明有包囊型虫体存在或过去有感染。也可采用色素试验（DT）进行诊断。近年来有人试用 PCR 技术进行诊断。

十七、住肉孢子虫病

可采用间接血凝试验、酶联免疫吸附试验和琼脂扩散试验。有人用间接血凝试验诊断牛住肉孢子虫病，血清滴度超过 1∶62 认为是特异性的。感染 90天血清滴度可高达 1∶39 000。

十八、球虫病

1. 涂片镜检 将空肠、回肠压片或涂片，采用瑞氏或姬姆萨、新基蓝染色法，均能将新月形的裂殖子染成蓝紫色。狄夫染色法也已用于涂片染色。

2. 漂浮法　虽然可用漂浮法检出粪便中虫卵，但由于腹泻时卵囊并不排出，最好是在小肠内查出内生发育阶段的虫体。

十九、猪巴贝斯虫病

采血涂片镜检：从耳静脉采血涂片染色镜检，如发现红细胞内有 2 个染色团块成对的梨形虫体，或尖端连成锐角，即可确诊。

二十、结肠小袋虫病

1. 在粪便中找到小袋虫的滋养体和包囊可确诊。
2. 用结肠、直肠黏膜涂片检查虫体。肠黏膜上的虫体比肠内容物中多。

二十一、猪疥螨病

1. 在病变区的边缘刮取病健交界处皮肤的皮屑，因这里的螨比较多，应刮至轻微出血为止，在刀口上先蘸些水、煤油或 5％氢氧化钠，以使所刮皮屑沾于刀刃上，将最后刮下的皮屑滴加少量的甘油水混合液或液体石蜡，放在玻片上用低倍显微镜检查，可发现活螨。
2. 也可将刮取的皮屑放入试管中，加入 5％～10％氢氧化钠（或氢氧化钾）溶液浸泡 2 小时或煮沸数分钟，然后离心沉淀，取沉渣镜检虫体。
3. 也可用手电筒检查猪耳内侧的结痂。取 1～2 厘米^2 的痂皮检查虫体。

二十二、猪蠕形螨病

用小刀刮取皮肤上的白色囊或脓疱做成涂片，镜检可发现虫体。

第五节　中毒病实验室诊断

一、硝酸盐和亚硝酸盐中毒

1. 取胃肠内容物或残余饲料 1 滴，滴在滤纸上加 10％联苯胺液 1～2 滴，再加 10％醋酸 1～2 滴，滤纸变为棕色，则为亚硝酸盐阳性反应。

2. 也可将胃肠内容物或残余饲料 1 滴，加 1％高锰酸钾液 1～2 滴，充分振荡，如有亚硝酸盐，则高锰酸钾变为无色，否则不褪色。

3. 取血液于试管内振荡，振荡后血液不变色，即为变性血红蛋白。为进一步验证，可滴入 1％氰化钾 1～3 滴后血色即转为鲜红。

二、氢氰酸中毒

改良柏林蓝法（改良普鲁氏法）：将滤纸先用 20％饱和硫酸亚铁液浸湿、晾干后，再在 10％氢氧化钠液中浸湿晾干，放阴暗处可保存数周。

取大约 10 克待检样品，切细放在三角瓶中，加水及硫酸或酒石酸（使呈酸性即可），迅速将硫酸亚铁—氢氧化钠试纸盖在瓶口上，将瓶振荡并用小火缓慢加热，使氢氰酸蒸发被试纸吸收，待瓶中沸腾后 2～10 分钟，取下试纸在其上滴加 10％盐酸便呈酸性。如有氢氰酸或其他氰化物存在，试纸上即显蓝绿或蓝色（柏林蓝）斑点。

三、食盐中毒

1. 将肠内容物与黏膜一同取出，加多量水使食盐浸出后过滤，将滤液蒸发至干，其中即见有立方形的食盐结晶。将食盐结晶放入硝酸银溶液中可出现白色沉淀。取残渣或结晶在火焰中燃烧时，则见钠盐的火焰呈鲜黄色。

2. 取水 2～3 毫升放入试管内，用小吸管吸取眼结膜囊内液少许放入试管中，然后加入酸性硝酸银液（硝酸银 1.7 克、硝酸 25 毫升，蒸馏水 75 毫升）1～3 滴，如有氯化钠存在即呈白色混浊，量多时混浊程度增加。

四、马铃薯中毒

1. 采取胃内容物或饲料残渣放入无水酒精 9 份、浓硫酸 6 份的混合液中，如有龙葵苷，则被溶解而呈赤黄色，以后徐徐变为污赤色。

2. 取尿液加氨液使成碱性后，用乙醚提取，分离醚提取液后，蒸发到干，取出残渣加 1 滴醋酸，2 滴硫酸，1 滴甲醛或 5％过氧化氢，即呈现紫红色。

五、棉籽饼中毒

1. 间苯三酚法 将棉籽饼捣碎成粉，以 2～5 克加 95％酒精 10 毫升充分振荡，分出酒精 1～2 毫升于试管中或滴于白瓷板上，加间苯三酚与焦硫酸钾（1∶10）混合粉少许混匀，在 50℃温浴中加热片刻，如有棉酚存在则呈红色。

2. 棉酚反应 取 3 毫升硫酸向其中加入少量棉籽饼粉或棉籽粉振荡 1～2 分钟，如呈胭脂红色，即表示有棉酚存在。

六、菜籽饼中毒

1. 取血液 1 毫升，加 1 毫升 6％磺基水杨酸于 3 000 转/分钟离心 10 分钟，取上清液 1 毫升加 0.5 毫升二氯甲烷后，于振荡器上强烈振荡 20 分钟后再离心，吸出下层二氯甲烷后过滤，取 5 微升上机测定。

2. 或取粪 0.5 克，加 2 毫升二氯烷于带塞试管中，在摇臂式振荡机上振荡 1 小时，再经 3 000 转/分钟离心 10 分钟后，吸取下面二氯甲烷层用 0.45 微米滤膜过滤，取 5 微升上机测定。

3. 吸取尿液 10 毫升于 100 毫升分液漏斗中，每次加 30 毫升二氯甲烷萃取 2 次，分出二氯甲烷层，用无水硫酸钠脱水后，过滤于圆底烧瓶中减压蒸去二氯甲烷，残留物加 0.5 毫升二氯甲烷溶解后取 2 毫升上机测定。

4. 取 2～10 微升制备好的噁唑烷硫酮（OZT）和待检样品的二氯甲烷提取液注入液相色谱仪中，用 50％乙腈恒流洗脱，流量为 1 毫升/分钟。待获得保留时间和峰面积后，按标准中噁唑烷硫酮的微克数计算出响应因子，再与峰面相乘，则可求出待检样品中噁唑烷硫酮的微克数。

七、荞麦中毒

荞麦用等量冷开水浸泡 1 天，然后取出液体，每毫升加青霉素 5 000～10 000国际单位、链霉素 0.01 克，放置半天去杂菌，最后用 5 毫升分点注射于白色家畜的耳颈部皮内，注射后在日光下放牧，观察有无局部反应，或以大剂量喂给并在阳光下放牧，如有反应，即为荞麦中毒。

八、水浮莲中毒

依据单纯喂饲水浮莲、空口咀嚼、大群发病可作出诊断。必要时进行饲喂试验。

九、聚合草中毒

用聚合草喂鸡，鸡发病死亡快（鸡冠、肉垂变紫，呼吸增快。）

十、灰灰菜中毒

因吃大量灰灰菜发病，黑猪发病少。

十一、黑斑病甘薯中毒

人工复制。

十二、桠麻中毒

根据饲喂情况和症状（食后第 2 天发病，流涎，反复呕吐，腹泻，粪先白后红黑，腥臭，磨牙，蹒跚）即可判断。

十三、蓖麻中毒

取胃内容物 10～20 克，加倍量蒸馏水浸泡振荡 1 小时，取滤液 5 毫升，加等量磷钼酸液，水浴煮沸，呈绿色时为阳性反应。冷却后再加氯化铵液可由绿变蓝，再加热又变为无色，即可确诊为蓖麻中毒。

十四、酒糟、啤酒糟中毒

依靠饲料调查情况和症状即可判断。

十五、狗屎豆中毒

根据饲喂情况和症状（呕吐、下痢、粪带黏液和血，有腥臭和尸腐臭，大母猪气喘如拉风箱）初步判断。可用鸡作喂饲试验。

十六、假爹包叶中毒

1. 尿检　尿蛋白和尿隐血阳性，尿沉渣有大量红细胞。耳静脉血稀薄，红细胞 $2×10^{12}/L$。

2. 根据饲料检查情况和特征症状（尿初淡褐色，以后浓茶样，蛋白尿及隐血强阳性，尿沉渣有大量红细胞）诊断。

十七、苦楝中毒

根据用药、采食苦楝史及症状即可判断。

十八、闹羊花中毒

取可疑饲料、胃内容物、呕吐物捣碎，置三角烧瓶中，用乙醇 3 次反复浸提，然后使乙醇挥发，取残渣备用。将残渣置于滤纸或白瓷板上，加硝酸 1 滴，如有闹羊花毒素存在时，显蓝至蓝黄色。莽草籽、蓖麻籽等也有此反应，将另一点残渣置滤纸或白瓷板上，加醇性氢氧化钾少许，微热，莽草籽呈血色，闹羊花则无此反应。

十九、毒芹中毒

1. 取胃内容物、脑或实质脏器捣碎，在强碱水溶液中用乙醚或氯仿提取处理，以其残渣供检。

2. 将残渣溶于少量水中，置载玻片上，加盐酸 2 滴，蒸干后即残留毒芹碱的结晶，镜检呈无色或淡黄色针状，并有折光性虹彩。

3. 残渣加 0.5％高锰酸钾的浓硫酸溶液，呈紫色。

4. 将残渣置于冷水中加热变混浊，水溶液对石蕊试纸呈碱性反应。加酚酞出现红色反应。用氯仿摇振又转溶于氯仿中，如在检液先加硫酸与硝酸，不起颜色反应。

5. 取残渣少许，加2滴二硫化碳，2毫升乙醇，放置数分钟，再加硫酸铜液（1：200）2～3滴（不可过量），若有毒芹碱则全液成黄色至褐色。

二十、铜中毒

1. 取检液2毫升，加4滴1摩尔/升亚铁氰酸钾液（1升试液中含亚铁氰化钾106克），生成棕红色亚铁氰化铜浑浊或沉淀。如为乳白色沉淀则有锌存在，沉淀不溶于醋酸而稍溶于稀盐酸，如加入氢氧化铵或氨水，沉淀能溶解并生成深蓝色的铜铵复离子。

2. 将1滴20%丙二酸溶液滴于试纸上，接着加入1滴pH＜7的检液，再加1滴10%二乙胺溶液，然后加入1滴1%红氨酸乙醇溶液（95%乙醇），只有铜的化合物存在时才出现绿色斑点。

3. 呕吐物或粪加氨水，如有铜存在，则由绿变蓝。

二十一、硒中毒

将胃内容物、呕吐物、饲料残渣先加蒸馏水成稀粥状，用滤纸过滤，用滤膜渗析或离心沉淀，取上清液供检。或用血液、内脏，用硝酸-硫酸法破坏有机质，用氢溴酸蒸馏法使硒酸还原为亚硒酸离子供检。

1. **氢碘酸法**　将1滴浓氢溴酸或1滴加浓盐酸的碘化钾饱和液于滤纸上，然后在此湿斑上立即放1滴上述检液，如为阴性，产生黑色斑点，并能被1滴5%硫代硫酸钠溶液完全褪色。如为阳性（即有硒存在），则现红棕（褐）色斑点，且不褪色，此法灵敏度为1微克硒（0.025毫升）。

也可取检液1～2滴滴在白瓷板凹孔内，再滴碘化钾饱和液1滴混合，再加浓盐酸和5%硫代硫酸钠各1滴，如有亚硒酸存在，即被还原析出棕红色元素硒。

2. **二苯肼法**　取被检液1滴置滴定板上，再加1滴新鲜配制的1%不对称二苯肼的冰乙酸溶液和1滴2摩尔/升盐酸溶液，将此三液充分混匀，如有亚硒酸存在，立即出现红色反应，随即变成亮红紫色。如含量极微，出现颜色缓慢一些，可达数分钟。本法灵敏度为0.05微克二氧化硒。

二十二、肉毒梭菌毒素中毒

1. 动物试验

（1）豚鼠试验　用可疑饲料或病死猪的肝、脾、肺和胃内容物，加一倍量的蒸馏水或凉开水，研碎置室温中 1～2 小时浸出毒素，经滤纸过滤或离心沉淀后取上清液，一部分喂豚鼠各 2 只（每只 1～2 毫升），或皮下注射各 2 只（每只 0.5～1 毫升），另一部分加热后灌服或皮下注射豚鼠观察 10 天。如加热处理的豚鼠健康，而未加热处理的豚鼠腹壁肌肉和后肢麻痹、死亡，剖检心、肺出血，十二指肠有卡他性炎，证明检液中确有肉毒梭菌毒素存在，而不是化学毒物所引起（化学毒物能耐受 100℃的温度而不被破坏），即为阳性。

（2）鸡、麻雀试验　取被检材料，加 5～10 倍生理盐水浸泡 2～3 小时，离心 30 分钟后，取上清液 0.1～0.3 毫升注射于鸡、麻雀下眼睑皮下，另一侧注射等量生理盐水作对照，1～14 小时内试验侧眼睑红肿、半闭或全闭睁不开，对照侧眼睛闭自如。

2. 细菌分离鉴定　取上述检材加 2 倍生理盐水研碎，分成 2 份，一份 80℃加热 30 分钟杀死非芽孢菌，一份不作任何处理。分别接种于疱肉培养基，置室温中（37℃）培养，接种 8 小时后即生长旺盛、产生气体，12 小时后即将培养基表面的石蜡冲起，肉渣变黑，腐败恶臭。至第 5 天镜检呈典型的肉毒梭状芽孢菌（革兰氏阳性，菌两端钝圆，芽孢位于菌体近端，呈卵圆形，带芽孢的菌体呈汤匙状）。再接种于血琼脂平板纯厌氧培养基上，可见典型的肉毒梭菌菌落，较大，呈圆形，半透明，有溶血环，中心较厚，边缘薄，皱褶不整齐。

二十三、霉饲料中毒

在 200 克粉碎的可疑饲料内，加入酸化的醚酒精合剂（醚 200 毫升、酒精 100 毫升、浓盐酸 1 毫升），在冰箱内浸泡 48～72 小时，然后过滤，并用纱布包着饲料压出残余液体，滤液在广口瓶中于室温内蒸发到醚酒精溶剂完全除去，而成为浓稠油状物的滤液作下列试验。

1. 用上述滤液 0.5～1 毫升，以中性油（鱼肝油，向日葵油）4.5～9 毫升稀释，取 8～10 只白色小鼠（最好是孕鼠），以 4 只注射稀释液，每只 0.5 毫升，4 只注射中性油作对照，如有毒物存在，小鼠 6～12 小时或 1～2 天死亡，孕鼠流产，不死的局部严重坏死（2～4 天）。注射中性油组无变化。

2. 取 1 滴被检液放在滤纸上，以后在形成的斑点上加 1 滴有磷 1，2-甲氧基苯胺的冰醋酸饱和液（如有棕色，可加药用炭煮沸过滤），最后把滤纸稍稍在酒精灯上加热，如出现橙黄色、棕色、樱桃红色或暗红，则证明有毒物质存在。

二十四、黄曲霉毒素中毒

1. 接种法　将待检样品用水浸处理，过滤后灌服 1～2 日龄雏鸭，剂量大的如为阳性，可迅速出现症状和死亡，剂量小的也很快出现症状。剖检时（一般在灌服后 4～5 天），可见阳性雏鸭胆管上皮增生的特征病变。

2. 玉米直观法　取玉米 2.27 千克在紫外光灯下观察，亮绿色，即为有毒的玉米。

3. 植物试验法　在平皿中置水芹种子 20 粒，加待检样品和水在室温向阳处培养 7 天，如无黄曲霉毒素，水芹种子在 3 天时发芽。如黄曲霉毒素为 25 微克/毫升，种子发芽率只有 65%，使幼苗叶的绿色变淡。如黄曲霉毒素为 50～100 微克/毫升，种子发芽率为 0～10%，叶色变白。如黄曲霉毒素 B_1 为 1 微克/毫升时，则在叶的边缘见到发白。如黄曲霉毒素 B_1 为 10 微克/毫升，幼苗的叶绿素完全丧失。

二十五、葡萄状穗霉毒素中毒

将草粉中可疑霉菌接种在马铃薯葡萄糖琼脂的平板上，点种 1～3 个，培养后，第 3、4、5、6、7、8、9、10 天检查，菌落呈毛茸状，初期烟褐色至绿褐色，后期黑褐色至黑色，菌丝透明，分隔，粗 4～6 微米。分生孢子梗自菌直立生出，基部几乎透明，规则的互生分枝或不规则分枝有隔，（40～80）微米×（2～4）微米，每个分枝末端单生、对生或数个轮生厚而短的瓶状小梗。瓶状小梗透明或浅褐色，有刺状突起，（8～12）微米×（4～8）微米。生长最适温度为 20～70℃，湿度为 60%～100%。

二十六、赭（棕）曲霉毒素中毒

取典型病灶处病料接种蔡氏培养基，24～26℃培养 10～14 天，菌落直径可达3～4厘米，通常扁平略有皱纹，有时或多或少地边缘形成环纹，以柔韧的埋伏型基层菌丝而有时在中心部位隆起，并呈无色或橘黄色为特征。产生丰富的并且通常是拥挤的分生孢子结构，使菌落形成一种特有的外观，颜色接近棕淡黄至发红的淡黄或鹿皮色。偶尔有些菌株呈比较亮的颜色接近黄赭色。反面呈黄褐色到绿褐色或红紫色，渗液有限，无色到琥珀色，微具蘑菇气味。

二十七、赤霉菌毒素中毒

1. 将可疑谷物50℃下干燥过夜，磨碎，加5倍三氯甲烷浸泡24小时，然后在50℃下蒸发去除溶剂，所得抽提物即可备用待检。还可用醋酸乙酯和乙醇等抽提。将抽提物与精炼植物油或丙二醇配成悬浮液，每天对雌性大鼠、小鼠或切除卵巢的雌性鼠灌服、皮下注射或肌内注射，经5天左右扑杀，并在1分钟内取出子宫放在湿润的滤纸上，与对照组相比子宫增大增重，是为阳性。

2. 将病麦粉加4～8倍水浸泡24小时，离心得浸出液（或用70％乙醇或醋酸乙酯获得浸出液），然后浓缩或蒸干，成为口服粗毒素，水溶口服粗毒素加入活性炭吸附，滤出活性炭，用丙酮反复洗涤后将洗涤液蒸干，即获得涂皮或注射用粗毒素。也可用甲醇—水、氯仿—醋酸乙酯等溶剂提取。

（1）将粗毒素用注射器（12号针头磨去针尖）插入鸽舌根部灌喂，观察4小时和记录呕吐反应。一般阳性反应者在服后半小时即呕吐。

（2）在兔或鼠、豚鼠背部两侧剃毛，划1条纵线，5～6条横线，共划12～14格，每格涂检料2～6处，24、48小时各观察记录1次，阳性反应者，皮肤微红→极红，皮肤微肿→轻度水肿或变硬→明显水肿，变硬或坏死。皮肤无反应为阴性。

二十八、青霉毒素中毒

产毒的青霉：

1. 红色青霉 寄生于米、玉米、豆类、花生、葵花籽，产生赤紫病斑，菌落较局限。

2. 软毛青霉 寄生于小麦、玉米、面粉、果汁、各种贮粮和饲料，菌落呈污蓝—绿色，孢子形成的表面呈绒毛状或羊毛状，在燕麦则呈亮黄—绿色，很快变污暗，在较老的区域，常有红葡萄酒气味，分生子孢子区很快显暗黄—

绿色。

3. 黄绿青霉 常使米变成"黄变米"，初淡黄，后变为黄色斑点，在长波紫外线下产生黄色荧光。

4. 橘青霉 能使多种物质发霉变烂，被害米粒从淡黄到黄色，以后在黄色米粒上出现淡青色菌丝。紫外线照射产生黄色荧光。

5. 乌青霉 大米、玉米、大麦、小麦均有。大米、糙米呈黄褐色，后呈白垩状。有的大米初呈淡灰色，后呈橙黄色至橙褐色，米粒有溃疡状病斑。

6. 荨麻青霉 被侵害大米饴糖色至灰饴糖色，有的米有灰白色病斑。

7. 展青霉 常存于麦芽根、小麦、苹果汁中。

8. 圆弧青霉 菌落分生孢子区为蓝—绿色（铜绿色），以蓝色占优势，分生孢子梗一般聚集成束，使菌落表面呈颗粒状或簇球状，菌落反面呈橙—褐至红栗色，帚状枝较大、常有1～2个紧贴的分枝，有霉味和土腥味。

确诊可以进行喂饲试验和真菌培养。

二十九、有机磷农药中毒

将可疑的农药5～10滴加水4毫升，振荡后，加10％氢氧化钠1毫升，如变为金黄色为"1605"。如无变化，再加1％硝酸银2～3滴，出现灰黑时为敌敌畏，出现棕色时为乐果，出现白色为敌百虫。

三十、有机氟中毒

取剩余的食物和饮水、呕吐物、胃内容物、肝、血液等待检样品，用甲醇—乙醇浸提法处理。

1. 羟肟酸反应 取检液2滴于小试管中，加入3.5摩尔/升氢氧化钠溶液和13.9％盐酸羟胺溶液各2滴，水浴加热5分钟，冷却后加3.5摩尔/升盐酸2滴，再滴加三氯化铁溶液（三氧化铁2.7克溶于0.02摩尔/升盐酸溶液100毫升中），如有氟乙酰胺存在，呈红色。

2. 硫靛反应 取检液2滴于小瓷皿中，加1摩尔/升氢氧化钠4滴和邻硫羟苯甲酸溶液（邻硫羟苯甲酸0.3克，加氢氧化钠2毫升和水18毫升）2滴，于130℃干燥箱中加热2小时，冷却后加水2～3滴使溶解，滴加2％铁氰化钾溶液。如有氟乙酰胺存在，呈红色。

三十一、无机氟化物中毒

取 5 毫升尿液，胃肠内容物、呕吐物于小坩埚内，加少许氢氧化钙混合，微热到干，然后燃至呈白色灰分，加少许细砂（二氧化硅）搅拌混合，并将坩埚壁刮净，加 1 毫升硫酸，迅速盖上附有 5%氯化钠悬滴的载玻片，温热数分钟，载玻片上放置内盛冰的小烧杯一只，二氧化硅挥发后，即与氯化钠生成四氟化硅，待水分蒸发后，借助显微镜观察，其周围即可见典型的小六角结晶，用低倍显微镜微弱光亮即可见到，此典型结晶较大，比四方的氯化钠结晶出现要早些，其六角形结晶的大小约为氯化物的 1/10，并可呈现粉红色。

三十二、安妥中毒

取可疑剩余物、胃内容物，捣碎加丙酮适量（如待检样品水分大，可先经水浴蒸发去除水分），在 40～50℃水浴加热 1 小时，过滤，如溶液颜色太深，可加少量活性炭脱色，将滤液经水浴蒸干，残渣备用待检。

1. 取残渣少许置白瓷板上，加硝酸数滴，如有安妥存在，即变红色，继而变橙红色，最后变橙色。

2. 取少量残渣加乙醇少许使其溶解（可缓缓加热助其溶解），然后缓缓加入 0.1mol/L 硝酸银于上述溶解液中，分几次加入，每次加入后摇振 10 分钟，最多加入 4 次。如此，黑色沉淀出现，即证明产生了硫化银，有安妥存在。

三十三、丙硫苯咪唑中毒

取可疑原粉 0.1 克，加稀盐酸温热使溶解，滴加碘化铋 0.85 克，加冰醋酸 10 毫升，水 40 毫升，溶解后加 40%碘化钾 20 毫升，如发生红棕色沉淀，即为丙硫苯咪唑中毒。

三十四、痢特灵中毒

将胃内容物、血、尿、肾、肝，捣碎加水湿润，用 5%硫酸调 pH 为 2～3，加 3 倍体积乙醇，在沸水上加热至沸，趁热过滤。过滤后于蒸发皿中在水浴上使乙醇全部挥发完，然后经冷却过滤去油脂，如颜色深，可用活性炭脱色。滤液中加氢氧化钠调整至碱性，用乙醚或氯仿等有机溶剂提取，再挥发去除有机溶剂，残留物供检。

1. 硫酸铜法　取残渣置滤纸或白瓷板上，加 1‰硫酸铜溶液和 10‰氢氧化钠溶液各 1 滴，呋喃唑酮显黄色，呋喃妥因显砖红色。

2. 醋酸铅法　取乙醇溶解的检液滴于白瓷板上，加 10‰醋酸铜溶液和 10‰氢氧化钠溶液各 1 滴，如有呋喃硫胺存在，产生白色沉淀，微热时渐转灰黑色。

三十五、土霉素中毒

取可疑药品 0.5 毫克，加硫酸 2 毫升，如为土霉素，显深朱红色。

附表 1　口蹄疫、猪水疱病、水疱性口炎、猪水疱疹鉴别诊断简表

试验动物	接种途径	动物数量	口蹄疫	猪水疱病	水疱性口炎	猪水疱疹
猪	皮内（鼻和唇）或皮肤划痕	2	+	+	+	
	静脉注射	2	+	+	+	+
	蹄冠或蹄叉注射	1	+	+	○	○
豚鼠	跖部皮内注射	2	+※	—	+	—
乳小鼠（5 日龄内）	腹腔内或皮下注射	10	+	+	+	—
7～9 日龄小鼠	腹腔内或皮下注射	10	+	—	—	—
乳仓鼠	腹腔皮下注射		+			
鸡胚	绒尿膜、静脉	5	+	—	卵黄囊 +	—
成年鸡	舌下注射	5	+	—	○	
兔	掌皮下注射		—或+	—	—或+	
易感动物（CPE）	猪肾细胞		+	+	+	+
	牛肾细胞		+		+	
	幼仓鼠肾传代细胞（BHK - 21）		+			
	Hela 细胞		—	—	—	—

（续）

试验动物	接种途径	动物数量	口蹄疫	猪水疱病	水疱性口炎	猪水疱疹
培养细胞			牛、猪、羊、乳兔肾细胞，地鼠肾传代细胞	猪肾PK-15、猪睾丸、仓鼠肾及鼠胚细胞或成纤维细胞	牛、猪、仓鼠肾细胞，以及鸡胚成纤维细胞	猪胚成纤维细胞

注：＋阳性，○没有数据，—阴性，※少数例外。
资料来源：蔡宝祥主编，家畜传染病学（第四版），中国农业出版社，2001年。

附表2　口蹄疫、猪水疱病、水疱性口炎、猪水疱疹四种疾病病原理化特性区别

	口蹄疫	猪水疱病	水疱性口炎	猪水疱疹
病毒分类	口疮病毒属	肠道病毒	弹状病毒属	杯状病毒属
病毒大小（纳米）	20～35	22～32	65～157	30～40
形态	近球形	近球形	子弹头形	近球形
沉降系数（S）	140	1 500	160～170	
对乙醚	抵抗	抵抗	敏感	抵抗
pH5	不稳定	稳定	稳定	稳定
1摩尔/升 MgCl₂ 35℃ 1小时	不稳定	稳定		不稳定
BHK21传代细胞培养物接种	＋	—	＋	—

资料来源：中国农业科学院哈尔滨兽医研究所主编，动物传染病学，中国农业出版社，1999年。

第四章

猪病防治理念

　　对待猪病，应本着"预防为主，防重于治"的方针。特别对传染病、寄生虫病的预防。对猪源应以"自繁自养"为主，必要时只能从无疫区引进种猪和仔猪。同时加强饲养管理，搞好清洁卫生，注意饲料质量，根据本地情况进行必要的免疫接种，防止疫病发生。发生猪病，仔细诊查，必要时采集病料送实验室检验，务求确诊病情，避免滥用药物，以保证猪的健康生长。

第一节　强化防治的理念

　　1. 建立猪场时，场址应在离公路、乡村大路、河流至少2千米处，以免传染病经此侵入。同时应远离厂、矿区，以防废气废水的危害。

　　2. 猪场周围应筑墙挖沟，限制畜禽鼠类和闲杂人等自由进出，猪场入口的大门应建消毒池，任何人进出必须消毒而入，并谢绝参观，以防带入传染病。

　　3. 勤打扫猪圈，保持圈舍清洁卫生，使圈舍不存粪尿，减少发病机会。将粪尿输入沼气池，既可杀灭寄生虫卵、防止蝇蚊孳生，又可供应猪场能源、节省照明开支。或用引进的"洛东生物发酵舍零排放养猪技术"〔在猪圈挖深1米的坑，内填充锯末＋谷壳＋洛东酵素的垫料，其中的酶类可促进粪尿中的氨、吲哚等有害物质分解，使猪舍无氨味、无臭味。同时让猪口服洛东酵素，其中的纳豆芽孢杆菌和酵母菌可使猪消化道的厌氧乳酸菌和双歧杆菌得到大量增殖，造成无氧条件，使耗氧的致病菌（如大肠杆菌、沙门氏菌、魏氏梭菌等）无法在肠道定植。每天将猪粪尿翻埋垫料25厘米之下，并用干燥垫料铺垫粪尿集中区域。如垫料厚度100厘米，垫料表面下沉10厘米时，或垫料厚度低于100厘米，垫料下沉5厘米时，必须补充新垫料。每1～3天翻动垫料1次，每次应将粪尿翻埋垫料25厘米之下。如垫料太湿，臭气较浓，需加入适量的锯末＋谷壳＋菌种，全面上下翻一遍。当排粪尿区湿度上升时，需及时翻动和调整垫料，每天可 1～2 次。如垫料太干，可将湿粪尿分散到比较干燥的地方。对垫料每天的温度和湿度必须作出记录，如果垫料温度高于气温，可均匀喷水，夏季垫料表层温度高于气温，可在 11 时至 15 时均匀喷水。猪全部出栏后，用小型挖掘机或铲车将垫料从底部整体翻动一遍，重新堆积发酵，在堆积发酵前根据具体情况可以适当补充米糠与洛东酵素混合物。发酵结束后，摊开垫料，将新的谷壳、锯末覆盖在垫料上面，厚度约 10 厘米，间隔 24 小时，适当喷洒干净饮水并确认不会起粉尘后，即可再次进猪饲养。这一养猪方法，有利于猪对饲料的消化，并能加快胃肠蠕动，增加食量和日增重，缩短饲养周期；并有效阻隔病原微生物的侵害，增强猪的免疫力]。

4. 注意保管原粮和已粉碎的饲料（使含水量不超过 13%），防止霉变，已霉变的饲料应即废弃不用，以免引发中毒。

5. 根据饲养规模，精选健康种公母猪，自繁自养。育肥猪做到全进全出，以便消毒猪圈，减少疾病发生。

6. 如周边有可用于饲喂的水生植物或有可利用的水源培养水生植物，应检查沟塘中有无螺类和是否感染寄生虫，应在消灭寄生虫后再利用水生植物，以避免猪群感染寄生虫病。

7. 由于交通发达，交通工具往来频繁，人畜流动性大，致使猪的传染性疾病易于扩散，且远地引进猪源，也易带进病原。防止传染病的发生，免疫接种是非常必要的措施。

第二节　免疫接种

目前常用的疫苗有弱毒疫苗和灭活疫苗，虽然其免疫期各有长短、免疫接种的时机也各不相同，但这是防止传染病发生和传播的有效措施之一。传染病的流行多有一定的局限性，有的彼地发生而本地却未发现。本地区曾经发生过的传染病，理应着重防疫直至消灭，邻近的周边地区发生过的传染病，预防性的免疫也有必要。对突发性的传染病，必须运用疫苗作紧急免疫，以控制其扩张蔓延，将损失降至最低限度。因此，本地疫病的常规免疫，应根据疫情不同合理安排。

1. 猪瘟　有猪瘟兔化弱毒疫苗、猪瘟兔化弱毒细胞苗。种公猪春秋各免疫 1 次，种母猪春秋各免疫 1 次（或产前 25～30 天 1 次，产后 25～30 天 1 次）。仔猪 20 日龄首免，60 日龄二免。也可取哺乳前一免（初生未吃初乳即接种猪瘟疫苗，1 小时后吮初乳），70 天后二免。后备母猪配种前增加免疫 1 次。

猪瘟活疫苗（组织苗），注苗 4 日后即可产生坚强免疫力。断奶后无母源抗体仔猪的免疫期，脾淋巴疫苗为 18 个月，乳兔苗为 1 年。在没有猪瘟疫情威胁时，可在仔猪 21～30 日龄和 65 日龄左右各注射 1 次。断奶前仔猪可注射 4 头份，以防母源抗体干扰。

猪瘟活疫苗（细胞苗），注苗 4 日后即可产生免疫力。断奶后无母源抗体仔猪的免疫期为 1 年。

猪瘟、猪丹毒、猪肺疫三联活疫苗，猪瘟免疫期为 1 年，猪丹毒和猪肺疫免疫期 6 个月。初生仔猪、体弱猪、有病的猪不应注射本苗，免疫前 7 日、后 10 日内均不应喂含有任何抗生素的饲料和使用抗菌类药物。

2. 伪狂犬病 目前国内有 gG⁻、gE⁻ 等单基因缺失灭活疫苗和 TK⁻/gG⁻、TK⁻/gE⁻ 等双基因缺失弱毒疫苗。

可定期预防，也可紧急接种。一般无本病发生的猪场禁用疫苗。目前免疫接种只准使用单基因缺失苗，以避免疫苗毒株间的重组现象。

3. 猪繁殖与呼吸综合征

（1）活疫苗 猪繁殖与呼吸综合征弱毒疫苗有返祖和毒力增强的现象。可以应用猪繁殖与呼吸综合征活疫苗免疫接种母猪。种猪群每年免疫 3 次，每次肌内注射 1 头份。

（2）后备母猪在配种前进行 2 次免疫，首免在配种前 2 个月，间隔 1 个月加强免疫 1 次。

（3）仔猪断奶前 1 周免疫 1 次。

（4）对阳性猪场，种猪群和保育结束前仔猪全群普免 1 次。间隔 4 周，种猪群再次普免 1 次。

（5）灭活疫苗 ①商品猪断奶后首免，肌内注射，流行地区 1 个月后加强免疫 1 次。②母猪 70 日龄前同商品猪，以后每次分娩前 1 个月加强免疫 1 次。③种公猪 70 日龄前同商品猪，以后每 6 个月加强免疫 1 次。

4. 口蹄疫

（1）应用口蹄疫油佐剂灭活疫苗的注射密度应在 80％以上，能有效遏制口蹄疫的流行，常规免疫每年 2～3 次。

（2）规模化猪场仔猪 28～35 日龄初免，间隔 1 个月进行二免，以后每隔 6 月免疫 1 次。

（3）常用疫苗

①猪口蹄疫 O 型灭活疫苗（普通型），耳根后深部肌内注射，体重 10～25 千克 2 毫升，25 千克以上 3 毫升。免疫后 15 日产生免疫力，免疫期 6 个月。

②猪口蹄疫 O 型灭活疫苗（浓缩型），耳根后肌内注射，10～25 千克 1 毫升，25 千克以上 2 毫升。免疫后 15 日产生免疫力，免疫期 6 个月。

③猪口蹄疫 O 型灭活疫苗（进口佐剂型），注射量与免疫期同浓缩型。

④猪口蹄疫 O 型合成肽疫苗，不论大小猪，每头耳根肌内注射 1 毫升，免疫期 6 个月。

5. 猪水疱病

（1）弱毒疫苗实践中有不足之处，现已停用。

（2）灭活疫苗免疫后 7～10 天即有良好免疫效果，免疫保护率 80% 以上，免疫期 4 个月以上。

（3）用高免血清或康复动物血清进行被动免疫有良好效果，免疫期可达 1 个月以上。

6. 猪水疱性口炎　有条件的地区可用疫苗进行预防注射。

7. 猪水疱疹

（1）康复猪可保持 6 个月免疫力，采用同型血清进行注射有一定效果。

（2）有的国家用水疱皮制成灭活疫苗进行免疫接种，免疫期可保持 6 个月。

8. 猪流行性乙型脑炎

（1）种猪于 6～7 月龄配种前或蚊虫出现前接种猪流行性乙型脑炎灭活疫苗 2 次（每次间隔 10～15 日），经产母猪和成年公猪每年注射 1 次，免疫期 10 个月。

（2）仓鼠肾组织培养的活疫苗，在流行期前 1～2 个月皮下注射，可收到较好的效果，5 月龄至 2 岁的后备公母猪均可注射。

9. 细小病毒病　常用疫苗有弱毒疫苗和灭活疫苗。

（1）初产母猪在配种前进行 2 次免疫接种，每次间隔 2～3 周，灭活疫苗免疫期 4 个月以上。

（2）母猪配种前 1～2 个月免疫 1 次，可预防本病发生，仔猪的母源抗体可持续 14～24 周。

10. 猪传染性胃肠炎　哈尔滨兽医研究所已研制出猪传染性胃肠炎与猪流行性腹泻二联弱毒疫苗和灭活疫苗。

（1）怀孕母猪口服活疫苗，常产生较高水平抗体，对仔猪保护力也较强。

（2）已感染传染性胃肠炎的母猪，经非肠道接种弱毒苗或用传染性胃肠炎自家活苗由后海穴接种后，抗体水平可得到很大提高。

11. 猪流行性腹泻

（1）弱毒疫苗产生抗体快，抗体水平高，因该病发生普遍，母源抗体普遍较高，因此，主动免疫效果受到限制。

（2）灭活疫苗，免疫孕猪后产生母源抗体对仔猪的保护性确实。对流行区域或威胁区的仔猪也可进行主动免疫。

12. 猪蓝眼病　用细胞培养和鸡胚增殖猪蓝眼病病毒制备油苗和氢氧化铝佐剂苗可用于本病预防。

13. 猪血凝性脑脊髓炎　因血凝性脑脊髓炎病毒普遍存在，绝大多数仔猪可从母体获得母源抗体。临床症状只发生于未感染血凝性脑脊髓炎病毒母猪所生的仔猪，因此，应对后备母猪在配种前免疫接种。

14. 脑心肌炎　必要时可试用甲醛灭活疫苗。

15. 猪流行性感冒　国内研制的灭活疫苗可供免疫使用。美国和欧洲有H1N1亚型和H3N2亚型的商品苗，最好间隔3周接种2次，在有母源抗体的情况下，应在10周龄以后免疫，以免发生干扰。

16. 猪轮状病毒病　应用轮状病毒弱毒疫苗和灭活疫苗免疫接种母猪，对仔猪可产生有效的免疫保护。用轮状病毒和传染性胃肠炎二联弱毒疫苗在初生仔猪吃初乳前肌内注射，30分钟后吃奶；妊娠母猪分娩前注射，也可使所产仔猪获得良好的被动免疫。

17. 猪丹毒

（1）猪丹毒氢氧化铝甲醛菌苗　体重10千克以上猪皮下注射或肌内注射，隔1个月再免疫1次，21天后产生免疫力，免疫期6个月。

（2）猪丹毒GC42或G4T10弱毒疫苗（冻干苗）　用20％氢氧化铝生理盐水稀释皮下注射，7天产生免疫力，免疫期6个月。

18. 猪肺疫

（1）猪肺疫氢氧化铝菌苗皮下注射，免疫后14天产生免疫力，免疫期6个月。

（2）猪多杀性巴氏杆菌病灭活疫苗皮下注射或肌内注射，免疫后14天产生免疫力，免疫期6个月。

（3）用多杀性巴氏杆菌679-230弱毒株或C20弱毒株制成的口服猪肺疫弱毒冻干苗，按瓶签说明的头份稀释口服，免疫期前者10个月，后者6个月。

19. 仔猪副伤寒

（1）仔猪副伤寒疫苗，对1月龄以上哺乳或断乳仔猪肌内注射，免疫期9个月。

（2）用冷水稀释口服，或将 1 头份疫苗稀释于 5～10 毫升冷水灌服。

（3）用免疫原性较好的菌株制作的猪霍乱沙门氏菌病弱毒苗（冻干苗）适用于 1 月龄哺乳、断奶健康仔猪，可按标签注明方式注射或口服。

20. 副猪嗜血杆菌病　由于副猪嗜血杆菌具有明显的地方性特征，不同血清型菌株间的交叉保护率很低，因此，用当地分离的菌株制备灭活苗免疫接种，可有效控制副猪嗜血杆菌病的发生。

21. 猪增生性肠炎

（1）据报道，国外已有疫苗，能有效控制本病。

（2）目前可用红霉素、青霉素、硫黏霉素、威里霉素、盐酸万尼霉素、泰妙霉素、泰农（Tylan）等预防和治疗。

22. 支原体肺炎（气喘病）

（1）气喘病弱毒冻干苗，新生仔猪 5～7 日龄首免，60～80 日龄二免。由中国兽医药品监察所研制的猪气喘病乳兔化弱毒冻干苗，对猪安全，保护率 80％，免疫期 8 个月。

（2）为净化猪场，无症状的种猪（公猪、母猪、后备猪）每年春秋各注射 1 次。哺乳仔猪 15 日龄后首免，3～4 月龄后作种用的二免，育肥猪不进行二免。

（3）选留无气喘病的后备猪注射疫苗，单独饲养管理，以替代原来的猪群，每年注射疫苗 1 次。仔猪 15 日龄至断奶前首免，3～4 月龄留作种用猪进行二免。

23. 大肠杆菌病

（1）仔猪黄痢

①仔猪大肠杆菌三价灭活疫苗（带有 K88、K99、987P 菌毛抗原）加氢氧化铝稀释，孕猪在产前 40 日和 15 日各注射 1 次，仔猪可获得被动免疫。

②大肠杆菌 K88、K99 双基因工程灭活疫苗，孕猪产前 21 天左右肌内注射，仔猪可获保护效果。

③仔猪大肠杆菌 K88、LTB 双基因工程灭活疫苗，孕猪产前 15～25 日口服（与小苏打混合）或产前 10～20 天肌内注射。

（2）仔猪白痢　从粪便分离菌株制成菌苗用于预防，常可收到较好效果。

（3）猪水肿病　用野毒菌株制成的多价灭活油苗用于预防，保护率可达 95％以上。

24. 仔猪红痢　用仔猪红痢氢氧化铝灭活菌苗对孕猪在产前 1 个月肌内注射 5 毫升和产前 15 日再肌内注射 10 毫升，可使母猪产生坚强免疫力，仔猪可获得母源抗体保护。

25. 猪布鲁氏菌病 用猪布鲁氏菌弱毒 S 株制成的活疫苗，在配种前 1～2 个月灌服（种公母猪多时可拌料喂或入水饮用），间隔 1 个月再服 1 次。或每头注射 100 亿个细菌，间隔 1 个月再注射 1 次。孕猪不宜注射。无论口服或注射，免疫期均为 1 年。

26. 猪传染性胸膜肺炎 由于本病血清型多达 15 种，不同血清型菌株之间交叉免疫性又不强，因此，灭活疫苗主要由当地分离的菌株制备而成，对母猪和 2～3 月龄猪免疫接种，能有效控制本病的发生。

灭活疫苗一般在 5～8 周龄时首免，2～3 周后二免。母猪在产前 4 周进行免疫接种。

27. 多发性浆膜炎和关节炎

（1）有本病流行的猪场，最好用分离自本场的菌株制备灭活疫苗，以保证疫苗毒株血清型与流行毒株一致。

（2）母猪接种疫苗后，可对 4 月龄以内的仔猪有保护作用。

（3）用相同血清型的灭活疫苗对仔猪进行免疫接种。

28. 猪链球菌病

（1）不论是弗氏佐剂甲醛灭活苗或氢氧化铝甲醛灭活苗，猪均皮下注射 3～5 毫升，保护率达 75%～100%，免疫期 6 个月以上。

（2）用化学药品致弱的 G10 - S115 弱毒株和温和致弱的 ST - 171 弱毒株制备的弱毒冻干苗，每头猪皮下注射 2 亿或口服 3 亿个细菌，保护率分别达到 60%～80%、80%～100%。

29. 肉毒梭菌毒素中毒 在经常发生本病的地区，可用同型类毒素或明矾菌苗进行预防接种。

30. 钩端螺旋体病

（1）有本病的猪场均可用灭活菌苗对猪群进行免疫接种。

（2）发现本病时，用钩端螺旋体多价苗进行紧急预防接种。

31. 衣原体病 用衣原体灭活疫苗对母猪进行免疫接种。初产母猪在配种前免疫接种 2 次，间隔 1 个月；经产母猪配种前免疫接种 1 次。

32. 传染性萎缩性鼻炎

（1）目前可用疫苗主要有 Bb（1 相）灭活油剂苗、Bb - T＋Pm 灭活油剂二联苗和 Bb - T＋Pm 毒素灭活油剂苗，以后两种疫苗效果较好，于母猪产前 2 个月及 1 个月分别接种，可使初生仔猪在几周内获得高滴度母源抗体，保护其不被感染。也可给 1～2 月龄仔猪进行免疫，间隔 2 周后进行二免。

（2）通过基因工程方法制备的无毒重组毒素疫苗，保护效果明显，不用灭活，更适合生产需要。

第三节　猪病的治疗理念

当发现病猪有某一系统的症状时，不要轻易作出诊断并立即用药治疗，否则可能形成"无的放矢"。应进一步从其他方面找到佐证。例如，发现病猪腹泻，或粪便带血带黏液，不可武断地认为就是普通胃肠炎或肠炎，应进一步考虑会不会是传染病（是细菌性或病毒性），寄生虫病或中毒病，再从流行病学及饲料变更和保管等方面考虑，以进一步缩小考虑范围，并通过类症鉴别分析，初步判定该病的归属。又如，病猪出现神经症状，同样不能简单认为是神经系统疾病，还应考虑传染病和中毒病的可能性。再如，呼吸增数、喘、咳，也同样不能局限于呼吸系统疾病，因为有些传染病和中毒病也出现呼吸异常症状。

当初步诊断为某病，并对症施治后，应继续注意观察症状有无变化。如果用药1～3天后，可见症状有所改善，即进一步说明诊断正确。如果不见预期效果，即表明初步诊断有偏差，必须进行实验室诊断，尤其遇到混合感染时，更需要实验室诊断进行确诊。

一、细菌性传染病的治疗

1. 抗菌药的选择
（1）猪丹毒　青霉素、红霉素、庆大霉素。

（2）链球菌病　青霉素、环丙沙星、恩诺沙星、林可霉素、红霉素、庆大霉素、磺胺嘧啶、四环素、金霉素、土霉素、多西环素。

（3）猪肺疫　卡那霉素、青霉素、链霉素、红霉素、土霉素、泰乐霉素、多黏菌素、磺胺嘧啶、泰妙灵（泰妙菌素、支原净）、庆大霉素、恩诺沙星。

（4）传染性胸膜肺炎　青霉素、氨苄青霉素、四环素、土霉素、多西环素、庆大霉素、复方新诺明、磺胺间甲氧嘧啶、氟苯尼考。

（5）猪痢疾　痢菌净（乙酰甲喹）、林可霉素、泰乐菌素、新霉素、喹乙醇（喹酰胺醇）、地美硝唑（二甲硝咪唑）、泰妙菌素。

（6）仔猪黄痢　诺氟沙星、环丙沙星、恩诺沙星、氧氟沙星、卡那霉素、庆大霉素、新霉素、丁氨卡那霉素（阿米卡星）、安普霉素、磺胺脒、多黏菌素 E（抗敌素）、甲砜霉素、痢菌净、地美硝唑。

（7）猪水肿病 诺氟沙星、恩诺沙星、庆大霉素、卡那霉素、阿米卡星、磺胺嘧啶、磺胺间甲氧嘧啶。

（8）仔猪红痢 青霉素、红霉素、四环素。

（9）仔猪副伤寒 恩诺沙星、环丙沙星、卡那霉素、氨苄青霉素、土霉素、增效磺胺嘧啶、磺胺间氧嘧啶、庆大霉素、新霉素、增效磺胺甲噁唑、金霉素。

（10）布鲁氏菌病 庆大霉素、链霉素、四环素、土霉素、磺胺嘧啶。

（11）猪气喘病 卡那霉素、林可霉素、土霉素、泰乐菌素、泰妙菌素、环丙沙星、红霉素、林可霉素＋泰乐菌素。

（12）破伤风 青霉素、四环素、磺胺嘧啶、磺胺间甲氧嘧啶、破伤风抗毒素。

（13）传染性萎缩性鼻炎 增效磺胺嘧啶、土霉素、金霉素（滴鼻）。

（14）钩端螺旋体病 链霉素、金霉素、四环素、土霉素、红霉素、吉他霉素（北里霉素）、多四环素。

（15）衣原体病 土霉素、金霉素、四环素。

（16）坏死杆菌病 磺胺嘧啶、磺胺间甲氧嘧啶、增效磺胺间甲氧嘧啶、四环素。

2. 抗菌药的应用

（1）在临诊选用抗菌药时，应考虑各药的适应证，只有明确药物对病原菌有效时才予以使用。如使用一种抗菌药有效时，就不必联合用药。能用窄谱抗菌药即可抑制病原菌时，就不必用广谱抗菌药。也有同时用两种抗菌药，对某些病原体能增强治疗效果。如猪肺疫，同时用青霉素和磺胺类药，比单用一种抗菌药效果佳。又如肺部感染，同时应用针对革兰氏阳性细菌和革兰氏阴性细菌的药物，疗效更佳。

（2）对待病猪的治疗，初步诊断结果重要，应据此治疗性用药，不可滥用药。如第 1 天用某一抗菌药不见效果，第 2 天即改用另一种抗菌药，还不见改善，又换第三种、第四种抗菌药，这种用药方法是不对的。用药不见效，不要仅归咎于用药不当，应深究诊断是否正确。

（3）在治疗过程中使用抗菌药剂量应合理，如对李氏杆菌病、多发性浆膜炎与关节炎需用最大剂量方见疗效。一般只用适当的剂量。有的兽医和畜主误认为用药不见效是剂量不够，经常擅自加大用药量，造成不必要的损失。有一头母猪及一窝小猪都病了，有一兽医用青霉素和安乃近久治不愈，认为青霉素用量不够，最后用每瓶 80 万国际单位的青霉素 36 瓶静脉注射，结果畜主花费 600 元未能挽救母猪和一窝小猪的生命。

（4）使用抗菌药应考虑该药的半衰期（一般多在 12 小时左右），不论皮下注射、肌内注射、静脉注射或口服药物，每次用药间隔应为 12 小时。用药时间可定为上午 7 时和下午 7 时，不论任何理由也不能任意把间隔时间缩短或延长，只有第 1 次与第 2 次用药可以短于 12 小时，如上午 7 时以后才看病并决定用药，第 2 次用药应定在下午 7～9 时，以便以后均定在上午 7 时和下午 7 时用药，这样才能使药物在血液中保持有效的血药浓度。如果在第 2 次以后的用药间隔有变动，如上午 7 时用药，下午 4 时又用药，用药间隔为 9 小时，次日上午仍保持 7 时用药，用药间隔为 15 小时，则最后 3 小时血药水平降至最低，不仅无力发挥药物治病的作用，而且还增强了细菌对药品的抗药性，即使用药对症，也不能发挥有效治疗的效果。不按时用药，不仅延长治疗时间，浪费费用，而且可能危及猪的生命。

如果受治的猪是几头或十几头，应该用暂时不易褪色的颜料在病猪的额或臀部循序编号，每次诊查和注射、口服用药可按编号循序进行，可使每头猪每次用药间隔均保持 12 小时。如不按编号循序进行而随意安排，每头猪用药间隔有长有短，则间隔长的疗效受影响。

（5）当基本确定病情后，如有条件，应对病原菌做药物敏感试验，选最敏感的药物施治，以提高疗效。如该猪过去曾用过某些药，应考虑抗药性，或考虑适当加大剂量或改用他药，以便取得预期疗效。

（6）在很长一段时间里，有些兽医和畜主都认同对有高温的病猪除用抗菌药外，还使用安乃近或复方氨基比林，而更多的是用安乃近，因为认定安乃近的"退热"作用（体重 75 千克猪用 30% 安乃近 10 毫升，可使体温在数小时内从 42℃降至 38℃）比复方氨基比林可靠。虽然这种用药方法能达到降温目的，但所用抗菌药是否对症无从得知。

如果一开始就用降温药，不仅无法了解所用抗菌药是否有效，而且如果误认为体温下降是所用抗菌药对症，从而继续用药，却不考虑用药不对症而予纠正，这样就会延误病机，很多在第 1 天上午注射青霉素、安乃近，下午即退热吃食，第 2 天体温又升高不吃食，又同样用药，且以为药量太小而加大剂量，反复多日，最终不免衰竭死亡。

安乃近常用于镇痛，也有降温作用，但对有高温的疾病（包括非微生物和微生物因素引起的各种疾病）虽能降温，却不能治病，如大剂量或持久使用，其副作用表现为：白细胞减少；血小板减少；严重时出现造血机能障碍。有 1

头 15 千克小猪，体温 40.5℃，用青霉素 160 万国际单位，安乃近 20 毫升治疗，下午体温降至 36℃，天黑死亡。

在临床遇到高温（40~43℃）病例，应仔细检查其所表现的症状、饲养管理和饲料情况，以明确发生高温的原因，采取适当防控措施。

①饲料如有霉变，可导致霉饲料中毒。

②如在更换添加剂或饲料后发病，可能饲料所含某种元素（如铜等）超量中毒。

③从外地引进的猪发病，应考虑是否带进传染病、寄生虫病，或运输途中管理不善发生应激症和普通病。

总之，应仔细观察病猪除高温外的其他症状，并结合实验室检查作出确诊，以对症采取有效治疗措施。

（7）抗菌药对病毒不具备杀灭或抑制作用，所以对病毒性疾病引起的高温不必用抗菌药。但在口蹄疫和流行性感冒病程中，病猪肺常受到严重侵害，尤其体重 30 千克以下的幼猪多死于继发性肺炎，因此，在病程中使用抗菌药控制继发感染，可减少病猪死亡。

（8）对病猪，尤其是病重猪，使用强心兴奋药，不仅精神得到振奋，机体的抗病能力亦得到增强。1969 年夏季上午 6 时见多头体重 75 千克猪伏卧不动，对驱赶等无任何反应，对测温（40.5℃）、注射也无反应，根据病情判断可能是猪丹毒。初病的时间在午夜前后，上午 6 时体温由 42~43℃ 降至 40.5℃，且对刺激毫无反应，不待降至常温（38.5）就有可能死亡。因此，除注射青霉素 100 万国际单位外，注射 10% 安钠咖 10 毫升。中午 12 时，体温回升至 41.5℃，对测温、注射（青霉素）均出现反抗。下午 6 时体温再次降至 40.5℃，对测温和注射（青霉素）均出现强反抗。第 2 天上午 6 时体温 39.5℃，对测温、注射（青霉素）反抗强烈，需保定，并开始吃食。说明当猪病情危急时加用强心兴奋药，有助于提高疗效，争取抢救时间。

（9）初诊后确定使用某种抗菌药，并使用适当疗程，一方面是期望药物发挥治疗作用，另一方面也有治疗性诊断的意味。如果用药对症，则各项临床症状也会减轻或好转；如果药物不对症，则各项临床症状维持原状或更严重。

二、分娩前后病母猪的治疗

1. 分娩前 有些母猪在分娩前已减食或绝食，分娩时无力努责，胎儿不能排出，甚至有的注射缩宫素也未能促进分娩，但注射樟脑磺酸钠、维生素C、复合维生素B，并补液，可增加体力顺利分娩。

产前如多日食欲减退或绝食，肠道粪量减少，肠管蠕动弛缓，粪中水分被肠壁吸收过多，肠后段粪便越变越干，肠的蠕动越来越弱，形成便秘。虽需用泻剂，但不能用硫酸钠或硫酸镁，因可增强肠蠕动，进而影响子宫，导致流产。可用20片左右的果导（酚酞）加食母生30片左右，研碎用蜂蜜调成软膏状用竹板趁母猪卧时从口角涂于齿缝，再用1‰温盐水灌肠，较为安全有效。

2. 分娩时 母猪是多胎动物，分娩时，两侧子宫角的胎儿，近子宫体的先排出，而后依次排完。若一个胎儿也未分娩，使用缩宫药催产，在其作用下全体子宫角均同时强烈收缩，所有胎盘相继剥离，影响胎儿的营养及氧气供应，先产者可能成活，后产者可能为弱仔或死胎；如产出一些胎儿后停产，再用缩宫药，因近子宫体的子宫角有空隙，即可因其收缩而阻止胎儿的排出，造成阻塞性难产。因此，若分娩时无力努责，可用强心兴奋药增强体质，促进分娩。

3. 分娩后 母猪分娩后3～5日内体温升高，首先应考虑的是子宫炎和产褥热，应迅速救治，避免继发败血症。

母猪产后因病奶少，除治病外，可补液，同时催奶使仔猪能吸吮较多的乳汁。

4. 产前、产后瘫痪 产前、产后瘫痪常与缺钙有关，尤其经产、多产母猪更易缺钙（如吃食无"嚓嚓"声、异嗜、挑食、吃食时多时少，即可进一步证明缺钙），应即静脉注射补钙及口服钙。

三、寄生虫病的治疗

对患有寄生虫病的猪，应根据流行病学资料、饲料来源（如水生植物、仓库变质饲料），并通过粪检虫卵及培养确认寄生虫或从粪中发现虫体确诊，而后考虑使用合适的驱虫药。

（1）应该驱虫的猪，不论大小都必须称重，不能凭空估计体重，估计体重偏高，用药量过大易中毒，估计体重偏低，用药量过小不足以达到驱虫目的。

（2）单个喂药，如一窝猪或一圈猪发病，需移至一个空圈，可用蜂蜜调药逐个将药涂于舌根，或趁猪饥饿时逐个先拌少量料必能被猪舔光，再喂足料。如注射驱虫药，必须按猪体重注射，注射过药的猪用颜色打记号，以免重复注射引起药物超量中毒。

（3）发现猪寄生有某种寄生虫后，应立即选择相应的驱虫药予以驱虫。如为蛔虫，可用丙硫咪唑或伊维菌素，公猪每年驱虫 2 次，母猪产前 1~2 周 1 次，仔猪转圈时 1 次，断奶仔猪驱虫 1 次，4~5 周后再驱虫 1 次，引进猪驱虫后并群。农村散养猪 3 月龄、5 月龄各驱虫 1 次。

（4）猪场必须全力消灭寄生虫病，以保证猪群健康生长发育。

附录

附录1 主要表现消化异常的类症鉴别简表

病名	病原	流行特征	主要临床症状	主要病理变化	实验室诊断	防治
猪流行性腹泻	猪流行性腹泻病毒	各种猪均易感，哺乳、断奶仔猪发病率100%，多发于冬季（12月至次年2月）	主要水样腹泻，呈灰或灰黄色，呕吐、脱水，多发生在吃奶或吃食后，运动迟缓。年龄小症状越重；年龄小症正常或偏高（死亡率50%），体温（38.5～40.5℃）	小肠膨胀，充满黄色液体，肠壁变薄，黏膜个别有出血点。肠系膜淋巴结水肿，小肠绒毛变短；胃常空虚或充满胆汁样液体	分离病毒，检测抗原	对症治疗，疫苗预防
猪传染性胃肠炎	猪传染性胃肠炎病毒	每年12月至次年4月多发，各种年龄均易感，10日龄以上猪死亡率低	39.5～40.5℃，仔猪突发呕吐，同时或稍后水样腹泻，粪黄色、绿色或白色，有凝乳块，有时带血，恶臭或腥臭。年龄越小病程越短，10日龄内大都2～4天死亡	胃底潮红，内容物鲜黄、混有凝乳块。10%近幽门处有坏死区；小肠壁变薄、卡他性炎，内容物稀薄、黄色、灰白或黄绿色泡沫状液体；脾肿大；肠系膜淋巴结充血肿胀；肾包膜下有出血，少数较大仔猪膀胱有出血点；心肌软，灰白色，冠状沟有出血点，脑充血	分离病毒，接种易感猪	对症治疗，疫苗预防
猪轮状病毒病	轮状病毒	7～14日龄仔猪易感，1～3周龄发病率高于4～6周龄，初产母猪比经产母猪更易感	7～14日龄或断奶后7天内仔猪，严重水泻，粪黄色或黄绿色，如已吃料则为黑色，严重时混有黏液或血液，偶有呕吐，脱水	14日龄内仔猪胃内充满乳汁凝乳块，小肠的后1/2～2/3肠壁变薄、半透明，内容物有絮状物及黄色或灰白液体。小肠广泛出血，也含有类似内容物，肠系膜淋巴结肿胀	分离病毒，检测抗体	对症治疗，疫苗预防

（续）

病名	病原	流行特征	主要临床症状	主要病理变化	实验室诊断	防治
仔猪白痢	大肠杆菌	主要发生于10~30日龄仔猪。10~20日龄多发，7日龄以下、30日龄以上发生较少	40℃左右，突然腹泻、排乳白或灰白色糊状或浆状稀乳，有特异腥臭味，即使康复，排干粪亦呈灰白色	胃黏膜充血、出血、水肿性肿胀、附胀，有少量凝乳块，肠壁菲薄、黏膜易剥脱，可见充血变化，有大量气体和少量稀薄黄白色或灰白色臭酸类，肠系膜淋巴结水肿，肝萎缩，胆囊膨满，肾苍白，心肌柔软	分离细菌	广谱抗生素有效，疫苗预防
仔猪黄痢	溶血性大肠杆菌	1~3日龄仔猪多见，7日龄以上即少发病，一窝猪发病率90%以上，50%以下者少	仔猪出生后12小时内至1~2头发病，最急性不见症状即死亡，以后相继发生腹泻，黄色浆状，肉有凝乳片，有腥臭、脱水、昏迷死亡	胃内充满酸臭的凝乳块，部分黏膜潮红，有出血斑。十二指肠壁菲薄、黏膜充血、出血、水肿，充满稀黄色、黄色气泡的稀内容物，肠系膜淋巴结充血，肝、肾表面有小的凝固性坏死灶，脾瘀血，肠黏膜固有血或有小点状出血	分离细菌	药物治疗无效，疫苗预防
仔猪梭菌性肠炎(仔猪红痢)	产气荚膜梭菌A型或C型	1~3日龄多发，1周龄以上少发，病死率100%，发病率80%~90%或以上	最急性：生后几小时至1~2天，不见腹泻即死亡。急性：排含有灰色坏死组织和红褐色液体的稀粪，常维持2天后死亡。亚急性：不见出血性腹泻，初排黄色软粪，后成液状，含灰色坏死组织碎片，类似粥样。一般5~7天死亡	皮下胶样浸润，胸腹腔、心包积液（樱桃红）色，黏膜下广泛出血斑，肠内充血、有时迟延及回肠，肠系膜淋巴结呈深红色，肠出血不严重，病程稍长，肠内容物变为浅黄色，坏死肠黏膜下、肠系膜或土黄色，红色。肠淋巴结有气肿，心肌变白，外膜有出血点，肾灰白色。膀胱黏膜有小出血点	分离细菌，接种动物	治疗无效，疫苗于母猪产前1个月免疫

（续）

病名	病原	流行特征	主要临床症状	主要病理变化	实验室诊断	防治
沙门氏菌病	沙门氏菌	1~4月龄猪易感，6月龄以上很少发病，多雨、潮湿、卫生条件差时易发生	急性（败血型）41~42℃，绝食后下痢，耳根、胸前，腹下皮肤有紫红色斑块，常24小时死亡，多数2~4天。亚急性（结肠炎型）40.5~41.5℃，寒战，呕吐，蜷缩草窝，叠堆，有眼眵，下痢，粪淡黄或淡绿色，带有血液或假膜，恶臭，皮肤显湿疹，揭痂样弥漫性湿疹，有的咳嗽，病死率25%~50%。慢性：41℃左右，周期性下痢，粪灰白，污红色，极度消瘦，衰竭死亡	急性：脾肿大，暗蓝色，硬如橡皮，被膜小出血点，切面蓝红色，白髓周围有红晕；肠系膜淋巴结索状肿大，心包、心内外膜如大理石状；肝肿大瘀血，实质有细小灰黄色出血点，实质有坏死灶。肾有小出血点，肾色坏死灶。胃、膀胱有出血点。亚急性及慢性：盲肠、结肠黏膜有出血，肠黏膜有坏死和腐烂呈绿色，特征病变为坏死性肠炎，回肠壁增厚，黏膜上覆一层弥漫性坏死性和腐烂乳状物质，纤维素渗出形成的假膜，呈污秽黄绿色，假膜下为溃疡，肠系膜淋巴结肿大，部分干酪样，脾稍肿大。肝有时有小坏死灶，肺有束状坏死变区	涂片镜检。分离鉴定细菌	广谱抗生素有疗效，预防可用弱毒菌苗，但效果不理想
仔猪毛霉菌病	毛霉菌科各属菌种	乳猪与较大的育成猪易感，50%发病，乳猪在10天内死亡	呕吐、腹泻、胃炎、胃溃疡，用抗生素不能止泻	肝脏面中央有隆起、切面粉红色或灰红色，肝门淋巴结肿大；切面浓黄色、周围有出血带；肾小弯有肿块、切面灰白色，部分出血坏死，周围有深紫色出血带，肠系膜淋巴结肿大，切面灰白色，有出血坏死。乳猪胃黏膜上有凝固性坏死物		保持饲料含水量在13%以下，抑制毛霉菌繁殖

（续）

病名	病原	流行特征	主要临床症状	主要病理变化	实验室诊断	防治
猪痢疾	猪痢疾蛇形螺旋体	2～3月龄最多发，以4、5和10月发病较多	最急性：个别不显症状即死亡，多剧烈下痢，先排黄软粪类后水泻，含有黏液和组织碎片、腥臭、寒战、眼球下陷。病程12～24小时。急性：初排软粪类，血块及咖啡色或黑红色的组织碎片，死亡或转慢性。病程7～10天，死亡时粪中有黑红色血块和黏液，里急后重。亚急性、慢性：下痢时粪中有血块和黏液，消瘦，反复发生	盲肠、结肠、直肠黏膜肿胀，出血。有点状坏死。覆盖黄色或灰色假膜，肠内容物稀薄混有黏液。血液呈巧克力色酱色或坏死组织碎片，胃底，幽门部红肿，肠系膜淋巴结肿胀	镜检细菌，测定抗体	抗生素和磺胺类药有效
衣原体病	鹦鹉热衣原体	母猪、仔猪最易感染，管理不善、长途运输为发病诱因，常呈地方性流行	感染母猪所产仔猪：皮肤发绀，寒战、尖叫，可视黏膜苍白。恶性腹泻。40℃以上，3～5天内死亡。仔猪断奶前后：咳嗽、气喘、腹泻，关节肿大。架子猪：后躯肿大，体温41～41.5℃，跛行。架子猪，后期带脓性血液，排稀粪类，呈污褐色、个别排脓性黏结膜红、水肿、分泌物增多。呼吸急促，偶有咳嗽，流黏性脓性鼻液、胸、附关节肿胀，跛行	仔猪：回肠黏膜潮红，出血，结肠浆膜有灰白色纤维素覆盖。脾肿大。有出血点。肝质脆，表面有灰白色斑点。架子猪：胸腹膜纤维性炎，肝表面有灰白色斑点，与膈、脾有出血点。肾肿大，有坏死区。肾实质碎，支气管内容物稀，有血液，肺有出血点，肠内容物稀，有坏死片，肠系膜淋巴结出血肿胀，关节腔充满纤维素性关节液，灰黄色，浑浊	病料接种小鼠，涂片镜检，血凝试验	用抗生素治疗，可用灭活疫苗预防

（续）

病名	病原	流行特征	主要临床症状	主要病理变化	实验室诊断	防治
伪狂犬病	伪狂犬病病毒	一年四季均发生、冬春产仔仔猪多发	41～41.5℃。初生仔猪：流涎、有的呕吐，腹泻黄白色粪、遇音响尖叫、腹部有紫斑，随后四肢麻痹、角弓反张、游泳动作。15日龄内仔猪：呕吐、腹泻，共济失调、腹背弯断、肌痉挛。20日龄至断奶：黄色稀粪、耳发紫、呼吸困难、流鼻液、四肢强直、震颤、惊厥、有的转圈、盲目冲撞。4月龄猪：有时呕吐、咳嗽、流鼻液、有的转圈、盲目冲撞	鼻出血、化脓性炎、扁桃体、喉部水肿、咽常有纤维素坏死假膜、喉气管点状出血、胃底大面积出血、小肠黏膜无血、水肿、大肠有块状出血。下颌、肠系膜淋巴结玉米状出血、出血点、脑膜淋巴结肿大、实质有出血点。脑脊液增多、病程长的、心包、胸腹腔有积液、肝表面有纤维素渗出	分离病毒、接种家兔、有多种方法、检测抗体	无法治疗、有疫苗可用
猪蛔虫病	蛔虫	2～5月龄猪易感	咳嗽、呕吐、异嗜、严重时腹泻、结膜苍白、生长缓慢、粪有成虫卵、有时排出虫体	幼虫在肺时，肺有出血点或暗红色斑点、肠卡他性炎，小肠见有成虫	粪检虫卵	用驱虫药
类圆线虫病（杆虫病）	兰氏类圆线虫	1月龄左右感染最严重，2～3月龄后逐渐减少	消化障碍、下痢，粪中带血和黏液、皮肤有湿疹、粪中有虫卵	小肠黏膜充血、有斑点状出血、小肠黏膜内有虫体	粪检幼虫	用驱虫药
猪毛首线虫病（鞭虫病）	猪鞭虫	1.5月龄仔猪粪中即有虫卵，14月龄猪很少感染、冬春出现症状	40～41℃，顽固性腹泻，粪有血丝或黑色、死前数日有水样粪、生长缓慢、粪有虫卵	盲肠充血肿胀、出血，同有绿豆大小的环死灶、结团也有类似病变、肠内容物恶臭、黏膜上布满虫体	粪检虫卵	用虫药
猪食道口线虫病（结节虫病）	有齿食道口线虫	清晨、雨后易感，多猪露时放牧易感、猪圈潮湿、不换垫草时易发	便秘、下痢、造成顽固性肠炎、贫血	大肠黏膜下有结节、局部肠壁增厚。破溃后形成溃疡、结节破裂后，进入肝后，形成腹膜炎。如虫形成包囊、幼虫死亡、可见坏死组织	粪检虫卵	用驱虫药

（续）

病名	病原	流行特征	主要临床症状	主要病理变化	实验室诊断	防治
球虫病	艾美耳属球虫	常见于7～21日龄仔猪，也见于3日龄仔猪	粪水样或糊状、黄色至白色。消瘦、生长受阻	炎症局限于空肠、回肠，黏膜浑浊状颗粒化、有的可见坏死性肠炎、有黄色纤维素、坏死性假膜附在充血的黏膜上	镜检卵囊	加强管理、磺胺类药
胃肠卡他			急性：初有呕吐、异嗜、口臭，体温稍升高，粪球小。慢性：下痢、肠音亢进、粪时干时稀	胃肠有卡他性炎		
胃肠炎			体温稍高、绝食、腹泻、重时混有血丝，黏液、恶臭或腥臭，眼结膜先潮红后黄染	肠黏膜充血、出血、黏膜脱落，内容物混有血液、腥臭		
胃溃疡			急性：不见症状即死。亚急性：病初腹痛、磨牙、厌食、贫血、粪黑色	急性：胃黏膜充血、胃内有凝血块。亚急性：胃有溃疡，鲜血		
红色猪圆线虫病	红色猪圆线虫	运动场吃湿青草、吞食幼虫感染	贫血、消瘦、减食、腹泻、粪有虫卵	胃卡他性炎、充血、黏膜下水肿、糜烂、溃疡、有虫体	粪检虫卵	用驱虫药、防仓储粮食发霉孳生害虫
蛔状线虫病（猪胃红线虫病）	似蛔线虫	猪吞食粪甲虫而感染	病状不明显、减食、生长受阻、贫血、有时腹痛或混有血液、粪黑色	胃有扁豆大结节、假膜，胃底部有小出血点、黏膜增厚，有不规则玻璃褶、有虫体附着、头钻入黏膜	粪检虫卵	防吃金龟子和幼虫、用驱虫药

（续）

病名	病原	流行特征	主要临床症状	主要病理变化	实验室诊断	防治
结肠小袋虫病	结肠小袋虫	南方常发生于仔猪，急性2~3天死亡，慢性数周至数月	喜卧、颤抖、体温有时升高，粪初稀后水样，带有黏膜碎片和血液、恶臭	溃疡性乙状结肠、直肠炎，有时波及全部大肠，黏膜充血、水肿、糜烂、溃疡，有出血点，溃疡像火山口状、边缘锯齿状		
狗尿豆中毒		种子、茎叶均能引起中毒，食后2~10小时发病	急性：呕吐、腹泻、粪带黏液和血液、兴奋、倒地经挛、几小时内死亡。亚急性：有的腹泻，有的便秘。慢性：几天不排粪，尿红色。站立不稳、共济失调，母猪粪腥臭或腐尸臭、呼吸浅速。皮肤出现紫斑。体温36~39℃，后期升高，叫声嘶哑、卧地游泳动作，尿褐色	胃底充血、有脓样黏液附着，肠黏膜弥漫性出血、盲肠肥大，有类似猪瘟的溃疡、肝肿大、紫褐色、质脆，有出血点、膀胱黏膜出血。皮下脂肪黄色，全身淋巴结肿大、出血，肠系膜淋巴结紫色		不用狗尿豆及其茎叶喂猪，解毒和对症疗法
蓖麻中毒		未经加热去毒，食后15分钟至3小时发病	40.5~41.5℃，呕吐、腹痛、腹泻、粪带血或黑色恶臭、排血红蛋白尿，卧地不愿起、尿闭，驱之站立、黄疸明显、肌肉震颤，走路摇晃、头抵墙抵便、不重时四肢痉挛、头向后仰，昏睡、皮肤发绀，断嘶叫、皮肤发绀	皮下瘀血、胸腹膜有出血点，胸膜液黄红色、心冠脂肪、内外膜有出血点、肺膨胀、黑紫色，挤压流出紫红血液、肝肿大、紫黑色，深绿色、胆囊萎缩、胆汁稠，脾黑紫色、脾肿大、有出血点，肾蓝色尿、膀胱褐色、黏膜脱落，胃壁紫褐色，胃肠充满黑褐血液、肠褐色或胃红色，膜脱落、回肠肥大4~5倍、盲肠，结肠充满黏液、血块、肛门，系膜淋巴结水肿、肝门、直肠淋巴结出血，脑轻硬膜均有出血点、脑脊髓液黄红色	胃内容物加磷钼酸煮，再变绿色，再加氯化铵转蓝色，再加热变无色	不在蓖麻处放牧，对症疗法

（续）

病名	病原	流行特征	主要临床症状	主要病理变化	实验室诊断	防治
铜中毒		饲料含铜量超过500毫克/千克或误食过量含铜的药品、化学制剂	急性：41～41.5℃，呕吐、腹痛、腹泻、呕吐物及粪呈绿或蓝色。慢性：40～41.5℃，呼吸迫促、尿红棕色而带黑色、也有血红蛋白尿、鼻抵地、昏睡、发痒。皮肤有丘疹、发痒、发绀	急性有胃肠炎症状。慢性全身黄疸，肾肿大，暗棕色。有出血点，肝肿大2倍，黄染。有质脆，胆囊扩张，胆汁浓稠，脾肿大，呈棕色或黑色，胃底肠充血出血，有的呈紫蓝色。肠系膜淋巴结出血	呕吐物加氨水由绿变蓝	不喂受铜污染和含铜超量的饲料
无机氟化物中毒		磷肥、氟化盐、金属冶炼、大型砖窑厂矿附近青草、水含氟量高，经常食用	急性：呕吐、腹痛、腹泻、严重时抽搐昏迷。慢性：步样强拘、跛行、走路关节有响声、重时四肢痉挛，站时肌肉震颤、卧下乏、下颌骨增厚，牙齿有釉斑	急性：胃肠出血性炎、黏膜下水肿（液呈黄红色）、心口内质水肿、出血、脑软化、肝脂肪变性、呈黄色、肾充血、出血，呈白色。慢性：骨外观粗糙，呈白色状、重量减轻、骨端增生、骨质增生、关节增生生成骨疣	尿检氟	不饮含氟水或降低水中含氟量。解毒和对症疗法

附录2 主要表现呼吸异常的类症鉴别简表

病名	病原	流行特征	主要临床症状	主要病理变化	实验室诊断	防治
猪流行性感冒	猪流行性感冒病毒	任何年龄均易感、晚秋、早春或冬天、阴雨潮湿、运输、拥挤易发病流行	40.3~42℃、眼结膜红肿，眼、鼻有黏性分泌物、血色、呼吸迫促、腹式呼吸、有时带痉挛性咳嗽、肌肉、关节疼痛，少数腹泻，多数类无干，一猪发病，2~3天即传染全群，死亡率低	鼻、喉、气管黏膜充血、有泡沫黏液、胸腔有积液、肺增大、病变部紫红如鲜牛肉样、周围的肺组织水肿、气肿呈苍白色。病变常见于心叶、尖叶和中间叶、颈、纵隔淋巴结水肿、脾肿大	分离病毒	对症治疗、无疫苗可用
猪肺疫（猪巴氏杆菌病）	多杀性巴氏杆菌	气候聚变，阴雨天气发生较多、3~10周龄易感、常呈地方性流行	最急性：41~42℃。咽喉部红肿、坚硬、紫红。张口呼吸、口鼻流涎、大坐大卧。严重者头晚吃食，次日晨即已死亡。急性：40~41℃。病初痉挛性干咳、呼吸困难，后成湿咳、痛咳、流鼻液。叩诊胸部疼痛，听诊有啰音和摩擦音。大坐大卧。黏膜有发绀、初便秘后腹泻，皮肤有小出血点，常有结膜炎。病程5~8天。慢性：鼻流少量鼻汁、常有持续咳嗽、呼吸困难，腹泻、消瘦、关节肿胀、出现湿疹	最急性：全身黏膜、浆膜、皮下组织有大量出血点，咽喉部切开有血性黄色纤维浸润，并有大量渗黄或全身淋巴结出血、心外膜、心包膜有小点出血、肺急性水肿、脾有出血、胃肠浆膜性炎。急性：全身黏膜、浆膜病变、淋巴结出血、肺有纤维性炎、有肝变区、周围有水肿、气肿、肝变区有坏死、肺小叶浆膜有纤维素状、胸腔、心包积液、气管、支气管有泡沫状黏液。慢性：肺变区扩大、并有灰黄或灰色坏死、胸腔有干酪样物质、肋膜肥厚、与肺粘连、膜肥厚、淋巴结、扁桃体、关节有坏死灶	涂片镜检、鉴定细菌、接种小鼠	链霉素等多种抗生素有效、可用疫苗预防

（续）

病名	病原	流行特征	主要临床症状	主要病理变化	实验室诊断	防治
接触传染性胸膜肺炎	胸膜肺炎放线杆菌	各年龄猪均易感，6周龄至6月龄多发，多在4~5月和9~1月发生	最急性：41.5~42℃，个别43℃，口鼻流红色泡沫，大坐，耳、鼻、口呼吸，皮肤发紫，24~36小时死亡。急性：40.5~41℃，呼吸困难，咳嗽，皮肤发红。亚急性：39.5~40℃，同歇咳嗽，呼吸缓慢，生长缓慢。慢性：不同圈猪同时发病，呼吸异常	最急性：气管、支管气充满血色泡沫液体，肺充血，出血，血管内有纤维素血栓，肺泡间质水肿，胸腔内有淡红色液体。急性：肺心叶、尖叶，脾叶紫红，坚实，同质有血样胸膜炎，纤维素性胸膜炎，胸腔淡红液，有纤维素。亚急性、慢性：肺有大的干酪性病灶或含有坏死碎屑的空洞，胸肋膜纤维性粘连	涂片镜检，分离细菌，检测抗体	抗菌药品治疗有效，苗可用
猪支原体肺炎（猪支原体气喘病）	猪肺炎支原体	各种猪均发生，新疫区后期孕猪多，老疫区哺乳和断奶仔猪多发，天气骤变时多发	急性：一般体温不高，继发感染40℃以上，甚至以上，呼吸每分钟60~120次，流鼻液，一般咳嗽次数少，有时也有阵发性咳嗽，趴卧或站立一隅，咳嗽不太明显。慢性：一旦气喘气，候恶劣，气喘、咳嗽又明显，生长缓慢	肺心叶、尖叶，膈前下端及中间叶发生对称性病变，呈淡红色或灰红色，转为灰红，灰白，灰黄胶样浸润。半透明如鲜肉样（"肉变"），压之流出黏性浑浊白色液体。病程长转为浅灰或灰黄，硬度加强如胰（"胰变"）或"虾肉样变"，膈下栗粒大黄白小点，切开有白色黏液或暗红色液体，肺门淋巴结肿大变硬，断面黄白色，呈髓样变	X线检查，分离细菌	抗生素可缓解症状，可用弱毒苗或灭活苗预防

（续）

病名	病原	流行特征	主要临床症状	主要病理变化	实验室诊断	防治
传染性萎缩性鼻炎	产毒素多杀性巴氏杆菌和支气管败血波氏杆菌	不同年龄均易感，幼猪病变明显，生后几天至几周即能感染	体温正常，眼眶下部皮肤有褐色或黑色泪斑痕，打喷嚏，呼吸有鼾声，流浆性、脓性或血样液状鼻液，以前肢抓鼻或拱地摩擦鼻部，鼻上翘、鼻背皮肤发生皱褶或歪斜	早期鼻黏膜及鼻窦充血水肿，多有浆液性、脓性至干酪样分泌物，鼻腔的软骨和鼻甲骨软化或萎缩，失去原有形状，严重时鼻甲骨完全消失	分离细菌，测定抗体	抗生素、磺胺类药治疗有效、疫苗预防
猪多发性浆膜炎与关节炎	副猪嗜血杆菌	2周龄至4月龄猪易感，断奶后10天更易发生，病死率50%	感染4天后体温升高，过40.5℃，咳嗽、呼吸困难、眼睑水肿、关节肿胀、跛行、共济失调，可视黏膜发绀、斜卧，很少超	胸膜、心包膜、腹膜、关节的浆膜，甚至脑膜表面出现浆性单个或多个浆膜纤维素性炎，或脓性纤维蛋白渗出物，呈浆黄色蛋皮样或条索状浆膜或关节切面（多在胸、附关节），全身淋巴结肿大，切面灰白色	细菌学检查	疫苗接种，药物预防，加强饲养管理以减少或消除其他呼吸道病原
衣原体病	鹦鹉热衣原体	孕猪和仔猪易感，有时为地方性流行	断奶前后常发病、支气管肺炎、胸膜炎和心包炎、绝食、咳嗽、气喘、腹泻、关节炎、跛行	支气管肺病变类型：肺水肿、表面有大量小出血点和出血斑，肺门周围有瘀血、心叶、尖叶呈灰色，坚实，肺泡膨胀，含有大量渗出液，纵隔淋巴结水肿，细支气管有大量出血点，有时出现坏死区并有脓	病料接种小鼠，涂片，镜检，血凝试验	用抗生素治疗，也可用灭活疫苗预防

（续）

病名	病原	流行特征	主要临床症状	主要病理变化	实验室诊断	防治
尼帕病毒病	尼帕病毒	野生动物能传播，猪在移动中易感，感染率100%，病死率5%	40℃以上，呼吸困难、咳嗽持续而剧烈，远处能听到咳声，腹部肌肉痉挛、颤抖、惊厥，严重时咳血、抽搐，后肢软弱，母猪空嚼、头部震颤，流产	可见肺充血、气肿、瘀血，间隔膨胀、支气管有渗出物、充满泡沫液，脑充血水肿、肾大多正常，也有表面和皮质充血	分离病毒、检测抗原	无特效药物、无疫苗可用
猪巨细胞病毒感染	猪巨细胞病毒	1~3周龄猪易感，2~5周龄猪群易暴发	不发热、喷嚏、眼鼻有分泌物、鼻塞、呼吸困难，孕猪感染后有时产死胎、木乃伊胎，存活仔猪发育不良，1/4死亡，腹部水肿	鼻多粘液，黏膜有大量坏死灶，肺间质水肿、心叶、尖叶有肺炎症灶。肾肿胀出血、下颌、耳下腺、淋巴结肿胀，状出血，全身皮下明显水肿，点鼻黏膜腺、泪腺、副泪腺腺体的上皮细胞明显肿大、细胞质出现空泡变性、核变性，核明显增大，病灶周围的淋巴管内有少量巨大上皮细胞	检测抗原、抗体	加强抗体监测、建立阴性猪群
结肠病毒感染（肺炎、心包炎、心肌炎）	猪肠病毒	猪肠病毒存在时可促进其他微生物繁殖、诱发肺炎	肺炎：呼吸加快、咳嗽。可引起心包炎、心肌炎。母猪繁殖障碍：妊娠前期感染、胚胎死亡被吸收、产仔少；中后期死亡产木体，死胎腐败、木乃伊胎或新鲜尸体。存活仔猪生后几天内死亡。脑脊髓灰质炎：早期发热、随后运动失调、眼球震颤、惊厥，角弓反张、昏迷，瘫痪2~4天死亡，腹泻较轻而短暂	脑脊髓灰质炎、肌肉萎缩、脑干胶质细胞也无肉眼病变，增生和血管周围袖套	分离病毒、检测抗体	在配种前至少1个月，后备母猪接触病猪获得免疫力

（续）

病名	病原	流行特征	主要临床症状	主要病理变化	实验室诊断	防治
猪后圆线虫病（肺丝虫病）	后圆线虫	因拱食蚯蚓而感染，一般秋夏发病	小于6月龄症状表现较重，剧烈咳嗽，一次能咳40~60声，呼吸困难，眼结膜苍白，流鼻液。肺部听诊有啰音	肺膈叶腹面有楔状气肿区，近气肿区边缘有灰白结节，支气管内有泡沫液体，并有虫体和虫卵	粪检虫卵	防吃蚯蚓，用驱虫药
猪圆环病毒2型感染	猪圆环病毒2型	断奶仔猪多系统功能衰竭综合征（PMWS）主要发生在5~12周龄仔猪；猪皮炎与肾病综合征（PDNS）主要发生于保育和生长育肥猪	断奶仔猪多系统功能衰竭综合征：呼吸困难、腹泻、黄疸、后腿。皮炎与肾病综合征：猪腹部至体侧皮肤红或紫色的红或紫色病变而后融成大斑块、跛行、中央黑色，繁殖障碍：流产、死胎、弱仔，肺炎、肠炎、腹泻、消瘦。先天震颤：初生仔猪发生震颤	肺肿胀、间质增宽，质如橡皮，有大小不同的褐色病变区，可在前下缘融合成片，腹股沟、纵隔、肺门肠系膜淋巴结肿大，切面灰黄色或白色坏死灶，脾有散在或弥漫白色坏死灶，肝中度黄疸或明显萎缩，胃食管部苍白、水肿，回肠至结肠非出血性溃疡，充满液体，如有继发感染，可出现胸膜炎、心包炎、腹膜炎、关节炎。（PDNS）后腿、会阴乃至全身坏死性皮炎，肾苍白肿大，皮质有出血、瘀血斑点，淋巴结有多处坏死，肺炎症（PMWS）弥漫性间质性肾、肝，膜出现淋巴浸润	抗体和抗原检测	加强环境消毒和饲养管理、减少仔猪应激，定期药物预防换药物预防
感冒		仔猪、育成猪多发，冬春骤冷发生	40℃以上，打喷嚏、咳嗽、流鼻液、眼结膜潮红，皮温不齐、畏寒			防贼风、雨淋，对症治疗

（续）

病名	病原	流行特征	主要临床症状	主要病理变化	实验室诊断	防治
支气管肺炎（小叶性肺炎）		寒冷、有害气体吸入	40~41℃、咳嗽、流浆性、黏性、脓性鼻液，肺部听诊有捻发音，呼吸增数、困难	一个或一群肺小叶发炎变实，切面红色或暗红色，挤压流出血性或浆性液体，切小块入水半下沉	通常白细胞增多、核沉左移，血沉加快，严重时，白细胞减少	防贼风、雨淋，对症治疗
大叶性肺炎（格鲁布性肺炎）		吸入有害气体及有诸多细菌进入肺部而引起	41~42℃、气喘、腹式呼吸，频咳，溶解期为红色或铁锈色鼻液，肝变期黄红色，捻发音，肝变期肺泡呼吸音消失，出现支气管呼吸音，再溶解期支气管呼吸音消失，再出现啰音，捻发音	充血期肺叶增大、充血水肿，暗红色，切面平滑红色，流血色泡沫，切小块入水半沉。肝变期肺特别肿大，色与硬度如肝，切面粗糙干燥，色变期肺变红变灰或黄色、切面干燥，小颗粒突出，切小块入水下沉。溶解期肺缩小，灰红色，切面湿润，质柔软，切小块入水半沉，胸膜有纤维素，胸腔有浓黄色纤维素渗出物		加强管理，对症治疗
霉菌性肺炎	小型丝状真菌孢子	断奶仔猪多发，母猪、哺乳仔猪不发生	40.5~41.5℃、呼吸迫促，腹式呼吸，流浆性黏性鼻液。不愿走动，强迫行走，步态艰难，张口呼吸，后期下痢，腥臭，病程10天左右，后期后肢无力、衰竭而死	肺充血、水肿，切面有泡沫，表面有肉芽样灰白或黄色血水，白色针尖、粟粒，绿豆大结节（压片镜检可见分支状菌丝团），以肺叶增大，鼻腔、白色，心包心液增厚积液，胸腔积液，心冠脂肪胶样水肿，肾表面瘀血点，中央有粟粒大结节，胃有黄豆大纽扣状溃疡，棕黄色，有下痢者，肠有卡他性炎症，无出血	培养镜检霉菌	不让猪接近和食用发霉饲料，可用制霉药物

（续）

病名	病原	流行特征	主要临床症状	主要病理变化	实验室诊断	防治
猪波氏杆菌病	猪败血波氏杆菌	60~90日龄猪易感，寒冷、潮湿、气候骤变时多发	体温初正常，如不及时治疗，可达40.5~41.5℃，呼吸增数，连声咳嗽、气喘，后期腹式呼吸，败血死亡	气管、支气管充血，有泡沫黏液，肺不同程度肿胀，切面各肺叶有条状出血、瘀血，有肉样变化	细菌学检查	注意饲养管理，用抗生素治疗，也可用灭活疫苗预防
猪克雷伯氏菌病	克雷伯氏菌	15~20日龄仔猪多发，4~20千克多发，20℃左右发病增加，20℃以下较少	41~42℃，连声咳嗽、气喘，流鼻液，腹式呼吸，严重时大坐，口鼻流红色泡沫，结膜苍白，耳发红带紫，腹泻，肛周粪污，后肢麻痹	皮下组织黄色浆液浸润，胸膜红色，肺有纤维性炎与胸膜粘连，有的粉红色、淋巴结充血，出血。肝肿大，暗红色，有坏死灶，胆囊肥厚有点状出血，脾边缘有坏死灶，肾有出血点，膀胱充满尿，心内、外膜出血	涂片镜检	可用抗生素治疗

附录 3　主要表现神经异常的类症鉴别简表

病名	病原	流行特征	主要临床症状	主要病理变化	实验室诊断	防治
猪伪狂犬病	伪狂犬病病毒	冬春季和产仔季多发，哺乳仔猪随着年龄增长发病和病死率均下降	41～41.5℃。初生仔猪：流涎、有的呕吐，腹泻黄白类，遇音响尖叫，腹部有紫斑，随后后肢麻痹，角弓反张、游泳动作。15日龄内仔猪：呕吐、腹泻、共济失调，痉挛。20日龄至断奶：腹泻、拉黄稀类、耳发紫。4月龄仔猪：有时呕吐、腹泻、呼吸困难、咳嗽、流鼻液、四肢强直、震颤，惊厥、有的转圈、盲目冲撞	鼻出血、化脓性炎、扁桃体、咽部水肿，咽有纤维素坏死灶膜、喉、气管点状出血、胃底大面积出血、大肠出血、小肠黏膜无出血、肠系膜淋巴结无充血肿大、下颌、同有块状出血、实质有出血点状出血、心包、胸膜腔有积液、肝表面有纤维素渗出	分离病毒、接种家兔，有多种方法检测	无法治疗，有疫苗可用
猪流行性乙型脑炎（日本乙型脑炎）	猪流行性乙型脑炎病毒	蚊传播，7～9月为发病高峰、母猪7～8月多隐性，7～10月多流产	40～41.5℃。母猪多数超过预产期数日才分娩、有死胎，也有正常胎儿（头大）、弱仔、畸形胎儿，有的死胎留在子宫内，胎衣滞留。初产母猪胎儿高度衰弱，震颤、抽搐、癫痫等。公猪睾丸多为单侧，少数双侧发生肿胀热痛。精液质量下降	脑软膜树枝状充血、脑沟变浅、出血、切面血管充血、脑积液增多、黄红色。心肌褐色、肺轻度水肿、肺胸膜黄灰色，小叶切面有出血点、肝色淡、肾盂有灰白色出血点。流产母猪子宫充血水肿、黏膜褪烂，有小出血点。胎儿大小不一、暗褐色、脑水肿、皮下水肿、腹水增多、肌肉呈熟肉样，各实质器官有出血点。公猪睾丸两侧肿大不一、睾丸质红色、鞘膜紫红色、腔内有大量黄色透明液、有纤维素、睾丸黄色坏死灶	分离病毒、接种小鼠、测定抗体	无法治疗、常用疫苗预防

（续）

病名	病原	流行特征	主要临床症状	主要病理变化	实验室诊断	防治
狂犬病	狂犬病病毒	大于2月龄常发，春季较秋季多发，都因咬伤引发	突然发作，兴奋不安，叫声嘶哑，攻击人畜，横冲直撞，口流涎，发作间歇期隐藏垫草中，闻声即一跃而起，无目的乱跑，3～4天死亡	舌、口黏膜糜烂，胃黏膜充血、出血或糜烂，如曾吃垫圈外，则胃内有异物，脑脊髓充血、实质布满小出血点，脑软膜水肿，脑干、海马角神经细胞浆内有内基氏小体	检测病毒及包含体	无法治疗，有疫苗可用
猪瘟	猪瘟病毒	任何年龄猪均易感	40.5～41.5℃，稽留，喜卧聚堆，颤抖，晚能只拱食不吃又回卧处，走路摇晃，后肢麻痹，弓背，磨牙，偶有抽搐。公猪尿鞘挤捏有黄尿或白色恶臭分泌物。腹下、四肢、会阴耳皮肤有紫斑出血点	下颌、腹股沟、肠系膜淋巴结红黑色，喉、会厌、脾边缘有出血，膀胱有出血点，心出血，肾、扁桃体有坏死灶，肺梗死灶，胸腔积液，浓黄红色，胆囊黏膜有时有出血点，小肠充血，胃底和幽门部出血较重，盲肠、回肠、结肠有纽扣状溃疡，上附纤维素块，直肠黏膜有密集小点出血	分离病毒，测定抗体，接种家兔	无法治疗，主要依靠疫苗预防和紧急接种
猪血凝性脑脊髓炎	猪血凝性脑脊髓炎病毒	主要侵害1～3周龄仔猪，成年猪隐性感染	脑脊髓炎型：少数体温升高，厌食，昏睡，呕吐，便秘，大多出现触摸敏感，打喷嚏，咳嗽，磨牙，尖叫，后肢麻痹，共济失调，大坐，后肢麻痹，呼吸困难，失明，眼球震颤，昏迷至死。呕吐消耗型：初吐消瘦，后咽肌麻痹，消瘦，病不食，后咽肌麻痹，昏迷（恶臭），病初有时体温升高	眼观病变不明显	分离病毒，测定抗体	无法治疗，无疫苗可用，扑杀、销毁病猪

（续）

病名	病原	流行特征	主要临床症状	主要病理变化	实验室诊断	防治
传染性脑脊髓炎	猪肠病毒（捷申病、塔番病）	重型（捷申病）发病率50%，病死率70%～90%。轻型（塔番病）发病率6%，3周龄以上很少发病	捷申病：40～41℃。先后肢失调，继之四肢僵硬，眼球震颤，抽搐，阵发惊厥，受刺激角弓反张，1～4天死亡。塔番病：体温升高，14日龄以内的病。仔猪感觉过敏，共济失调，退着走	脑膜水肿，脑膜脑血管充血，心肌、骨骼肌有萎缩，其他器官眼观无可见变化	分离病毒，检测抗体	无法治疗，可用疫苗，扑杀
先天性震颤病	未定（猪圆环病毒2型）	仔猪出生后不久即发病	全身或局部肌肉阵发性震颤，运动障碍，强迫卧倒症状减轻或停止，站立症状又恢复	眼观病变不显	检测抗体	尚无有效防治措施
猪李氏杆菌病	李氏杆菌	多散发，幼龄猪及孕猪易感，病死率很高	脑膜脑炎型：41～41.5℃，皮发紫，共济失调，盲目走动，转圈，肌内震颤，不自主运动，有的呈观星姿势，四肢划动，较大猪步态强硬，拖地行走，共济失调，后肢麻痹。脑膜炎型多发于哺乳断乳猪，脑炎症状与上述相似。孕猪一般无明显症状，常发生流产	脑和脑膜充血或水肿，脑干变软，有小化脓灶，脑脊髓液增多，浑浊。败血症型肝多坏死灶。流产母猪子宫内膜充血，有广泛坏死，胎盘子叶充血，常见出血和坏死，流产胎儿肝有大量小坏死灶	镜检，分离细菌，接种动物，测定抗体	早期可用抗生素治疗，无疫苗可用
猪破伤风	破伤风梭菌	任何年龄均易感，多为创伤引起	头部、全身肌肉痉挛强直，牙关紧闭，口流涎，瞬膜外露，尾不动摇，四肢行走僵硬，对光亮、触摸、音响反应敏感，痉挛加重	浆膜、黏膜、脊髓有小出血点，躯干干，四肢肌肉结缔组织有浆液浸润	特殊症状和创伤史	用抗生素和对症疗法

（续）

病名	病原	流行特征	主要临床症状	主要病理变化	实验室诊断	防治
猪水肿病	肠毒性大肠杆菌	断奶仔猪以春秋产仔季节较多发生，病死率80%~100%	40.5~41℃，四肢运动不协调、摇摆，无目的行走，或转圈，或磨牙，触之惊叫，突然倒地四肢划动，常见眼睑水肿，并向颜面、头部、颈部延伸	眼睑、颜面、颌下皮下水肿，呈灰白色凉粉样，胃大弯水肿，厚达0.5~3厘米，切开胶冻样，流出无色或黄白液，大肠浆膜水肿，黏膜呈红色，全身淋巴结水肿，有出血点。心包、胸腔积液无色或液黄色，暴露子空气呈胶冻样，脑膜充血，部分病例喉、胆囊、肾包膜、直肠浆膜发生水肿，脑和出血点，肿	镜检、分离细菌	早期对症治疗，可用疫苗预防
猪链球菌病	多种致病性链球菌	架子猪病率高，6~8周龄也发生，以5~11月多发	败血型：41.5~42℃，眼红流泪，关节炎，跛行，不能站立，共济失调，磨牙，昏睡，耳、四肢下端紫红。脑膜炎型：40.5~42.5℃，前肢高抬、仰卧，后肢麻痹，转圈，游泳动作，部分肢后躯青水肿，1~3天死亡。溶血型：41.8~42.5℃，全身颤抖，呼吸迫症，鼻流血沫，叫声嘶哑，卧地不起，触之尖叫，磨牙，强张行走蹒跚，跛行、磨牙、昏睡，共济失调，初便秘后腹泻，便血，病程24~48小时。子宫炎型：生产母猪发病率80%，分娩、流产后，发情期阴户分泌物更多，	败血型：鼻黏膜紫红，出血，充满血色泡沫，肺肿大，出血，心内膜弥漫性血斑，心包积液黄色，脾多数肿大1~3倍，暗红或紫色，肾肿大，充血，出血，少数1~2倍，黑红色。全身淋巴结充血、出血、腹腔积液黄色，部分有纤维素，脑充血，切面有小出血点，脑膜炎型：脑膜充血，重者溢血，切面灰质，白质有小出血点，胸膜包增厚，有纤维素性炎，全身淋巴结肿大，充血，出血，关节肿大，有黄色积液，胆囊壁有水肿，胃型：胃系膜，胆囊壁水肿，溶血型：心质软扩张，右心室肿大，冠状沟	涂片镜检，分离鉴定细菌	青霉素、链霉素等有效，可用疫苗预防，但效果差

（续）

病名	病原	流行特征	主要临床症状	主要病理变化	实验室诊断	防治
猪链球菌病			灰白半透明，后黄色或不透明，脓性。慢性型：40~41℃，初颈部、前肢肌肉颤抖、四肢末梢，腹下皮肤有小出血点，逐然成斑块，体表淋巴结肿大，病程10~50天。淋巴结肿胀型：下颌、颈部淋巴结肿胀脓热痛，影响吞咽，皮破流脓。仔猪：40~42℃，磨牙，后肢麻痹，叫，转圈，四肢划行，昏迷，前肢爬行或几小时或1~2天内死亡	有出血，肺间质增宽，切开多量血色泡沫，肝充血，胆囊增厚，水肿，脾软，肾肿大，瘀血，胃肠充血，腹腔积液黄色，有纤维素。子宫炎型：子宫黏膜肿胀，充血、出血，有脓性分泌物		
脑心肌炎	脑心肌炎病毒	吃了被鼠污染的饲料、饮水	41℃，颤抖、步态蹒跚、瘫痪、呼吸困难、断奶前前病死率100% 仔猪共济失调后，后肢强直、肌肉震颤，驱赶时尖叫或划水样走，昏睡，瞳孔散大，部分角膜浑浊，结膜炎，流泪。最先发病者48小时死亡。发病率20%~65%，病死率90%	胸腔腹腔、心包积水、肺水肿、心脏肿大、苍白变软并有液黄或灰白色坏死灶（直径2~15毫米）	接种小鼠	无药物治疗，无疫苗预防
蓝眼病	副黏病毒	2~15日龄最易感，连续生产的猪场可同期同期发生	30日龄以上仔猪：症状轻，发热，喷嚏、咳嗽，感染率1%~4%，很少死亡。母猪产仔数下降，木乃伊胎增加，偶有角膜浑浊。公猪：少数角膜浑浊，精液质量下降	仔猪大脑无血，脑脊髓液增多，偶尔心包和肾出血。公猪：睾丸、附睾肿大、水肿，后萎缩或有肉芽肿	分离病毒、检测抗体	无特效疗法，可制苗预防

（续）

病名	病原	流行特征	主要临床症状	主要病理变化	实验室诊断	防治
猪肠病毒感染（脑脊髓炎）	肠病毒	各种年龄均可感染，幼龄猪为主	发热、倦怠。随后运动失调，重时震颤惊厥。角弓反张，昏迷。最后瘫痪，3~4天死亡	脑脊髓灰质炎，除肌肉萎缩外，无眼观病变有慢性病例	分离病毒、检测抗体	后备母猪配种前一个月接触被污染粪便，获得免疫力
维生素A缺乏症	维生素A缺乏	仔猪多发	体温不高、头颈歪向一侧，瞳孔、共济失调，倒地尖叫，角弓反张，抽搐，有的周身痉挛。四肢游冰动作，有的周身渗出褐色分泌物	骨骼发育不良		
棉籽饼中毒		未去毒棉籽饼占日粮10%即中毒，幼猪易发生	体温一般不高，有的41℃。后肢软弱、走路摇晃、步路促，咳嗽。尿少色黄或黄红，先类干后下痢带血，胸腹下水肿，耳根皮肤紫红，有的腹下有渗出块。仔猪常腹泻，孕猪发生流产	胃有出血性炎、肠黏膜有溃疡、肝肿大充血，出血、喉有出血点、气管充满泡沫、肺充血，出血、气肿、水肿、心内膜有出血、心肌松弛池。肾脂肪变性，有出血点。膀胱炎症严重，常充满尿液、有结石。脾肿大。肝充血肿大		棉籽饼去毒后喂勿超量，对症疗法
断奶仔猪应激综合症		仔猪转圈拥挤产生应激反应	突发倒地、四肢划动、尖叫，全身肌肉震颤，眼球上翻，磨牙，结膜发绀、呼吸迫症，多数病猪发作30~60分钟症状缓和 40~41℃	肺充血，瘀血，气管内充满泡沫、心肌松软色浅、心脏扩张，胃充盈，黏膜发炎症，出现泻痢症状者小肠充血，脑膜轻度充血水肿		仔猪断奶转栏不要拥挤，前一天注射维生素E亚硒

（续）

病名	病原	流行特征	主要临床症状	主要病理变化	实验室诊断	防治
狗尿豆中毒		种子、茎、叶均能引起中毒，食后2~10小时发病	急性：兴奋不安、倒地痉挛、口吐白沫、呕吐、腹痛腹泻、站立不稳、共济失调。几小时死亡。亚急性、慢性：粪带血。慢性：站立不稳、共济失调、粪腥或腐尸臭、尿红色、尿少。母猪呼吸如拉风箱、皮肤紫酱色、结膜苍白、有的倒地抽搐	胃底充血、有脓样黏液性附着、肠黏膜弥漫性出血、盲肠肥大、肝肿大、紫褐色、质脆、胆囊黏膜出血、脾有出血点、心冠出血、肾苍白、与膀胱均有出血点、皮下脂肪黄色、全身淋巴结肿大、出血、肠系膜淋巴结紫色		不用狗尿豆叶及其茎喂猪和对症疗法
蓖麻中毒		未经加热去毒食后15分钟至2~3小时发病	呕吐、腹痛、腹泻、粪带血或黑色恶臭。排血红蛋白尿或尿闭。黄疸、站地不愿起、驱起颤抖、走路摇摆、头抵墙、重时四肢痉挛、角弓反张、嘶叫、昏睡、皮肤发绀	皮下瘀血、胸腹腔有出血点、胸膜水黄红色、心内外膜有出血点、肺、脾黑紫色、胆囊萎缩、肝、胆汁深绿色、胆汁青紫色、肾蓝紫色、膀胱紫色、充满褐色尿、胃黑褐色、黏膜脱落、肠褐色或紫红色、黏膜脱落、盲肠充满黏液血块、回肠肥大4~5倍、肠系膜淋巴结肿大、肝、胃门淋巴结出血、脑软硬膜均有出血点、脑液黄红色	胃内容物加磷钼酸煮变绿色、再加氯化铵转蓝色、再加热变无色	不在种蓖麻处放牧、对症治疗
有机氟化物中毒		误食有机氟农药或鼠药	急性：惊恐、尖叫、直冲、全身震颤、四肢抽搐、角弓反张、呕吐、呼吸加快、同数后又重新发作、有的后肢麻痹、卧地不起、四肢划动、1~2天死亡。慢性：共济失调、狂奔乱跳、不避障碍	胃黏膜充血脱落、坏死、溃疡、心内外膜有出血斑点、脑膜充血、出血、肝、肾瘀血、肿大、会厌、气管有大量泡沫、肺瘀血	轻厉酸反应	猪圈不撒合氟灭鼠药、可用解氟灵

（续）

病名	病原	流行特征	主要临床症状	主要病理变化	实验室诊断	防治
猪丹毒	猪丹毒杆菌	多发于3~6月龄哺乳猪，老龄猪较少。北方6~9月，南方9~12月多发，多散发，也呈地方性流行	败血型：42~43℃，寒战、行走不稳、喜卧、昏睡、也不动、眼潮红、皮发红、压不退色。哺乳仔猪：41℃以上、抽搐、颤抖、有的站立点头、有的盲目行走、钻草窝、挤堆、吻突、尾尖、四肢末端、红紫色。疹块型：41℃以上、胸、肩、腹、背、四肢高出皮肤的皮肤出现圆形、方形、菱形高出皮肤的红或紫红疹块（黑猪可见疹块处无毛）。慢性：41℃显高于周围皮肤、手摸明显左右、喜卧、厌走动、消瘦、关节肿胀、跛行	脾樱桃红色、质软、包膜紧张，切面白髓周围有红晕。全身淋巴结肿大，切面灰红色。胃肠卡他性炎、胃底与幽门部有弥漫性出血。十二指肠、空肠有出血性炎。肾肿大、暗红色、被膜易剥离、有花瓣样出血点。肝棕红色。心包暴露于空气中变鲜红色。仔猪：肾、膀胱、膀胱充满尿液、肝土黄色、胆汁充满、胃内有凝乳块、有的皮下水肿。心内外膜有出血点、肺水肿	涂片镜检、分离鉴定细菌、血清学试验	青霉素治疗有效，可用弱毒菌苗预防
脑膜脑炎		单个发病	41℃左右、狂燥兴奋、在圈内不停地走动、或转圈运动、嘶叫、遇墙转弯、磨牙、流涎、眼结膜潮红、24小时死亡、盲目转动	脑软膜充血、有出血点、灰质、白质有出血点		
脑震荡		在特殊情况下（头部受打击或碰撞）发病	轻症：当时昏迷、不久醒来、站立不稳和盲目走动、而后又倒地抽搐、瞳孔散大、随后又醒。重症：意识障碍、反射消失、有时瘫痪、抽搐、甚至在撞击之初即死亡	脑软膜上和硬脑膜、蛛网膜下可见出血和血肿		

（续）

病名	病原	流行特征	主要临床症状	主要病理变化	实验室诊断	防治
癫痫		个别发生	突发不安、倒地抽搐、口角痉挛、口吐白沫，几十秒或十几分钟后起立，逐渐恢复常态，过一段时日再次复发	无眼视病变		
有机磷农药中毒		吃了有机磷农药喷洒的饲草引起	食后1~3小时发病，恶心、呕吐、流涎、口吐白沫，空嚼，初兴奋不安后沉郁，颈、臀部肌肉震颤明显，瞳孔缩小、步态眼跛。有的转圈，喜卧，重时四肢划动昏迷	肝无血，有局灶性坏死，胆汁瘀积，肾瘀血水肿，脑充血水肿，气管、支气管充满泡沫液体，胸膜有点状出血，心肌断裂，心外膜下出血，胃肠黏膜脱落，胃内容物如有马拉硫磷、甲基对硫磷、肉吸磷等呈蒜臭味，有对硫磷呈韭菜味，有甲拌磷呈明椒味	血检测定毒物	不用农药污染饲料喂猪，解毒、对症疗法
肉毒梭菌毒素中毒	肉毒梭菌毒素	吃太多肉毒梭菌繁殖的肉类及饲料	吞咽困难、流涎、行动无力，随后困难，卧地，肢瘫痪、趴卧不起，有的腹泻黄绿或灰绿水样粪	咽喉、胃肠、肺充血有出血点，肺充血水肿，气管、支气管充满泡沫液。脑膜充血，肝黄褐色，肾暗紫色，实质黏膜有出血点。膀胱黏膜有出血点，全身淋巴结水肿，肌肉色变淡，松软	病料接种豚鼠或用胃内容物培养检菌	霉烂饲料不喂猪，对症疗法
灰灰菜中毒		吃太多灰灰菜引起中毒，黑猪少发	摇头、尖叫、蹦跳、耳、背，腹部皮肤红肿，经一周走路摇摆，呆立抵端，而后形成水疱、疱破流黄色稠黏液，而后成灰绿紫修块，色调暗黄	反射迟缓		灰灰菜应煮熟喂，喂量不宜过大

（续）

病名	病原	流行特征	主要临床症状	主要病理变化	实验室诊断	防治
维生素 B$_6$ 缺乏症			呈现周期性癫痫样惊厥		血检测定	补维生素 B$_6$
维生素 B$_1$ 缺乏症			重时呕吐、腹泻、行走摇晃、共济失调、跛行、甚至四肢麻痹、抽搐、阵发性经挛、胸腹下水肿		血检测定	补维生素 B$_1$

附录 4 主要表现排尿异常的类症鉴别简表

病名	病原	流行特征	主要临床症状	主要病理变化	实验室诊断	防治
猪钩端螺旋体病	致病性钩端螺旋体	各种年龄均易感，仔猪较多发	急性：40～41℃，厌食，腹泻，粪臭色如浓茶，皮肤、黏膜发黄，皮肤干燥坏死，有痒感。亚急性、慢性：初体温升高，眼结膜潮红浮肿，有的泛黄，全身和头部水肿（俗称"大头瘟"），一进猪舍即闻到腥臭味。母猪：无明显症状，妊娠4～5周感染后4～7天流产，死胎，流产率20%～70%，妊娠后期感染产弱仔，不会站和吮奶，1～2死亡	急性：全身黄疸、各组织器官广泛出血及坏死，皮肤皮下组织、肝、膀胱黄染、出血，胸腔、心包有黄罕浊液体。肝肿大、瘀血，有时可见梗死，胆囊充盈大、土黄色或棕色，肾肿大，肾瘀血、出血点，膀胱瘀血、水肿，表面出血点。肠积红尿或黄尿，肠系膜充血。肠系膜、下颌、腹股沟淋巴结肿大、灰白色。亚急性、慢性：全身各部组织水肿、肝、肾、心外膜出血。浆膜腔过量黄色液与纤维素、肝、脾、肾肿大	暗野镜检、检测抗体	可用抗生素治疗、实施预防接种、加强饲养管理
猪棒状杆菌感染	猪棒状杆菌	6月龄以上公猪包皮内即存在，易导致母猪感染	母猪停食，消瘦，阴户周围潮湿，尿中含血和脓或黏性分泌物	尿道、输尿管、膀胱有卡他性、纤维素性、出血性或坏死性炎症、肾盂有坏死。含有坏死液、髓质集体有黑片和变质血液，中心暗绿色。色或黄坏死，中心暗紫色。输尿管充满紫色尿	镜检细菌	抗生素和磺胺类药有效

（续）

病名	病原	流行特征	主要临床症状	主要病理变化	实验室诊断	防治
猪冠尾线虫病（肾虫病）	有齿冠尾线虫	猪圈尿湿处皮肤易感染，被污染的饲料、饮水经口感染	消瘦、贫血、尿黏稠浑浊，常有絮状物和脓液，尿检有虫卵。皮肤感染时有皮炎、丘疹，红色小结节。后肢无力、拖地爬行	肝有包囊、内有幼虫。肾盂有肿胀、输尿管增厚，有数量较多包囊、内有成虫，膀胱外围有包囊、内有成虫，腹水增多，肠系膜及肛门淋巴结瘀血。可见有成虫及肛门淋巴结瘀血	皮内变态反应、镜检沉淀物	加强饲养管理。圈内无积尿，用驱虫药治疗
猪巴贝斯虫病	猪巴贝斯虫	每年2～4月，7～9月流行，断奶至1岁猪多发，由蜱传播	40.2～42.7℃，咳嗽、腹式呼吸，粪初成球后腹泻，尿茶色，结膜黄染后苍白、腹下水肿大，腹下水肿，关节肿大、有的转圈，空拳	皮肤皮下苍白黄染、淋巴结肿大，切面多汁，有出血点。肺水肿，气肿，多气泡，心冠脂肪胶样、肝、脾肿大，有出血点。全身肌肉出血，肩、背、腿部出血严重，胃肠黏膜脱落、出血	采血镜检虫体	注意灭蜱，用贝尼尔治疗
假多包叶中毒		四川、陕西、湖北、湖南、贵州等省有发生，多见于7～9月	体温正常或稍高，尿淡茶色，粪呈小圆球、结膜苍白、黄染，四肢集于腹下趴卧	血稀深红、凝固尚好、皮下脂肪淡黄或米黄色。红色或紫红色，有散在出血点。肾曲小管上皮肿胀、坏死、间质充血，出血。肝浑浊、脂肪变性，胃底部及小肠黏膜暗红色。膀胱内积尿呈浓茶色	血检、胆红质定性试验、尿检	不用假多包叶喂猪。无特效药物治疗

病名	病原	流行特征	主要临床症状	主要病理变化	实验室诊断	防治
菜籽饼中毒		长期或大量喂可引起中毒	体温有的无变化，有的39.5~40.1℃，个别呕吐、口流白沫，腹痛、腹泻，粪中带血，鼻流粉红色泡沫、口膜苍白黄染，尿频、尿血，排尿痛苦。仔猪初尿红后白浊	胃黏膜充血，有坏死脱落、出血。肠黏膜有溃疡，有的大肠、盲肠有溃疡、肾肿大，有的大肠，暗红色或黄褐色，浅黄或灰白色，可视黏膜黄染，充血，有瘀血或出血点。淋巴结肿大、充血、水肿，气积有血尿，肺有气肿、水肿，气管有血性泡沫		喂前对菜籽饼进行去毒，对症疗法
棉籽饼中毒		未去毒棉籽饼占日粮10%即中毒，幼猪最易发生	体温一般正常，有的41℃，后肢软弱，走路摇晃、呼吸迫促，咳嗽，粪先干后腹泻带血，尿黄稠或黄红色，胸下水肿，鼻、耳根皮肤紫红，有的腹下潮红有淤血有移块。惊厥、惊恐。孕猪发生流产水	胃肠有出血性炎、肠壁有溃疡，肝肿大，充血、出血。喉有出血点，气管充满泡沫样液体、肺气肿，水肿，充血。心内外膜有出血点、心肌软肿胀。肾脂肪变性，有出血点，膀胱炎症严重，常充满尿液，有结石。胰肿大		棉籽饼去毒后喂，勿超量，对症疗法
狗尿豆中毒	种子、茎叶均能引起，中毒食后2~10天发病		急性：呕吐、腹痛、腹泻、粪带血、兴奋不安、倒地空窜、口吐白沫，几小时即死亡。亚急性、慢性：站立不稳，共济失调，几天不排粪，粪腥臭或腐尸臭，尿红色，呼吸浅迫，母猪呼吸如拉风箱，皮肤发紫酱样延块。结膜苍白，皮肤发紫酱色。体温36~39℃，后期升高，有的倒地抽搐	胃底充血，有脓样粘液附着，肠粘膜弥漫性出血、盲肠肥大，紫褐有类似猪瘟溃疡，肝肿大、紫褐色，质脆、胆囊粘膜出血，肺有出血点、心冠、肉膜出血，肾苍白，有出血点，膀胱有出血，皮下脂肪黄色，全身淋巴结肿大出血，肠系膜淋巴结紫色		不用狗尿豆及其茎叶喂猪，对症治疗

（续）

病名	病原	流行特征	主要临床症状	主要病理变化	实验室诊断	防治
蓖麻中毒		未经加热去毒食后15分钟至3小时发病	40.5~41.5℃、呕吐、腹痛、腹泻、粪带血或尿色恶臭、血红蛋白尿或尿闭黄料、卧地不起、站立肌肉颤抖、走路蹒跚、头抵墙、重时四肢痉挛、角弓反张、鸣叫、昏睡、皮肤发绀	皮下瘀血、胸腹膜有出血点、胸腹水黄红色、心内外膜有出血点、肺膨大、黑紫色、脾紫色、脾黑紫色、萎缩、胆汁深绿色、胆囊有小出血点、肾蓝色、肾紫色、膀胱黑青紫色、胃壁紫色、膀胱黑褐色、黏膜脱落、肠褐色或呈紫红色、黏膜脱落、盲结肠充满红色、黏液血块。回肠肥大4~5倍、肝门肠系膜淋巴结出血、胃、脑软硬膜有出血点、脑脊液黄红色	胃内容加磷钼酸煮变绿色、再加氯化铵转蓝色、再加热变无色	不在有蓖麻处放牧、对症疗法
铜中毒		饲料含铜超量大多，或误食过量含铜药品或化学制剂	急性：40~41℃、呕吐、腹痛、腹泻、腹色、吐物和粪呈绿或蓝色。慢性：40~41℃、尿红漆样而带黑色、血红蛋白尿、走路蹒跚、鼻抵地、昏睡、皮肤发绀、丘疹、发痒。常21~48小时死亡。呼吸迫促、黄疸、也有	急性有胃肠炎、肾肿大暗棕色、肝肿大2倍、胆汁浓稠、扩张、色或黑色、胃充血出血、呈蓝紫色。慢性全身黄疸、有出血点、黄染质脆、胆囊肺肿大呈棕色、有的肠系膜淋巴结出血	用呕吐物加氢水由绿变蓝	不喂受污染和含铜超量的饲料

附录 5　主要表现繁殖障碍的类症鉴别简表

病名	病原	流行特征	主要临床症状	主要病理变化	实验室诊断	防治
猪繁殖和呼吸综合征（蓝耳病）	猪繁殖和呼吸综合征病毒	怀孕母猪和1月龄仔猪最易感，仔猪病死率80%	母猪：体温41℃以上，结膜炎，眼睑水肿，咳嗽，气喘，部分后躯无力，不能站立或共济失调，流产率30%以上。早产，产死胎、木乃伊胎，弱仔。1月龄仔猪：体温40℃以上，呼吸困难，共济失调，腹泻，消瘦，眼睑水肿，部分耳、体表皮肤发紫，断奶前病死率80%～100%。咳嗽，少许双耳背面边缘、腹部、尾根皮肤深紫色。公猪：呼吸加快，精子质量下降	肺肿胀，呈大理石状，多见干间叶，心叶。脾边缘有梗死灶，呈土黄色，表面有针尖、粟粒大出血点。心质软，肉膜出血，肝肿大，个别有坏死灶。气管、支气管充满泡沫，胸腔积水较多，胃有出血斑，仔猪：皮下水肿，心包积液，体表淋巴结有时肺呈灰褐色，尖叶、心叶、后叶病变无差异。死亡猪：皮肤棕色，腹腔积液，有的皮下水肿，肿大，心包积液	分离病毒，检测抗体	无法治疗，可用疫苗预防
伪狂犬病	伪狂犬病毒	一年四季发生，以冬、春和产仔旺季多发	母猪：厌食，便秘，震颤，惊厥，结膜炎，失明，多呈一过性临床症状，很少死亡。有的母猪分娩提前或延迟，流产率30%，产死胎，木乃伊胎，弱胎。仔猪从初生至4月龄均感染发病，年龄越大症状越轻，有腹泻和神经症状，体温41～41.5℃	流产母猪：胎盘出现凝固性坏死，滋养层细胞变性。流产胎儿的肝、脾、肾上腺、脏器坏死，淋巴结出现凝固性坏死	分离病毒，接种家兔，检测抗体	无法治疗，有疫苗可用

（续）

病名	病原	流行特征	主要临床症状	主要病理变化	实验室诊断	防治
猪细小病毒病	猪细小病毒	各种年龄均易感染，初产母猪多得	病猪呈亚临床症状，母猪发情不正常，久配不孕，孕猪产仔少或产大部分产弱仔，死胎，木乃伊胎，后躯不灵活或瘫痪。妊娠50~60天感染时，多出现死胎，妊娠70天感染后常出现流产，但弱仔出生30分钟即出现颈、胸、腹下、四肢上端肉侧瘀血、出血	妊娠1~70天感染：死胎、木乃伊胎骨质溶解、腐败黑化。子宫轻度炎症。胎盘部分钙化。胎儿在子宫有溶解吸收现象。大多死胎、弱仔皮肤皮下充血、水肿，胸腔有淡红或淡黄色渗出液、肝、脾、肾等肿大。脆弱或萎缩发暗	分离病毒、检测抗体	无法治疗、疫苗预防
猪流行性乙型脑炎	猪流行性乙型脑炎病毒	各种年龄猪均易感，7~9月流行，蚊传播，感染率100%，发病率20%~30%，病死率低	40~41℃，委顿、嗜睡、步态不稳，个别乱冲乱撞，后肢关节肿大、跛行。流产，产后食欲、体温恢复正常。少数从阴道流红褐或褐色液体，流产胎儿小至拳指大，大如正常胎儿，胎儿头大，皮肤、脐带暗褐色。公猪：发热、睾丸肿大，多为一侧性。有热痛	脑膜充血、出血、水肿，实质软化、切面有小出血点、肝、肾浊肿、肺充血、水肿、心内外膜出血。母猪子宫内膜充血、水肿、肌肉褐色如水煮过。腹水增多、胎儿头大、肾、肝肿大、有脑内积液多。公猪睾丸肿大、出血、有坏死黄色坏死灶。慢性者睾丸缩小、睾丸与阴囊粘连	分离病毒、接种小鼠、测定抗体	无法治疗，常用疫苗预防
猪布鲁氏菌病	布鲁氏菌	通过皮肤、黏膜、交配感染，母猪感染，通常只发生一次流产	母猪流产多在妊娠后第4~12周，有的在第2~3周，早期流产的胎儿流产衣被猪吃掉。流产前阴户流黏性红色分泌物。公猪睾丸、附睾局部有热痛、疼痛。母猪流产后肢常发生关节炎、跛行	母猪子宫充血、出血、有浆性分泌物，并有粟粒大、淡黄色小结节。切开有脓或干酪样物。流产的死胎皮肤浆膜上有絮状纤维素附着胸腹腔有少量混有红色絮状物。胃肠有黄或灰白色黏液。混有絮状物、胃内有小出血点。公猪睾丸、附睾肿大、切开有坏死灶、黏膜上有小出血、鞘膜充满浆性纤维素关节腔有浆液和纤维素	镜检、分离细菌、检测抗体	无治疗价值，淘汰病猪，疫苗预防

（续）

病名	病原	流行特征	主要临床症状	主要病理变化	实验室诊断	防治
猪衣原体病	鹦鹉热衣原体	各种年龄猪均感染、孕猪和初生仔猪更敏感	母猪一般产前无表现，也有在妊娠100～104天发生。产死胎、木乃伊胎，活仔体弱、吮奶无力，生后1～2天死亡。公猪睾丸炎、附睾炎、尿道炎。仔猪体温升高，咳嗽、气喘、腹泻、关节炎、跛行	流产型：子宫黏膜水肿，并有1～1.5厘米坏死，流产胎儿头、胸、肩胛下有点状出血，心、肺浆膜下有水肿，肺卡他性炎。公猪睾丸变硬、腹股沟淋巴结肿大1～1.5倍，输精管坏死，尿道上皮脱落。关节炎型：关节肿，周围充血，关节腔内充满纤维素。腔内有出血。肺炎型：肺水肿、混合灰黄色液。支气管表面有出血点、斑。肺门周围有小黑红色点、心叶、尖叶呈黄色，坚硬。肠炎型：有大量渗出液，纵隔淋巴结水肿。多见于流产胎儿、小肠、结肠黏膜，新生仔回肠出血性炎。浆膜有白色浆液性纤维素覆盖。肠系膜淋巴结肿大。脾有出血点。肝表面有灰白色斑点	病料接种小鼠、涂片镜检、血凝试验	可用抗生素治疗，也可用灭活疫苗预防
脑心肌炎	脑心肌炎病毒	鼠为传染源，经饲料传播	体温升高，繁殖障碍，流产、产死胎、木乃伊胎，新生仔猪和断奶仔猪死亡率升高	感染胚胎胎大小不一，可能有出血、水肿或外形正常，可见到心肌、心肌病变（心肌纤维变性、坏死性心肌矿物化）	接种小鼠	无药物治疗，无疫苗预防

（续）

病名	病原	流行特征	主要临床症状	主要病理变化	实验室诊断	防治
猪肠病毒感染（母猪繁殖障碍）	猪肠病毒繁殖	不同年龄猪均易感，幼龄猪易感性较强	母猪不孕、产死胎、木乃伊胎，孕前感染胚胎死亡被吸收、产仔少，孕中期感染死胎畸形，存活仔虚弱，常在出生后几天内死亡	无肉眼可见病变	分离病毒、检测抗体	后备母猪配种前一个月接触污染粪便，获得免疫力
子宫内膜炎		多发于产后几天或流产后	急性：40℃左右、不吃、阴户常流污红、腥臭分泌物。有时有胎衣碎片。慢性：急性转来、阴门户流灰白、黄色、暗灰色液体，并污染阴户周围及尾根、卧时流出较多、逐渐消瘦			
维生素A缺乏症		饲料缺乏维生素A原	皮肤粗糙、皮屑增多、咳嗽、步态蹒跚、下痢重时头颈歪斜、共济失调、不久倒地尖叫，抽搐、四肢倒游泳动作。孕猪：常出现流产、产死胎、弱胎、畸形胎、眼一大一小、独眼、兔唇、隐睾	大脑穹隆和椎骨变小		
维生素B₂缺乏症		多因饲料单一致维生素B₂缺乏	经常呕吐、腹泻、皮肤变薄、出现红斑、丘疹、发炎、有大量脂性渗出物、惊厥、运动失调、昏睡、死亡。孕猪：早产、产死胎、胎儿无毛、有的畸形、不久死亡			

（续）

病名	病原	流行特征	主要临床症状	主要病理变化	实验室诊断	防治
维生素B₃缺乏症			后肢踏步动作或正步走、高抬腿、鹅步、眼、鼻周围斑块状脱毛、重者发生溃疡、惊厥、腹泻、鼻炎、肺炎。母猪：胎儿被吸收、胎儿畸形、不育			
维生素B₁₂缺乏症			生长停滞、后腿软弱、运动失调、皮肤粗糙、背部湿疹样皮炎、幼猪偶有呕吐、腹泻。孕猪易发生流产、死胎、胎儿发育不全、畸形、产仔数少、仔猪活动弱、不久死亡	胸腺、脾、肾上腺萎缩、肝和舌常呈现肉芽肿组织		
钩端螺旋体病			母猪无明显症状，妊娠4~5周猪感染后4~7天流产、死胎、流产率20%~70%。孕后期感染，产弱仔，不会站和吃奶，1~2天死亡		暗视野镜检、检测抗体	可用抗生素治疗、实施预防接种、加强饲养管理
猪弓形虫病	猪弓形虫		母猪高热、昏睡、持续数天后流产或产出死胎或畸形胎、即使产出活仔，也急性死亡或发育不全、不吃奶		涂片镜检、测定抗体	磺胺类药有良好效果
铜缺乏症		饲料中铜缺乏或铜过多，铁、镉、锌、钼多	仔猪贫血、腹泻、毛色由深变浅、易脱水、四肢发育不良、关节弯曲、僵、共济失调、跛行、易摔倒、有异嗜、嗜泥土、母猪发生性异常、不孕、孕猪流产	血稀薄、心肌色变浓变软、心扩张、心包积液、肾、肝、脾呈土黄色		

（续）

病名	病原	流行特征	主要临床症状	主要病理变化	实验室诊断	防治
锌缺乏症		饲料中锌缺乏或出现磷、钙、铁、镁、维生素D过多	皮肤先出现小红点，2~3天后溃破、出血结痂、轻度瘙痒。患部皮肤粗糙网状干裂、蹄壳横向或纵向裂纹。母猪发情延迟（有的产后150天不发情）、屡配不孕、孕猪流产、产死胎、畸形胎、木乃伊胎			

附录 6　主要表现有水疱的疫病类症鉴别简表

病名	病原	流行特征	主要临床症状	主要病理变化	实验室诊断	防治
猪口蹄疫	口蹄疫病毒	任何年龄猪均易感，每2～3年一次周期性流行，发病率高，死亡率低	蹄冠皮肤发白、出现水疱，扩至蹄踵、球节及蹄叉，严重时蹄壳脱落。口腔、舌面、上腭、鼻镜部水疱，破裂成溃疡。40～41℃	咽喉、气管、支气管、胃黏膜有坏死和溃疡病灶。肠黏膜有弥漫性出血性炎。仔猪心包膜出血点、肺充血，出血点。心肌变性：有灰白色或淡黄色斑点或条纹（即虎斑心）	病毒分离、琼脂扩散试验、补体结合反应、乳鼠接种	对症治疗，加强护理，可用灭活苗预防
猪水疱病	猪水疱病病毒	各种年龄猪均易感，发病率较高	蹄冠、蹄踵出现水疱、跛行，重时蹄壳脱落。口、唇缘、齿眼、乳头水疱，故临床所见多为水疱破裂后的溃疡面。鼻盂5％～10％有水疱。也有兴奋不安、以头触地转圈。随后轻瘫麻痹。40～41℃	心内膜细胞浸润变性。肾盂、膀胱常出现水疱。脑脊髓质软化、脑膜出血，小血管有"套管"	病毒分离、琼脂扩散试验、补体结合反应、接种乳鼠	对症治疗，加强护理，弱毒疫苗免疫
猪水疱性口炎	猪水疱口炎病毒	随着年龄增长，易感性会递减，发病率35％～95％	40～41℃，鼻、唇、口腔、舌先出现水疱，不久破溃形成痂皮，蹄部水疱多发于蹄叉，蹄冠少见，蹄破溃致跛行，扩大面积时蹄壳脱落	内脏无明显肉眼病变	接种乳鼠、检测抗体	对症疗法，也可用灭活苗预防

（续）

病名	病原	流行特征	主要临床症状	主要病理变化	实验室诊断	防治
猪水疱性疹	猪水疱性疹病毒	各种年龄猪均易感，发病率10%~100%	40~40.5℃，舌、乳房、鼻、唇、齿龈、趾同出现水疱，2天后疱疹成溃疡，形成痂皮，流涎、跛行，重时蹄壳脱落	局部淋巴结充血和水肿	补体结合反应、接种乳鼠	用康复猪血清治疗，也可用灭活苗预防
猪痘	猪痘病毒	各种年龄猪均易感，仔猪最易感	41℃以上，鼻吻、眼睑、腹部、四肢及口鼻黏膜痘疹。身表皮及乳房痘疹的丘疹半球形，表面平整、中央凹陷，后结成暗棕色痂块，痂脱落后留下白色瘢痕	咽、口、气管、胃可见痘疹	病毒分离鉴定	对症治疗，无疫苗可用
渗出性皮炎	葡萄球菌	吮乳仔猪多见，散发与外伤、卫生条件有关	体温正常、体表黏湿及皮脂渗出，有水疱及溃疡，污油皮痂，气味难闻	同生前所见	涂片镜检、分离细菌	外科处理、抗生素治疗、自家疫苗接种

附录 7 一些体温高、使用抗生素无效的疫病类症鉴别简表

病名	病原	流行特征	主要临床症状	主要病理变化	实验室诊断	防治
猪瘟	猪瘟病毒	任何年龄猪均可感染	急性型 41~42℃。温和型 40.5~41.5℃。中枢神经受损时，走路踉跄、怕冷挤堆，后肢踉跄、拱背、磨牙，偶有抽搐、运动失常、高热稽留、喜食即来近槽拱食，却不吃又回去卧睡。公猪尿鞘挤捏有黄尿呈白色恶臭分泌物，腹下、四肢、会阴、耳部皮肤有瘀点状出血	下颌、腹股沟、喉、会厌软骨、肠系膜淋巴结红黑色、心有出血点、脾边缘有硬死灶。肺有梗死、出血、胃底部充血、出血。小肠、大肠瘀血和弥漫性出血、盲肠、结肠有坏死、溃疡，呈纽扣状	分离病毒，测定抗体，接种家兔	无法治疗，主要依靠疫苗预防和紧急接种
附红细胞体病	附红细胞体	多发于7~9月，气温20℃以上，湿度70%左右。1月龄左右病死率高，常呈地方性流行	40~42℃。仔猪喜挤堆，呼吸困难，有时咳嗽，少数流鼻液，可视黏膜苍白、黄疸。病初粪球边缘呈暗红色，后下痢，尿黄。四肢末端边缘呈肥红点，尤其耳郭边缘红点、毛孔处有针尖大红点。黄疸、黏膜苍白、乳房、外阴水肿，早产、流产、产弱仔。针刺耳静脉滴血5~6滴于掌心、手掌侧立、血向下润，掌心残留血量少、色淡血稀	全身皮肤、黏膜黄染、肌肉色淡、血液水样、淋巴结肿大、切面反翻、胸腹腔潮红黄染。心包积液、肝肿质脆、脾肿大、胆囊肿大、苍白或土黄色样、肾肿大、包膜下有出血斑、膀胱少量出血。肺肿胀、瘀血、水肿、心外膜、心冠脂肪防出黄染、心肌柔软、软脑膜充血、实质有针尖出血点、脑室积液	镜检、动物试验、血清试验	磺胺类药、四环素、贝尼尔治疗

（续）

病名	病原	流行特征	主要临床症状	主要病理变化	实验室诊断	防治
弓形虫病	弓形虫	各种年龄猪一年四季均可发病，5～10月多发	41～42℃，初粪干、后泻，尿稀黄色，后腹下泻，腹式呼吸，流鼻液、外附黏液、耳、鼻、股内侧有紫红斑或同有小出血点，有的耳郭结痂或坏死	淋巴结肿胀，有灰白坏死灶，下颌，肺门，肝门淋巴结肿大2～3倍，肝黄褐色，表面有栗、绿豆、黄豆大灰白或黄褐坏死灶，肾尖出血点和坏死灶，胃有出血点瘀斑，片状或带状溃疡，肠黏膜肥厚，潮红、糜烂和溃疡，结肠有散在小指大中心凹陷的溃疡，脑软膜充血，脑回变平，胸腔有黄色透明液，肺浅红或橙色，膨胀有小出血点	测定抗体	磺胺类药有良好效果
仔猪应激综合症		以转圈、并圈2～3天发生最多	突然倒地、四肢划动、尖叫，全身肌肉震颤，呼吸迫促，结膜发绀，眼球上翻，20～60分钟后静止。静止时还空空嚼。体温40～41℃	肺充血、瘀血、心肌软，色淡，胃充盈，小肠黏膜充血，脑膜轻度充血	涂片镜检，测定抗体	断奶仔猪转栏不要捆挤，前一天注射维生素E-硒
中暑		夏季气温高、湿度大，猪圈通风不良时易发	呼吸迫促，走路不稳，眼发绀，常出现呕吐，昏迷，卧地不起。体温41～43℃	脑，脑膜充血出血，肺充血，水肿，心包，肠系膜有浆液性浸润和瘀血，广泛性水肿，胸膜，胸膜瘀血		防止日光直射，加强猪舍通风，气温高时降温
霉饲料中毒		当阴雨天多，空气湿度大时饲料易发霉	食欲渐减，排干粪，逐渐不愿走动。体温40℃以上	胃张漫性炎，黏膜脱落，整个小肠充血潮红，结肠充满粪便，肺充血，有小点出血，肝略显棕黄色		勿喂霉饲料

（续）

病名	病原	流行特征	主要临床症状	主要病理变化	实验室诊断	防治
恶性高热综合征		运输、应激	42~43℃、肌肉颤抖、尾料、后肢痉挛收缩、呼吸迫促、皮肤发绀	肌肉呈粉红色、灰白色、肌肉渗出水分多		防止过度运动、配种
蓖麻中毒	吃了蓖麻种子、茎叶		口吐白沫、呕吐、腹痛、泻、带白或黑色恶臭、排血尿、蛋白尿、走路摇晃、卧地不愿起、重时四肢痉挛、嘶叫、尿闭、昏睡。体温40.5~41.5℃	肺、肝、脾黑紫色、肾蓝紫色、膀胱青紫色、胃黑褐色、肠褐色或紫红色、回肠肿大4~5倍、心内外膜有出血点、脑液黄红色	胃内容物加磷钼酸加绿色、冷后加深、氯化铵呈蓝色、再加热变无色	不在种蓖麻处放牧、抗蓖麻毒素免疫血清、对症疗法
焦虫病	焦虫	由蜱传播	40.2~42.7℃、眼结膜苍白、黄染、喘息、腹式呼吸、同有咳嗽、腹下水肿、昏睡、有的转圈、步态踉跄		血液涂片、镜检	防蜱、用贝尼尔等治疗
母猪毛滴虫病	毛滴虫	交配感染	41℃、阴户红肿、有絮状物、流灰白液、恶臭、阴道黏膜粗糙、有的45天流产、公猪包皮肿胀、有脓性分泌物、阴茎有红色小结节		镜检虫体、接种孕兔	定期检查公猪、最好人工授精、口服甲硝唑、稀碘液涂阴道
感光过敏		吃了荞麦或某些药物引起发病	40~40.5℃、皮肤发生红斑、痉挛、流泪、流涎、呼吸困难、共济失调、颤抖、痉挛、白天重夜间轻	全身黄染、胃肠炎症、肝变性、坏死		不用荞麦等致敏饲料、对症疗法

（续）

病名	病原	流行特征	主要临床症状	主要病理变化	实验室诊断	防治
猪繁殖和呼吸障碍综合征	猪繁殖和呼吸障碍综合征病毒	直接接触传染，孕猪和1月龄仔猪最易发	41℃以上，咳嗽，结膜炎，眼睑水肿，部分后肢无力，不能站立，共济失调。早产，流产。仔猪呼吸困难，共济失调，部分失调，腹泻，眼睑水肿，咳嗽，育肥猪呼吸快，咳嗽，少数耳背面，腹部，尾部皮肤发紫，皮肤深紫色	肺肿胀呈大理石状，多见于同叶和心叶，脾边缘有梗死灶，肾土黄色，皮下、肝、扁桃体、心、部分点，膀胱、肠可见出血点斑，部分可见胃肠有出血，溃疡，坏死	分离病毒，检测抗体	无法治疗，可用疫苗预防
伪狂犬病	伪狂犬病毒	冬，春，秋季多发，产仔旺季多发	40～41.5℃。仔猪：呕吐，腹泻，站立不稳，角弓反张。后肢麻痹，症状减轻。随着年龄增长，惊厥，失明，分娩提前或延迟，有的产死胎，木乃伊胎或流产（发生率30%）弱仔。母猪：震颤	咽喉，勺状软骨，会厌软骨有浆液浸润，并覆有纤维素坏死假膜，上呼吸道有泡沫，喉，胃有出血，小肠黏膜充血，肾，大肠有块状出血，淋巴结特别是下颌，肠系膜淋巴结无充血肿大，同有出血点，脑膜水肿，实质有出血点，心包积液，面有纤维素渗出，肝表胸有积液，脑脊液均明显增多	分离病毒，接种家兔，检测抗体	无法治疗，有疫苗可用
脑心肌炎病	脑心肌炎病毒	仔猪易感性强，发病率1%～50%，病死率100%。成年猪多呈隐性感染	41～42℃，震颤，麻痹，呕吐，下痢，呼吸迫促，吃食或兴奋时突然死亡。母猪流产，产死胎，木乃伊胎	仔猪胃黏膜充血，肝，肾，脾萎缩，肺，胃大弯水肿，胸膜积水黄红色，膀胱充血。心肌胀漫性灰白色病灶，钙化或机化，无化脓现象，心肌柔软	接种小鼠	无药可治疗，无疫苗可用

　　董彝，字正范，1920 年 10 月出生于江苏溧阳市上兴镇一个贫民家庭，父金庚系文盲，母王秀琳粗识文字。父母有远见，力主让我上学读书。1937 年抗日战争期间全家逃难至长沙，我投考陆军兽医学校（现吉林大学农学部畜牧兽医学院）。在校刻苦学习，尤其注意贾清汉老师在临床诊断时的排除法（即类症鉴别），终身受益。1940 年毕业后曾在军队任兽医。1950 年 7 月考入华东农林干部训练班学习，既提高政治觉悟，又增长了牛、猪疫病防治知识。1952 年 2 月被分配至皖北行署农林处家畜防疫队工作，8 月调阜阳地区组建家畜防疫站。适太和县发生牛病，奉命前往调查疫情，并见到病牛，体温 41℃左右，腿部多肉处肿胀，按压有捻发音，牛显跛行，发病 24 小时死亡。初步诊断是牛气肿疽，即电告皖北行署农林处和华东区农林部畜产处。华东农业科学院吴纪棠研究员前来调查。在其未来之前，奉命在双浮区政府院内设点对病牛（包括一般普通病）抢救治疗，当时治疗牛气肿疽，除抗气肿疽血清外，没有其他可用之药，而血清必须从苏联进口，不得已只能用青霉素试治，只要在发病 12 小时内抢救及时，每 6 小时肌内注射 40 万国际单位，最多三天即可痊愈，如超过 12 小时抢救，疗效差。吴纪棠研究员认为根据临床症状可以确诊为气肿疽，并认为我所采用的治疗方法国内外尚无报道，建议我写篇论文送交《畜牧与兽医》发表，以供其他地区参考（吴纪棠研究员携带病料回华东农业科学院经过检验，确认为气肿疽）。1951 年我写了《盘尼西林对牛气肿疽（黑腿病）疗效的报告》，刊于《畜牧与兽医》（1952 年 3 卷 4 期）。在抢救过程中，发现患气肿疽牛死亡后（要深埋），畜主一家悲痛万分，因为当时一头牛约值 50 万元（旧币），一亩地仅能收小麦 60 千克（约值 12 元），一头牛就是半个家业。我深深感到为牲畜治病，不仅仅是简单地使病畜恢复健康，能否治好病畜还关系着畜主一家的经济命运

（当时医疗费全免），因此，深感肩负的责任很重，不仅无论晴天下雨、白天黑夜随请随到，而且在诊疗中竭尽全力，尽量治好每一头家畜，以减少农民的损失，方觉得心安。

1952 年 10 月中央在开封召开气肿疽防治座谈会，我有幸被邀请参加。会上，虽然苏联专家彭达林科推崇抗气肿疽血清，对青霉素疗效不予置信，但农业部畜牧兽医总局程绍迥局长确认青霉素疗效，并予以推广，建议我开展用青霉素静脉注射治疗发病超过 12 小时病牛的研究，我承诺回去试试，可惜回来奔走于各县，无暇进行研究，引以为憾。

1952 年底被评为一级技术员。

1953 年在党和政府领导下，阜阳地区开展气肿疽防疫运动，总结防疫经验，将各县防疫队由逐区注射改为分区包干，大大提高防疫效率和防疫密度，同时也增加了兽医日平均报酬，节省了防疫经费。年气肿疽菌苗未能按计划及时供应，只能根据疫苗供应时间分春、夏、秋三次注射，防疫密度达 100%。其中对疫区防疫，我采取了如下措施，防疫效果显著：从疫点外围几千米的村庄开始，逐步向疫点进行，并把在疫点工作的兽医分为三组，一组注射，一组随后注意观察，见有反应立即测温并报告第三组，第三组进行抢救治疗，如此半个月后即不再发病。经这次防疫运动，1954 年阜阳地区未再发生气肿疽。

1954 年机构改革，将区级事业单位阜阳地区畜牧兽医所、阜阳地区植棉指导所、阜阳地区蚕桑指导所、阜阳地区病虫防治站、阜阳地区新式农具推广站、阜阳地区种子站撤销，合在一起组建为阜阳专署农业技术推广所，原机构均改为组，阜阳专署农业技术推广所所长由农业局长兼任，我被任命为畜牧兽医组组长。

担任组长期间，为了促进本地区的畜牧业发展，尽力摸清本地区不同县乡的畜牧业基本情况和造成差异的原因，根据不同季节需要，改善饲养管理。如做好冬季保暖，必须在秋末做调查和准备；要储备青草，必须在夏季开始，这时青草割后能再生，营养成分也较丰富。更需了解不同县乡各种畜禽繁殖及疫病防治情况等，并且要求各县分好、中、差三个不同类型的乡进行调查，并将调查总结上报，再针对存在问题提出合理化建议供上级部门参考，以促进畜牧业生产和减少疫病发生。

1959 年调阜阳地区种畜场，除负责种猪场、种羊场、种马场、种鸡场的饲养管理，制定规章制度及畜禽疫病防治外，还在场办畜牧兽医学校授课和编制规划等。根据阜阳行署要求，由我设计机械化养猪场并负责施工。另外，还曾设计万头猪场建设图参加安徽省的评选。

1961 年 11 月调回阜阳地区农业局，除办公室工作外，常赴各县会诊畜病。1962 年农业局建立畜牧兽医站兽医门诊部，调拨 5 人，我是其中之一。兽医门诊部开业不到 2 月，有 2 头前胃弛缓严重的病牛前来诊治，我在用药处方中列酒石酸锑钾 5 克，当夜有一头牛死亡，有一个人想借此做文章，说这头牛的死亡原因是酒石酸锑钾超量中毒。我说牛的酒石酸锑钾用量，苏联药理界推荐为 2～4 克，我国药理界推荐为 4～8 克，5 克不足以致死。（后来有一位同志对一头前胃弛缓病牛一次用量 10 克，一日 2 次，连用 3 天，未致死。）一位同志说"老董现在已'趴在地下'了（指 1958 年我因肃反冤案被判开除留用察看），还踩他一脚干啥?"说明我处在劣势环境中。但我没有知难而退，决心在临床上探索如何区分前胃弛缓的轻重，开展了瘤胃蠕动研究。以听诊 5 分钟为一次，记录瘤胃蠕动时间，发现健康牛的瘤胃蠕动时间可连续 300 秒，且听诊近处蠕动音强，远处蠕动音弱。在 640 例病牛中，瘤胃蠕动音时断时续，持续时间有长有短，有的音强，有的音弱，有的蠕动音一次可持续 20～30 秒，有的仅有 1～2 秒。累计 5 分钟内蠕动音持续时间，发现蠕动音稍强，累计持续 100 秒以上的，病较轻；蠕动音弱，累计持续 100 秒以下，病较重；如 5 分钟内累计持续不足几十秒或十几秒，甚至听不到蠕动音，则病情更重。在为安徽农学院（现安徽农业大学）实习同学介绍此体会后，他们认为这是书上没有的，建议我发表这一成果，于是写了《牛瘤胃听诊几点体会》刊于《中国兽医杂志》（1966 年 3 月）。

1962 年为姚庄 1 头出现一侧鼻孔不通气、流脓性鼻液症状的牛行副鼻窦圆锯术，排除干酪样脓而治愈。口孜区有一马两鼻孔流脓样鼻液，呼吸如拉风箱，队委要我看一下，不能治即卖给屠户（价值 60 元），施圆锯术后呼吸正常（价值 4 000 元）。牛鼻息肉，亦用圆锯术从额窦黏膜切除息肉根并烧烙而治愈。颍上县农场一匹马后上臼齿脱落，部分所吃青草通过上颌窦进入额窦，施圆锯术清除额窦、上颌窦青草，并邀请当地李常山牙医合作制作了一个不锈钢丝架的义齿，将牙上方预留的钢丝系于上颌骨所钻骨孔上，马吃草不再进入额窦。凤台县阚町区送诊一头骡驹，被枯桃树枝穿透下颌，致下颌骨连接裂开，切齿隔开 1 厘米，对该驹缝合口腔皮肤穿孔，用弓弦扎紧切齿，每天导管灌服牛奶而愈。

1963 年一头母牛难产，胎儿两后蹄已露于阴户外，胎儿太大，无法拉出，而且羊水已流尽，不仅无法扭转胎姿，截胎也无法实施，唯一的办法是剖腹产。我撰写了一个剖腹取胎手术方案，从切腹、取胎至皮肤缝合共费 130 分钟，这是安徽省兽医临床第一例剖腹产。

1963 年前湖生产队畜舍失火，有 5 匹马烧伤，其中 1 匹烧伤面积 64.2%，烧伤处渗出严重，除清创、用青霉素抗感染、补液、制止渗出外，用大黄末香油涂布获得预期效果。与丁怀兆合写《马烧伤治疗》刊于《中国兽医杂志》（1964 年 9 月）。

1963 年以后，发现有病牛初有腹痛，3 天后即不再痛，排白色胶冻样黏液，触诊右腹中部，听诊前下方有晃水音（十二指肠阻塞），右腹下方、前下方有晃水音（回肠阻塞）。当病牛右侧卧时，在右膝关节附近的腹部向下按压可触及拳头大硬块，半阻塞时还可排黄色稀粪（盲肠阻塞）、四周发生晃水音（结肠盘中心阻塞）、前下方有晃水音，触及腹腔有拳头大硬块（肠缠结），可选右腹适当位置切腹处理阻塞和缠结。这些手术在安徽省兽医临床都是第一次。

当时皱胃阻塞（扩张）是较罕见的病，治疗多采取切开皱胃、取净内容物等措施。

1968 年，有一病牛膀胱破裂，畜主不同意手术，于是开展了牛膀胱破裂手术路径研究。我在试验牛特别注意到做腹部切口根本不易将膀胱拉到皮肤切口来缝合，而采取肛门左侧切口直接伸手从骨盆腔取膀胱距离最近，易拉膀胱至皮肤切口缝合。1972 年一头公牛因龟头有创伤，地方兽医为其结扎敷料，因结扎过紧致尿闭而导致膀胱破裂，在解除绷带并用探针疏通尿道后施行手术，在肛门左侧切口，缝合膀胱裂口，牛很快康复。连做 6 例均成功。针对以上病例，我撰写了《牛膀胱破裂修补术研究推广》，刊于《阜阳科技》（1983 年 3 月）。

1968 年，发现马出现一种皮肤溃疡，表面肉芽组织松软，易被手指抠去一层，层底及四周皮肤内有绿豆大淡色或黄色颗粒，创面渗液，奇痒，硝酸银和烧烙处理无效，经思考，将四周有颗粒的皮肤切离后再将病变皮肤切除，并做外科处理而痊愈。针对此病例，我撰写了《马"恶性溃疡"的治疗》，刊于《安徽畜牧兽医》（1982 年 1 月）。

1968 年太和县一头牛鼻流分泌物，在下颌支后下方触诊有波动感，波动区域直径 3～4 厘米。而这个部位皮下是颈动脉、颈静脉分支形成交叉处，历来为手术禁区，在小心切透皮肤后用止血钳捅破皮下组织，止血钳一张开脓即流出，用高锰酸钾冲洗，冲洗液从鼻孔流出。不久，牛痊愈。1969 年在 104 干校劳动，应生产队要求诊治一头牛，呼吸有鼾声，在下颌后上方皮下有波动，直径 4～5 厘米，应要求手术施治。小辛庄老刘亲眼所见，他对人说："九里沟的牛发鼾，当地兽医还在耳下开一口说没脓，我也看着与好的一样，怎样也看不出有肿的地方，老董看看摸摸就说有一碗脓，一开刀果然淌出一碗脓，也不鼾了，真太神了。"

1968 年，有一匹马患肠卡他，曾在当地治疗 3 天仍腹泻，来阜阳地区兽医院治疗，用药不久即排干粪。畜主说："老董你真有本事，一用药就不拉稀了。"我说："这个病就是一会拉干一会拉稀，在我用的药尚未彻底发挥作用前下一泡粪可能拉稀。"果然不久又拉稀。畜主说："你看得真准。"不吹牛，实事求是，对人诚信，方可得到畜主信任。

1968 年近郊一生产队一头杂交牛偷吃黄豆 5～10 千克。如此大量黄豆若腐败发酵，所产的氨及抑制酶可致牛死亡，而洗胃效果不明显，必须切开瘤胃全部取出。结果取出两筐黄豆和碎豆瓣，并冲洗瘤胃，将从瘤胃取出洗净的草加拌食母生粉再送进瘤胃五盆草而后缝合，牛 3 天后即反刍。

1968 年，有一种猪病出现在农忙季节，因农户在农忙季节推迟晚上喂猪的时间。因天已黑，猪已睡觉。猪被唤醒喂食，贪食较多，膨大的胃紧贴腹壁。猪不运动，继续睡觉，遇到小雨淋或卧于湿地，或寒风吹，致胃内容物发酵。第二天体温 40～41℃，不吃食。因受凉而发病，故名"类感冒"。注射抗生素可降温并使猪吃少量食，但猪吃食后体温再次升高，又不吃食。曾有一头病猪如此反复 8 天，排粪球小而干，经服泻剂不到 2 小时呕吐 5 次。畜主可指出多次饲喂的食物。经研究，除用抗生素外，必须禁食 2 天。但猪可以喝水和面汤，待胃内容物排空后方可进食，疗效很好。这是书本上没有记载的病。

1968 年各县发生一种新病，马和驹吃了过多的红薯片或小麦后急剧腹泻，体温 40℃以上，随后脱水不排粪，24 小时死亡。阜阳地区兽医院收治 4 头不同病程的小驹，1 头仅 1 小时死亡，2 头几小时后死亡，1 头成活，疗效 25%。剖检肠内容物有气体，具酸味，肠炎症状严重，有出血，血液浓稠。1969 年有充分时间对该病进行分析研究，认识到一般为了抢救严重脱水的病畜必先补液，但即使大量补液也不见排尿，而已停止排粪的病畜又水泻，如更大量补液，则发生肺水肿。还认识到该病病因是病畜摄食大量发酸饲料，使肠道 pH 下降，破坏了肠道微生物生态平衡，加上细菌的刺激引起严重肠炎（并有出血），致肠道渗透压升高，机体水分向肠道大量渗透而致脱水，形成循环障碍，尤其是微循环障碍，使机体二氧化碳排除困难，加上从肠道吸收的酸，导致机体酸中毒和自体中毒。过去一般抢救治疗措施多是先补液后服药。经研究，该病治疗必须抗菌、制酵、解除酸中毒，碱性药入肠必因酸碱中和而产生大量气体形成泡沫性肠膨胀，故必须解除酸中毒和制酵，同时灌服大量 1% 盐水（一方面缓解肠道渗透压，一方面充盈肠道有利排泄且可防止补液向肠道渗透），同时加服液体石蜡促排泄和保护肠黏膜，半个小时后即可补液。这亦是过去治疗效果差的主要原因。之后，这种先服药后补液的措施在各地推广，疗效显著。针对此病例，撰写了《马急性胃肠炎的治疗》刊于《安徽农林科学实验》（1980 年 9 月）。该文有人带去太原召开的中国畜牧兽医学会会议，并收到来信咨询。

1969 年阜阳地区兽医院停业期间，我对 3 000 多例牛前胃弛缓资料详细整理（文字资料 5 万多字），撰写了约 1.3 万字的《牛前胃弛缓病》。另外，整理了 1 000 多例马肠阻塞（十二指肠、回肠、盲肠、骨盘曲、胃状膨大部、小结肠、乙状弯曲、直肠）及肠变位（肠套叠、肠缠结、肠扭转、肠变位）病例的临床症状、直肠检查方法及治疗方法（包括手术治疗），甚至包括继发症的认识和处理，写成 1.5 万字的《马肠阻塞》，这些资料被阜阳农校老师作为补充教材。

1970 年，发现幼驹易因外因而发生屈腱、跟腱断裂，临床常见到因用夹板固定而导致关节部位皮肤坏死。经研究，制作了一个钢筋固定架，其高度前肢自蹄至肘，后肢自蹄至膝，下置蹄板焊内外侧两根钢筋，上端两柱连接，使肢体置于内外钢筋之间，用棉花、纱布包裹肢体，再用绷带自蹄向上缠绕内外侧钢柱，绷带经肢的前后平放，这样既可将跗腕关节伸展、指关节屈曲姿势固定，使断腱密切接触便于愈合，又可使肢体皮肤避免坏死。在创口部位留出空隙，以便进行腱和皮肤的缝合。应用几十例病驹均有良好效果。与马瑞林合写《四肢固定钢架的制作和应用》，刊于《中国兽医杂志》（1998 年 12 月）。

阜阳地区兽医院张志新院长在考察太和县宫集公社的合作医疗时，适遇一头小驹患急性胃肠炎，当地兽医无法治愈，张院长建议其按照我的治疗方法施治，用药 2 次后病驹痊愈，避免了赔偿（按合同规定不治死亡需赔偿 300 元）。

因此，太和县向张志新院长要求派我去为他们讲课，以提高诊治水平。1970年5月由太和县畜牧兽医站与宫集公社和周边三个公社兽医共同商定所要讲的病名，并因希望多讲病，建议不讲发病原因，只讲临床症状和治疗方法。在讲课时，我先将临床症状写在黑板上，待大家基本抄完后给予讲解，而后再写治疗措施并讲解，共讲课10天，计60个病。（这次记录稿被阜阳五七大学兽医班作为教材。）晚上解答兽医过去积累的疑难问题。因此，他们对这次学习很满意。

1971年，驹先天性髌骨变位，出生后两后肢不能伸直，吃奶时稍一歪头即摔倒，常因饥饿和后躯褥疮不能存活。发现病驹髌骨移位于膝关节外侧，强制髌骨于膝关节前方，驹能站立，妥善处置膝关节即可正常行走。当时书本上无此病，经思考必须切断股膝外侧直韧带、膝外侧直韧带和膝外上方的肌筋膜形成的膝外侧韧带，再用钢筋固定架使膝关节伸张，以固定髌骨于膝关节前方，半月即可撤架正常行走。

1971年，牛过食红薯、面食致瘤胃 pH 降至5～6，尿 pH 降至4～5，造成酸中毒，除前胃弛缓症状外，四肢软弱，行走不稳，最后瘫卧。除洗胃外，静脉注射碳酸氢钠可获得良好效果。针对此病例，撰写了《对黄牛瘤胃酸中毒的治疗体会》刊于《皖北兽医》（1987年12月）。

1972年，胎儿期牛、马的膀胱是管状，自输尿管从脐孔排尿于尿囊，出生断脐后脐动脉、脐静脉转为韧带将膀胱提升至骨盆腔逐渐膨大成囊状。若幼畜生后排出第一泡尿后不再排尿，或在排尿时尿道与脐孔同时滴尿，则有膀胱病变。也有时尿频而尿量少，脐瘘深达20厘米，用高锰酸钾水从脐瘘注入有紫红色水自尿道排出。在脐后5厘米切开腹腔可发现管状膀胱与腹壁有粘连，切割粘连，结扎或缝合脐尿管即可，如管状膀胱有破裂进行缝合。但多因幼畜体质太差而康复者很少。如果在第一次排尿后10小时左右不排尿或排尿时脐部潮湿或有滴尿，适时手术将可大大提高成功率。针对此病例，撰写了《幼畜先天性膀胱粘连治疗的探讨》，这在当时也是未见书本记载的新报道。

我乐于与别人分享技术经验，凡有咨询或会诊者必详细解说，直至其理解为止。我经常这样想，整个阜阳地区有118个区，如果各区兽医接受了我传授的技术，每区每月能减少1头耕畜死亡，这就是对社会主义建设的贡献。

另外，其他兽医前来咨询或邀请会诊，其诊治过程中好的经验或失败教训均可为我所用。1972年在某兽医院得知兽医误将10％盐水当作生理盐水给一小驹补液，之后小驹出现饮一桶水的异常现象。虽然当时未能及时挽救小驹，但后来潜心研究了应急处置方案：①将10％盐水稀释为1％左右备用，可预防医源性错误；②静脉注射适量5％葡萄糖和导服适量清水，即可转危为安。巧合的是1973年、1974年各遇同样情况一次，按预案处置即化险为夷。

阜阳地区兽医院规定谁接收病畜谁诊治到底，他人不插手，如遇疑难之处，可约请会诊。一般夜间病畜有变化时畜主多请我出诊。"文化大革命"期间，阜阳地区兽医院每月的病情报告由我处理，即对所诊治疾病，必须根据畜主主诉、临床症状、病理变化、所用药物及病情转归情况，为之定病名，统计上报（1967年全年初复诊大小病畜19 236次），占据我下班以后大量时间，几乎每天工作16小时左右。

但为了能有效治疗病畜，除认真诊断外，用药后的检查、观察也很重要，勤检查、易发现、及时处理突发情况。晚上出诊随喊随到，病畜来诊，随到随诊。下班后即使我在吃饭，也放下饭碗进行治疗，如治疗可缓，吃饭后再用药，如病重则在治疗病畜后再吃饭。这种服务态度也是群众欢迎的。

我在诊治病畜时，对每个症状都予以重视，诊断时思路广，不囿于成例。如在视诊中发现非常规疾病应有的症状，必查出原因，或试用药观察其疗效，以作出治疗性诊断。另外，我对畜主很坦诚，告之我根据症状判定可能是什么病，我将用哪些药，用药后可期待有哪些效果，使畜主对畜病有所了解，对病畜的转归死亡不觉突然，对一些可能出现的症状也多能应对。再加上畜主间传颂的治疗见闻，能充分得到广大畜主的理解。因此，1962—1979年，在兽医院18年间没有与畜主出现过纠纷。由于我每看一病，不论治好与否均予总结，因此，能不断提高诊断和治疗水平，并能不断创新。如马颜面神经麻痹，在马颞颌关节下方3～4指（小驹一指）处皮下作扇形注入士的宁，以直接刺激面神经，局部皮肤涂布刺激剂，再用维生素 B_1 肌内注射，约1周即可康复。又如耳下腺瘘，用铋泥膏加适量液体石蜡从瘘管口注入，再用铋泥膏盖住瘘管口，再将皮肤缝合，即可制止病畜吃草、咀嚼时流出液体。

1979年11月被调回阜阳地区畜牧兽医站，12月被选为阜阳畜牧兽医学会秘书长，连任至1999年。1979—1999年组织学术交流，鼓励会员总结经验，多写论文，邀请北京农业大学、江苏农学院、山东农学院、安徽农学院、中国人民解放军军需大学等单位的教授在多次培训班作专题学术讲座，大大提高阜阳地区兽医诊疗水平。阜阳畜牧兽医学会也被评为先进学会，我被评为优秀干部。1988 年成为中国畜牧兽医学会会员，随后成为中国畜牧兽医学会内科研究会和外科研究会会员，1990 年参加养犬研究会并成为其会员。1996 年荣获中国畜牧兽医学会荣誉奖。

1979 年起，参加了一些学术活动。1979 年（九华山）、1991 年（合肥）参加安徽省畜牧兽医学会年会。1980 年（黄山）、1982 年（苏州）、1988 年（六安）、1992 年（泉州）参加华东区中兽医学术研讨会会议。1984 年（黄山）、1987 年（荣昌）参加中国畜牧兽医学会内科学研讨会会议。1987 年（乐山）、1989 年（泰安）、1991 年（烟台）、1998 年（北京）参加中国畜牧兽医学会外科研讨会会议。1989 年聘为皖北地区兽医临床学术研究会顾问、《皖北兽医》编辑。1986 年（凤阳）、1988 年（亳县）参加皖北地区兽医临床研究会议。

1980 年撤销开除留用察看，1983 年平反。

1982 年被任命为阜阳地区家畜检疫站副站长。

骨软症主要是因钙、磷、维生素 D 缺乏或比例失衡而引起。文献有"大旱次年缺磷，洪涝次年缺钙"之说，道理何在没有阐明。为此咨询农业技术员也不得要领，但了解作物生长规律，如小麦在生长过程中，其须根末端释放出有机酸溶解周边土壤中钙而吸收，如遇洪涝，有机酸被稀释并向地下渗透，致根系吸收不到钙或很少吸收钙。次年牛摄食这种麦秸而缺钙。土壤中的有机磷必须有水使之溶解才会被根系吸收，如遇大旱，土壤缺水有机磷无法被溶解吸收，次年吃这麦秸自然缺磷。1982 年各县发生牛跛行，啃砖块，地方兽医大量补钙不见病症减轻，向我咨询。有意思的是有些下过雨的乡村无此病。因此，我向气象局查看资料，发现 1980 年小麦下种后至 1981 年 5 月雨量很少，从而证实此次的牛骨软症是因缺磷引起。建议各县用磷酸钠或隔年麸皮（麸皮含磷量为 0.636%）每天 3.5 千克，连服 7 天，取得良好效果。针对此病例，撰写了《气象因素与骨软症的关系》刊于《安徽畜牧兽医》（1987 年第 2 期）。

自 1982 年到 2000 年，应各县、区的邀请为基层兽医培训班讲课，少则 1～2 天，多则 7～10 天，有的是专题讲座，大多是由基层兽医提出病名，我边写边讲，听众有 3 000 多人，基层兽医多认为受益匪浅。

1983 年农村开放集贸市场，一个集市有几个牲畜交易所，一个检疫员难以完成全部检疫任务。在太和县调查中发现开展的特种行业整顿是行之有效的方法，将各种交易行业统一管理，牲畜交易必有检疫证方可成交，没有税收凭证的不能出交易市场。我认为这种市场管理方式解决了检疫难的问题，故特别撰写了一个调查报告呈送阜阳地区农业局、阜阳专署、安徽省农业厅，抄报农牧渔业部。农牧渔业部派全国畜牧兽医总站工作人员会同安徽省家畜检疫总站人员来阜阳调查后，于1983年7月11日以《太和县综合治理农村集市取得成绩》上报中共中央、全国人民代表大会常务委员会、国务院办公厅，并在各省、直辖市、自治区推广。

2001年，发现病犬洗冷水澡或雨淋或卧湿地后，会出现两后肢不能站立或不能迈步，或前肢走动后肢拖着走。曾见一只犬洗冷水澡后3天不能排粪尿，两后肢无疼痛，考虑可能股部神经、肌肉受寒冷刺激后引起某种变性以致影响其功能。经用维生素 B_1、维生素 B_{12}、伊痛舒、安钠咖、复合维生素 B 等一次皮下注射，12小时1次。用药3天即自动排尿，5～10天完全康复。这也是书本上没有记载的病。

在工作之余，积极思考畜牧兽医行业发展思路，为促进畜牧业发展献言献策，以求推动畜牧业的发展，所提的建议有《整顿区畜牧兽医站，规定人数，解决户口、粮食问题》（1962年）、《关于普及兽医医疗技术的意见报告》（1977年）、《开展科研协作，促进畜牧业发展》（1980年）、《关于提高生猪出栏率的建议》，中国科学技术协会于1982年4月8日以《科技工作者的建议》上报中共中央，并通报各省、直辖市、自治区。《改革区乡畜牧兽医站的工作方向，促进畜牧业发展》、《关于阜阳地区发展畜牧业的探讨》（1981年）、《对我区畜牧兽医工作的建议》、《关于调动畜牧兽医科技干部工作积极性，促进畜牧业发展的建议》（1982年）、《关于"三化"养猪的建议》（1983年）、《推广母猪防疫技术等技术承包，促进养猪业发展》、《改革区乡兽医站的建议》、《重视依靠政策和科学技术，加速畜牧业发展》（1984年）、《关于组建农业顾问》（1985年）、《重视青贮饲草，促进畜牧业发展》（1992年）、《关于改革畜牧机制，促进商品化生产，提高经济效益的建议》、《重视科学技术，促进畜牧质和量的发展》、《尊重科学，尊重知识，尊重人才，调动广大科技干部积极性》（1996年）、《成立集团，使产前、产中、产后服务一体化，促进畜牧业发展》（1998年）、《关于开拓我市畜牧业的建议》、《整顿乡镇兽医，促进畜牧业健康发展》（2001年）、《组织畜牧集团，整顿兽医，提高畜禽质量，开拓市场，搞好农村治安，促进畜牧业发展》（2002年）、《整顿乡镇兽医，减轻农民负担，面向世界多产绿色产品》（2002年）。这是一个畜牧兽医人本着一颗赤诚之心对我国畜牧业发展的点滴贡献。

为发展畜牧兽医事业，推广畜牧兽医技术，经常撰写一些科普作品刊于《阜阳日报》。1979年牛前胃弛缓洗胃技术获安徽科技大会奖状。1982年参加安徽省首届科普工作积极分子和先进集体代表大会，荣获积极分子称号。1982年12月参加阜阳地区科技大会获先进工作者称号。1983年评为高级兽医师。1984年退居二线，负责兽医管理工作。1987年选为阜阳市第三届政协委员，同年聘为阜阳市农业技术职务评委会委员。1989—1991年在安徽省江淮职业大学阜阳分校开办一届兽医大专班。1991年加入中国共产党更加重了责任心。2005年在保持共产党员先进性教育中被授予优秀共产党员称号。1991年退休，又继续留用至1994年。1992年7月阜阳老年专家协会成立，被选为理事，连任至今。

1990年与周维翰、陶友民、王永荣合写《畜禽重症急救》（安徽科学技术出版社出版），连续印刷3次，获安徽优秀图书三等奖。1995年，编写《畜禽病临床类症鉴别丛书》，均由中国农业出版社出版。2000年《实用猪病临床类症鉴别》（第1版）出版。2001年，《实用牛马病临床类症鉴别》出版，连续印刷3次。2004年《实用犬猫病临床类症鉴别》、《实用禽病临床类症鉴别》出版。2005年，《实用羊病临床类症鉴别》出版。2006年，《实用兔病临床类症鉴别》出版，连续印刷2次。2008年，《实用猪病临床类症鉴别》（第3版）出版。

虽年过九十，身体还健壮，拟写几本临床诊断应用类图书，聊以为畜牧业做点贡献。

董 彝

2012年12月12日

图书在版编目（CIP）数据

实用猪病临床诊断经验集 / 董彝主编. —北京：
中国农业出版社，2014.4
（兽医临床快速诊疗系列丛书）
ISBN 978-7-109-18800-6

Ⅰ.①实… Ⅱ.①董… Ⅲ.①猪病-诊断 Ⅳ.
①S858.28

中国版本图书馆 CIP 数据核字（2013）第 320811 号

中国农业出版社出版
（北京市朝阳区农展馆北路 2 号）
（邮政编码 100125）
责任编辑 刘 玮 颜景辰
────────────
北京中科印刷有限公司印刷 新华书店北京发行所发行
2014 年 5 月第 1 版 2014 年 5 月北京第 1 次印刷
────────────
开本：720mm×960mm 1/16 印张：26.25
字数：468 千字
定价：68.00 元
（凡本版图书出现印刷、装订错误，请向出版社发行部调换）